高等职业教育土木建筑类专业新形态教材

建 筑 构 造

主　编　王　中　杨　柳　李海凤
副主编　杨　冉
参　编　彭　杰　岳龙龙　郭振超　李文雁
主　审　温亚丽

北京理工大学出版社
BEIJING INSTITUTE OF TECHNOLOGY PRESS

内 容 提 要

本书根据建筑行业对高等教育层次建筑技术人才的要求，在编写过程中参照了我国建筑行业现行标准和相关法律法规。本书阐述了民用建筑的构造方法、构造做法，着重对学生进行基本知识的传授和基本技能的培养。本书共分为 8 个项目，主要内容包括：概述、基础和地下室、墙体、楼地层、屋顶、楼梯、门窗、变形缝等。

本书可作为高等院校土木工程类相关专业的教材，也可供从事土木建筑设计和施工的人员参考。

图书在版编目（CIP）数据

建筑构造 / 王中，杨柳，李海凤主编 . -- 北京：
北京理工大学出版社，2024.1（2024.2 重印）
ISBN 978-7-5763-3187-5

Ⅰ . ①建… Ⅱ . ①王… ②杨… ③李… Ⅲ . ①建筑构造 Ⅳ . ① TU22

中国国家版本馆 CIP 数据核字（2023）第 236012 号

责任编辑：钟　博　　　**文案编辑：**钟　博
责任校对：周瑞红　　　**责任印制：**王美丽

出版发行 /	北京理工大学出版社有限责任公司
社　　址 /	北京市丰台区四合庄路6号
邮　　编 /	100070
电　　话 /	(010) 68914026（教材售后服务热线）
	(010) 68944437（课件资源服务热线）
网　　址 /	http://www.bitpress.com.cn
版 印 次 /	2024年2月第1版第2次印刷
印　　刷 /	北京紫瑞利印刷有限公司
开　　本 /	787 mm×1092 mm　1/16
印　　张 /	14
字　　数 /	339千字
定　　价 /	39.00元

"建筑构造"是高等教育土木建筑类的一门专业基础（必修）课，主要培养学生从事相关工作的职业能力和职业素质，是学生毕业后从事相关领域岗位工作的保证，是建设行业职业资格证书的相应模块。在培养学生专业素质的同时进一步培养学生树立独立思考、吃苦耐劳、勤奋工作的意识，以及团结协作、诚实守信的优秀品质，为学习后续课程和胜任相关领域的专业技术工作奠定良好的基础。

党的二十大报告中指出："统筹职业教育、高等教育、继续教育协同创新，推进职普融通、产教融合、科教融汇，优化职业教育类型定位"。本书以"理论够用、注重实践"的策略，在编写过程中对新标准、新工艺、新技术采用二维码的形式加以扩充，充分体现了因材施教的特点，学生根据学习的效果可以有选择地进行知识的拓展。本书同时也体现了课程思政的元素，在课程思政上以家国情怀为主线，注入了工匠精神、职业素养、爱岗敬业等元素。通过新标准、新工艺、新技术的融入，贯彻落实党的二十大精神。

本书共分为 8 个项目，主要内容包括：概述、基础和地下室、墙体、楼地层、屋顶、楼梯、门窗、变形缝等，每个项目后都有项目小结和思考与练习，可以帮助学生巩固所学知识。本课程建议学时为 48~64 学时，具体课时分配如下：项目 1 概述 2~4 学时，项目 2 基础和地下室 6~8 学时，项目 3 墙体 8~10 学时，项目 4 楼地层 8~10 学时，项目 5 屋顶 6~8 学时，项目 6 楼梯 8~10 学时，项目 7 门窗 4~6 学时、项目 8 变形缝 6~8 学时。

本书由林州建筑职业技术学院王中、郑州铁路职业技术学院杨柳、林州建筑职业技术学院李海凤担任主编，由林州建筑职业技术学院杨冉担任副主编，林州建筑职业技术学院彭杰、岳龙龙和郭振超，郑州商业技师学院李文雁参与了本书的编写工作。具体编写分工为：项目 1 由李海凤编写，项目 2 由王中、杨冉共同编写，项目 3 由彭杰、王中共同编写，项目 4 由岳龙龙、杨冉共同编写，项目 5 由杨柳、李文雁共同编写，项目 6 由郭振超，彭杰共同编写，项目 7 由郭振超、岳龙龙共同编写，项目 8 由彭杰、王中共同编写。全书由王中负责统稿和定稿工作，由林州建筑职业技术学院温亚丽主审。另外，感谢广州中望龙腾软件股份有限公司的工程师们对本书提供的帮助。

本书配套有在线开放课程（网址：https://www.icve.com.cn/portal_new/courseinfo/courseinfo.html?courseid=qsczaxurjth4yjah8sxbg），为教师备课和学生自学提供了丰富的素材，同时本书配套有电子教案、教学课件，具体请联系邮箱：lzjy0612@163.com。

由于编者水平有限，书中难免存在不足和疏漏之处，敬请读者批评指正。

编　者

C O N T E N T S 目录

CONTENTS

CONTENTS

项目 1 概　述

知识目标

了解建筑分类、建筑分级；熟悉民用建筑的构造组成及作用、建筑构造的影响因素及设计原则；掌握模数的基本概念、模数数列、模数协调。

能力目标

能够对建筑按照建筑的等级进行正确划分；能够理解建筑模数的概念，能够识读建筑图纸尺寸；能够分析建筑构造的组成部分及作用。

素养目标

1. 培养组织纪律性及协同合作的团队精神。
2. 培养反思能力及强烈的事业心和责任感。

在人类社会发展过程中，建筑最初是人们为了遮蔽风雨和防御猛兽的侵袭等基本生活需要而人为创造的空间。如今随着时代的发展与进步，建筑已经演变成为一个融技术、艺术等于一身的综合体。它在满足人们最基本需要的同时，从多方面反映了人类的物质文明和精神文明。建筑通常是建筑物与构筑物的总称，建筑物是指供人们在其中生产、生活或进行其他活动的房屋或场所，如住宅、办公楼、厂房、教学楼等。构筑物是指人一般不直接在内进行生产、生活活动的建筑，如水塔、堤坝、蓄水池、栈桥、烟囱等。

任务 1　建筑的分类与分级

任务描述

某民用建筑，地下 1 层为停车库，地上 1～2 层为商店，每个分隔单元的面积为 300 m²，3～18 层为住宅，每层建筑面积为 1 200 m²，首层室内地坪标高为 ±0.000，室外地坪标高为 −0.5 m，住宅平屋面顶标高为 48 m，女儿墙顶标高为 49 m，屋顶有一辅助性用房，建筑面积为 200 m²，房顶标高为 50.8 m。根据《建筑设计防火规范（2018 年版）》（GB 50016—2014）规定的建筑分类，该建筑的类别应确定为哪一类？

1.1 建筑分类

不同的建筑，其具体要求和相应的执行标准也不尽相同。一般说来，建筑可以根据以下几个方面来分类。

1. 根据功能分类

功能的分类是人类对建筑认知和需求的反映，同时也被应用于指导建筑构造实践。目前普遍采用的分类方式是从满足特定活动的角度划分，包括民用建筑、工业建筑和农业建筑等。

（1）民用建筑。民用建筑指的是供人们居住和进行各种活动的建筑。民用建筑按使用功能可分为居住建筑和公共建筑两大类。

1）居住建筑。供人们居住的各种建筑，主要包括住宅建筑和宿舍建筑。

2）公共建筑。供人们进行各种社会活动的建筑，主要如下。

①教育建筑：如托儿所、中小学学校等。

②办公建筑：如各级政府、企事业团体办公楼、社区办公楼等。

③科研建筑：如实验楼、研究楼等。

④文化建筑：如图书馆、档案馆、文化馆等。

⑤商业建筑：如百货公司、超级市场、菜市场、旅馆等。

⑥服务建筑：如银行、邮电局、电信局、会议中心、殡仪馆等。

⑦体育建筑：如体育馆、体育场、健身房、游泳馆等。

⑧医疗建筑：如综合医院、专科医院、康复中心、急救中心、疗养院等。

⑨交通建筑：如汽车客运站、港口客运站、铁路旅客站、航空港航站楼、地铁站等。

⑩纪念建筑：如纪念碑、纪念馆、纪念塔、故居等。

⑪园林建筑：如动物园、植物园、海洋馆、游乐场、旅游景点建筑、城市建筑小品等。

⑫综合建筑：如多功能综合大楼、商住楼等。

（2）工业建筑。工业建筑指的是为工业生产服务的建筑物与构筑物的总称，主要包括各种车间、辅助用房及相应的配套设施等。

（3）农业建筑。以农业性生产为主要使用功能的建筑，如种子站、拖拉机站、温室等。

2. 根据结构所用材料分类

（1）木结构建筑。木结构建筑主要是指以木材作为房屋承重骨架的建筑。木结构建筑是节能、环保的绿色建筑，其优点是木材为可再生资源，安全可靠，适合人居，可工厂化、标准化生产，劳动强度低，施工周期短。木结构建筑的缺点是木材的各种天然缺陷、各向异性和材料的不可焊接性造成木结构建筑设计的复杂性和连接的复杂化；木材作为有机物，易受不良环境的腐蚀和虫蛀，具有可燃性。因此，在对其使用时要采取相应的防火安全措施。我国古代庙宇、宫殿、民居等建筑多采用木结构。

（2）砖（石）结构建筑。砖（石）结构建筑是指以砖或石材作为承重墙柱和楼板的建筑。这种建筑的优点是耐火性、化学稳定性和大气稳定性好，便于就地取材，节约钢材、水泥、木材，隔热、隔声性能好。其缺点是材料用量多，自重大，整体性能相对较差，不宜建于地震设防地区或者地基软弱的地区。长城、赵州桥、西安大雁塔等都采用砖石结构。

（3）砖木结构建筑。砖木结构建筑是用砖墙、砖柱、木屋架作为主要承重结构的建筑。山西的乔家大院就是砖木结构建筑的典型代表。

（4）砖混结构建筑。砖混结构建筑是指建筑物中竖向承重结构采用砖或砌块砌筑，横向承重的梁、楼板、屋面板等采用钢筋混凝土的建筑。

知识拓展：我国古代建筑

（5）钢筋混凝土结构建筑。钢筋混凝土结构建筑是指以钢筋混凝土材料作为承重结构的建筑，其坚固耐久、防火、可塑性强，在当今建筑领域中应用较广泛。

（6）钢结构建筑。钢结构建筑是指全部或承重骨架由钢材制作而成的建筑。钢结构建筑的力学性能好，便于制作与安装，结构自重轻，特别适合作为高层、超高层、大跨度建筑。

3. 根据结构形式分类

结构是指能承受作用并具有适当刚度，由各连接部件有机组合而成的系统。结构是建筑的骨架，是承力体系。组成该体系的最小单元是构件，如墙体、柱、梁、板等。根据建筑荷载由何种构件承担可以将建筑大致划分为以下几种。

（1）墙承重结构建筑。墙承重结构建筑是指结构的荷载通过墙体（土墙、砖墙、石墙、砌块墙、钢筋混凝土墙等）来承担的建筑。

（2）框架承重结构建筑。框架承重结构建筑是指由梁、柱组成的框架来承担结构荷载与作用的建筑。

（3）空间结构建筑。空间结构建筑是指为形成内部所需的大空间，通过特殊结构构件围合而成结构体系（如网架、悬索、薄壳等）的建筑。

4. 根据层数或建筑物的高度分类

《民用建筑设计统一标准》（GB 50352—2019）中，民用建筑按地上建筑高度或层数进行分类时应符合下列规定。

（1）低层或多层民用建筑。建筑高度不大于 27.0 m 的住宅建筑、建筑高度不大于 24.0 m 的公共建筑及建筑高度大于 24.0 m 的单层公共建筑，为低层或多层民用建筑。

（2）高层民用建筑。建筑高度大于 27.0 m 的住宅建筑和建筑高度大于 24.0 m，且不大于 100.0 m 的非单层公共建筑，为高层民用建筑。

（3）超高层建筑。建筑高度大于 100.0 m 的为超高层建筑。

小提示： 建筑防火设计应符合现行国家标准《建筑设计防火规范（2018 年版）》（GB 50016—2014）有关建筑高度和层数计算的规定。

在《建筑设计防火规范（2018 年版）》（GB 50016—2014）中，将高层民用建筑根据其建筑高度、使用功能和楼层的建筑面积分为两类，即一类高层民用建筑和二类高层民用建筑。

一类高层民用建筑为建筑高度大于 54 m 的住宅建筑（包括设置商业服务网点的住宅建筑）；医疗建筑、重要公共建筑，独立建造的老年人照料设施；建筑高度 24 m 以上部分任一楼层建筑面积大于 1 000 m² 的商店、展览、电信、邮政、财贸金融建筑和其他多种功能组合建筑；省级及以上广播电视和防灾指挥调度建筑、网局级和省级电力调度建筑；藏书超过 100 万册的图书馆、书库；建筑高度大于 50 m 的公共建筑。

二类高层民用建筑为建筑高度大于 27 m，但不大于 54 m 的住宅建筑（包括设置商业服务网点的住宅建筑）；除一类高层民用建筑外的其他高层公共建筑。

5. 根据建筑物的规模与数量分类

建筑通常可分为大量性建筑和大型性建筑两大类。

（1）大量性建筑。大量性建筑一般是指量大面广，与人们生活密切相关的建筑，如住宅、商店、旅馆、学校等。这些建筑在城市与乡村都是不可缺少的，修建数量很大，故称为大量性建筑。

（2）大型性建筑。大型性建筑是指建筑规模庞大、耗资巨大、不能任意随处修建，而且修建数量有限的建筑，如大型体育馆、大型办公楼、大型剧院、大型车站、博物馆、航空港等。

1.2 建筑分级

民用建筑的等级主要是从工程设计等级、建筑使用年限及耐火等级三个方面划分的。

1. 民用建筑按工程设计等级分类

民用建筑按工程设计等级的不同可划分为特级、一级、二级和三级（表 1-1），它是基本建设投资和建筑设计的重要依据。

表 1-1　民用建筑工程设计等级分类

类型与特征工程等级		特级	一级	二级	三级
一般公共建筑	单体建筑面积/万 m²	＞8	＞2 ≤8	＞0.5 ≤2	≤0.5
	立项投资/万元	＞20 000	＞4 000 ≤20 000	＞1 000 ≤4 000	≤1 000
	建筑高度/m	＞100	＞50 ≤100	＞24 ≤50	≤24（砌体建筑不得超过抗震规范高度限值要求）
住宅、宿舍	层数	—	20 层以上	12＜层数≤20	≤12 层

2. 民用建筑按建筑使用年限分类

建筑耐久等级的指标是建筑的使用年限。建筑使用年限的长短是由建筑的性质决定的。《民用建筑设计统一标准》（GB 50352—2019）对建筑使用年限做了规定，见表 1-2。

表 1-2　民用建筑使用年限分类

类别	建筑使用年限/年	示例
1	5	临时性建筑
2	25	易于替换结构构件的建筑
3	50	普通建筑物和构筑物
4	100	纪念性建筑和特别重要的建筑

3. 民用建筑按耐火等级分类

建筑的耐火等级是衡量建筑耐火程度的标准。划分耐火等级是《建筑设计防火规范（2018 年版）》（GB 50016—2014）规定的防火技术措施中最基本的措施之一。为了提高建筑对火灾的抵抗能力，在建筑构造上采取措施对控制火灾的发生和蔓延就显得非常重要。

(1)燃烧性能。燃烧性能是指建筑构件在明火或高温辐射情况下是否能燃烧及燃烧的难易程度。建筑构件按燃烧性能分为不燃烧体、难燃烧体和燃烧体。

1)不燃烧体是指用不燃烧材料制成的构件。不燃烧材料在空气中受到火烧或高温作用时不起火、不微燃、不碳化,如金属材料(钢材)、无机矿物材料(天然石材、混凝土)等。

2)难燃烧体是指用难燃烧材料制成的构件或用燃烧材料制成而用不燃烧材料做保护层的构件。难燃烧材料在空气中受到火烧或高温作用时难燃烧、难碳化,离开火源后,燃烧或微燃立即停止,如沥青混凝土、板条抹灰、水泥刨花板、经防火处理的木材等。

3)燃烧体是指用燃烧材料制成的构件。燃烧材料在空气中受到火烧或高温作用时,立即起火或燃烧,且离开火源继续燃烧或微燃,如木材、胶合板等。

(2)耐火极限。建筑构件的耐火极限是指对任一建筑构件按时间-温度标准曲线进行耐火试验,从受到火的作用时起,到失去支持能力或完整性被破坏或失去隔火的作用时为止的时间,用小时(h)计算。

建筑的耐火等级分为四级,《建筑设计防火规范(2018年版)》(GB 50016—2014)规定,不同耐火等级建筑构件的燃烧性能和耐火极限不应低于表1-3的规定。通常具有代表性的、性质重要的或规模宏大的建筑按一、二级耐火等级进行设计;大量性或一般建筑按二、三级耐火等级进行设计;很次要的或临时建筑按四级耐火等级设计。

表1-3　建筑构件的燃烧性能和耐火极限　　　　　　　　　　　　　　h

构件名称		耐火等级			
		一级	二级	三级	四级
墙	防火墙	不燃性 3.00	不燃性 3.00	不燃性 3.00	不燃性 3.00
	承重墙	不燃性 3.00	不燃性 2.50	不燃性 2.00	难燃性 0.50
	非承重外墙	不燃性 1.00	不燃性 1.00	不燃性 0.50	可燃性
	楼梯间和前室的墙、电梯井的墙、住宅建筑单元之间的墙和分户墙	不燃性 2.00	不燃性 2.00	不燃性 1.50	难燃性 0.50
	疏散走道两侧的隔墙	不燃性 1.00	不燃性 1.00	不燃性 0.50	难燃性 0.25
	房间隔墙	不燃性 0.75	不燃性 0.50	难燃性 0.50	难燃性 0.25
柱		不燃性 3.00	不燃性 2.50	不燃性 2.00	难燃性 0.50
梁		不燃性 2.00	不燃性 1.50	不燃性 1.00	难燃性 0.50
楼板		不燃性 1.50	不燃性 1.00	不燃性 0.50	可燃性
屋顶承重构件		不燃性 1.50	不燃性 1.00	可燃性 0.50	可燃性
疏散楼梯		不燃性 1.50	不燃性 1.00	不燃性 0.50	可燃性
吊顶(包括吊顶搁栅)		不燃性 0.25	难燃性 0.25	难燃性 0.15	可燃性

任务解决

第一步:判断建筑性质,地上1~2层为商业服务网点,以上各层均为住宅,所以,该建筑为民用建筑。

第二步:计算建筑高度,屋顶辅助用房面积未超过1/4,故不计算建筑高度,女儿墙不计算建筑高度。故本题建筑高度为48 m,属于二类高层民用建筑。

任务 2　建筑构造组成及设计原则

任务描述

在日常生活中，人们会接触到各种不同类型的建筑，如住宅、办公楼、教学楼、厂房车间等，请问单层厂房与民用建筑的构造组成有哪些不同？

相关内容

2.1　民用建筑的构造组成及作用

一般民用建筑是由基础、墙或柱、楼地层、楼梯、门窗、屋顶等主要部分组成的（图 1-1），这些组成部分在建筑上通常被称为构件或配件。

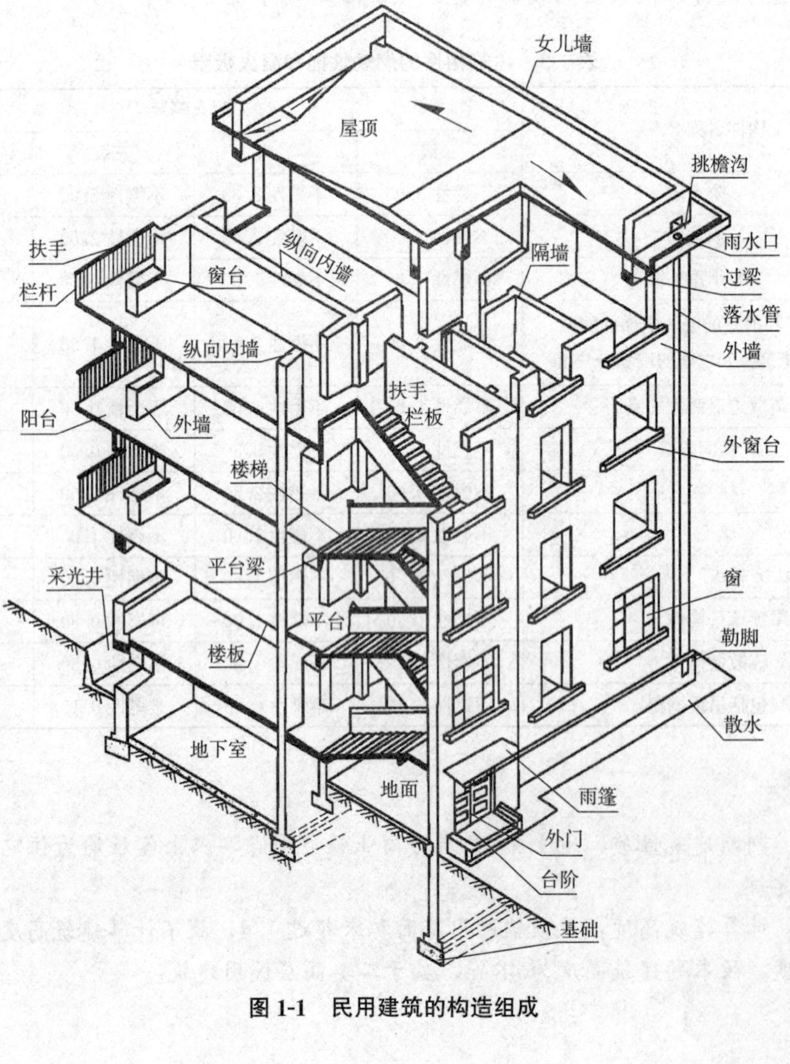

图 1-1　民用建筑的构造组成

1. 基础

基础是建筑物最下部的承重构件，其作用是承受建筑物的全部荷载，并将这些荷载传给地基。

> **小提示：**基础必须具有足够的强度、刚度和耐久性，并能抵御地下各种有害因素的侵蚀。

2. 墙或柱

墙或柱是建筑物的承重构件和围护构件。

墙体作为围护构件的外墙，其作用是抵御自然界各种因素对室内的侵袭；内墙主要起分隔空间及保证环境舒适的作用。在框架或排架结构的建筑物中，柱起承重作用，墙仅起围护作用。墙体应具有足够的强度、稳定性、保温、隔热、隔声、防水、防火、耐久及经济等性能。

柱是框架或排架等以骨架结构承重的建筑物的竖向承重构件，承受屋顶和楼板层传来的各种荷载，并进一步传递给基础，要求具有足够的强度、刚度、稳定性。

3. 楼地层

楼地层是指楼板层和地坪层。楼板层是水平方向的承重构件，按房间层高将建筑物沿竖直方向分为若干层；楼板层承受家具、设备和人体荷载及本身的自重，并将这些荷载传给墙或柱，同时对墙体起水平支撑的作用。因此，要求楼板层具有足够的抗弯强度、刚度和隔声、防潮、防水、防火的性能。

地坪层是底层房间与地基土层相接的构件，它承担着底层房间的地面荷载，除应具有一定的强度来满足承载力外，还要求具有耐磨、防潮、防水和防尘的性能。

4. 楼梯

楼梯是建筑的垂直交通设施，供人们上下楼层和紧急疏散之用。因此，楼梯要具有足够的通行能力，并且防滑、防火、坚固，能保证安全使用。目前，我国许多高层建筑或大型建筑的竖向交通主要依靠电梯、自动扶梯等设备解决，但楼梯作为安全通道仍是不可或缺的组成部分，在建筑设计中不容忽视。

5. 屋顶

屋顶是建筑物顶部的围护构件和承重构件，用于抗风、雨、雪、霜、冰雹等的侵袭和太阳辐射热的影响，还要承受风雪荷载及施工、检修等屋顶荷载，并将这些荷载传给墙或柱，故屋顶应具有足够的强度、刚度及防水、保温、隔热等性能。在建筑设计中，屋顶的造型、檐口、女儿墙的形式等，对建筑的体型和立面形象具有较大的影响。

6. 门窗

门窗均属于非承重构件，也称为配件。门主要供人们出入、内外交通和分隔房间。窗主要起通风、采光、分隔、眺望等作用。处于外墙上的门窗又是围护构件的一部分，要满足热工及防水的要求，部分具有特殊要求房间的门窗应具备保温、隔声、防火的能力。

除上述六大基本组成部分外，建筑物因其使用功能的不同还具备其他特有的构件和配件，如阳台、雨篷、台阶、排烟道等。

国内特色建筑

1. 国家体育场

国家体育场（"鸟巢"，如图1-2所示）创新技术达几十项，是世界上施工难度最大的钢结构工程之一。国际建筑界将"鸟巢"工程形象地比喻为"科技巨人"，因为这一工程涉及了当今世界建筑界的诸多疑难课题。"鸟巢"最大的一个特点：其结构就是其建筑，其外立面完全是由结构来呈现的。"鸟巢"的结构就是钢结构和内部的混凝土结构，通过钢结构和混凝土结构的编织，而创造出独特的造型。这种异型的、不规则的建造，与传统意义上横平竖直的工程结构是完全不同的。像这种拧麻花一样的钢结构技术，在国内外都没有先例，因其难度之大，故全世界排名第一。

2. 中央电视台（简称央视大楼）

央视大楼（图1-3）由两栋倾斜的大楼作为支柱，两座竖立的塔楼双向倾斜6°，在162 m高处被14层高的悬臂结构连接起来，两段悬臂分别外伸67 m和75 m，且没有任何支撑，在空中合拢为L形空间网状结构，总体形成一个闭合的环。

图1-2　国家体育场

图1-3　央视大楼

这种回旋式结构在建筑界并没有现成的施工规范可循。针对高层建筑结构设计方面而言，最难的就是倾斜、悬挑、扭转三个问题，而央视大楼占了两项。央视大楼倾斜的方向和悬挑的方向是一致的，就更给人一种视觉上的"摇摇欲坠"感。由于北京位于地震带上，这个貌似不稳定的建筑，是否能经受地震和大风的袭击，一直是人们议论的话题。

在这种情况下，央视大楼既要保证安全性，又要体现经济性，这就给结构设计带来了很多需要研究的问题。对于高层建筑来说，抗震、抗风的最关键因素就是倾覆力矩，即水平作用力与建筑高度的乘积。另外，在地震作用下，建筑抗震性能的好坏，取决于建筑本身的延性，即建筑是否能在地震往复位移中快速地消耗地震的能量。央视大楼的柱子采用的是型钢组合柱，是由混凝土和钢材两种材料组成的。出于抗震的要求，所使用的钢材必须有很好的延性，以通过较大的变形消耗地震的能量，但在变形耗能的过程中又不至于发生损坏。

3. 国家大剧院

国家大剧院(图 1-4)外部为钢结构壳体,呈半椭球形,整个壳体风格简约大气,其表面由 18 000 余块钛金属板和 1 200 余块透明玻璃共同组成,两种材质经巧妙拼接呈现出唯美的曲线,营造出舞台帷幕徐徐拉开的视觉效果。国家大剧院造型新颖、前卫,构思独特,是传统与现代、浪漫与现实的完美结合。

国家大剧院造型独特的主体结构,一池清澈见底的湖水,以及外围大面积的绿地、树木和花卉,不仅极大地改善了周围地区的生态环境,更体现了人与人、人与艺术、人与自然和谐共融、相得益彰的理念。

图 1-4　国家大剧院

4. 上海金茂大厦

上海金茂大厦(图 1-5)高 420.5 m,由美国芝加哥 SOM 设计事务所设计规划。设计师以创新的设计思想,巧妙地将世界最新建筑潮流与中国传统建筑风格结合起来。上海金茂大厦成为海派建筑的里程碑,并已成为上海著名的标志性建筑物,1998 年 6 月荣获伊利诺斯世界建筑结构大奖。

5. 上海环球金融中心

上海环球金融中心(图 1-6)位于上海陆家嘴,2008 年 8 月 29 日竣工,楼高 492 m,地上为 101 层,地下为 3 层,开发商为上海环球金融中心有限公司,由日本森大厦株式会社主导兴建,2008 年被世界高层建筑与都市人居学会(简称 CTBUH)评为"年度最佳高层建筑",2018 年获 CTBUH 颁发的第 16 届全球高层建筑奖之"十年特别奖"。

图 1-5　上海金茂大厦

图 1-6　上海环球金融中心

2.2 民用建筑构造的影响因素及设计原则

1. 民用建筑构造的影响因素

民用建筑构造的影响因素，归纳起来主要有外界环境因素、建筑技术条件因素和经济条件因素。

(1)外界环境因素。外界环境因素包括各种自然因素和人为因素，归纳起来大致可分为以下三方面。

1)外力作用。作用在建筑上的各种外力统称为荷载。荷载可分为恒荷载(如结构自重)和活荷载(如人群，家具，风、雪及地震荷载)两类。荷载的大小是建筑结构设计的主要依据，也是结构选型及构造设计的重要基础，起着决定构件尺度大小、用料多少的重要作用。在荷载中，风荷载的影响不可忽视，风荷载往往是高层建筑水平荷载的主要影响因素，风荷载随高度不同而变化，特别在沿海、沿江地区，对高层建筑水平荷载影响更大。另外，地震荷载是目前自然界中对建筑影响最大的一种因素。地震时，建筑质量越大，受到的地震荷载也越大。我国是地震多发国家，地震带的分布也相当广泛，因此，在建筑构造设计中，必须根据各地区的实际情况设防。

2)气候条件。我国各地区由于其地理位置及环境的不同，气候条件有许多的差异。太阳的辐射热、自然界的风、雨、雪、霜、地下水等构成了影响建筑的多种因素。在进行建筑构造设计时，应针对建筑所受影响的性质与程度，对各有关构配件及部位采取必要的防范措施，如防潮、防水、保温、隔热设计，设置伸缩缝、隔蒸汽层等，防患于未然。

3)各种人为因素。建筑往往受到火灾、爆炸、机械振动、化学腐蚀、噪声等人为因素的影响。因此，在进行建筑构造设计时，必须针对这些影响因素，采取相应的防火、防爆、防振、防腐、隔声等构造措施，以防止建筑遭受不必要的损失。

(2)建筑技术条件因素。由于建筑材料日新月异，建筑结构技术持续发展，建筑施工技术不断进步，建筑构造技术也更加丰富多彩。例如：悬索、薄壳、网架等空间结构建筑，点式玻璃幕墙、采用彩色铝合金等新材料的吊顶、采光天窗中庭等现代建筑设施大量涌现。随着科学技术的不断发展，建筑新材料、新工艺、新技术等不断出现，相应地促进了建筑构造技术的不断进步，促使建筑朝大空间、大跨度、大体量的方向发展，涌现出一大批现代建筑。建筑构造的固定模式并非一成不变，而是在建筑构造设计中，以建筑构造原理为基础，在利用原有的、标准的、典型的建筑构造的同时，不断地发展或创造新的建筑构造方案。

(3)经济条件因素。随着建筑技术的不断发展和人们生活水平的日益提高，人们对建筑的使用要求也越来越高。建筑标准的变化使建筑质量标准、建筑造价等出现了较大差别，对建筑构造的要求也将随着经济条件的改变而发生变化。

2. 民用建筑构造的设计原则

设计民用建筑时，要在满足建筑物各项功能要求的前提下，综合运用有关技术知识，并遵循以下设计原则。

(1)满足建筑使用功能要求。建筑的使用性质和所处条件、环境不同，对建筑构造设计的要求也不同。例如：北方地区要求建筑在冬季能保温；南方地区要求建筑在夏季能通风隔热；住宅建筑要求考虑吸声、隔音等需求，有水房间要求防水、防潮；播声室有吸声要求，影剧院、音乐厅要求满足视听、疏散要求。因此，在进行建筑构造设计时，必须满足其使用功能要求。

（2）有利于结构安全。建筑除按荷载大小及结构要求确定构件的基本断面尺寸外，对阳台、楼梯栏杆、顶棚、门窗与墙体的连接及抗震加固构配件的构造设计，都必须采取必要的措施，以保证建筑和构配件在使用时的安全。

（3）适应建筑工业化的需要。为了提高建设速度、改善劳动条件、保证施工质量，在进行建筑构造设计时，应大力改进传统的建筑方式。在材料、结构、施工等方面引入先进技术，采用标准设计和定型构件，并注意因地制宜，为构配件生产的工厂化、现场施工的机械化创造有利条件，以适应建筑工业化的需要。

（4）提高建筑经济的综合效益。在建筑构造设计时，要注重提高建筑的综合效益，即经济、社会和环境三方面的效益。在经济上既要降低建筑造价、节省材料和能源消耗，还要有利于减少正常运行、维护和管理的费用。在合理降低造价的同时，必须保证工程质量，不能单纯追求效益而偷工减料，降低质量标准。

（5）形象美观。建筑的形象除取决于建筑设计中的体型组合和立面处理外，一些建筑细部的构造设计对整体美观也有很大影响。为此，建筑构造方案还要考虑其造型、尺度、质感、色彩等艺术和美观问题。

> **小提示**：在建筑构造设计中，全面考虑功能适用、坚固耐久、技术先进、经济合理、美观大方是基本的原则。

任务解决

单层厂房的结构类型主要分为承重墙结构和骨架结构两种。仅当厂房的跨度、高度、起重机荷载较小及地震烈度较低时才采用承重墙结构。在其他大多数情况下，单层工业厂房均采用钢筋混凝土骨架结构。装配式钢筋混凝土骨架结构的单层厂房，以其坚固耐久、承载力大、构件预制装配和运输简便等特点，被广泛应用于工业建筑中。这种体系由两大部分组成，即承重构件和围护构件，如图1-7所示。

1. 承重构件

（1）排架柱。排架柱是单层厂房结构的主要承重构件，承受屋架、起重机梁、支撑、连系梁和外墙等传来的荷载，并把这些荷载传递给基础。

（2）基础。基础承受柱和基础梁的自重及它们传递来的荷载，并将所有荷载传给地基。

（3）屋架。屋架承受屋面板、屋面、天窗荷载及它们传递来的荷载。有的还承受悬挂式起重机和被起吊重物的荷载。

（4）屋面板。屋面板铺设在屋架、檩条或天窗架上，直接承受板上的各种荷载，并将荷载传给屋架。

（5）起重机梁。起重机梁上装有起重机轨道，起重机沿着起重机轨道行驶，起重机梁承受起重机的质量及起重机行驶中的冲击力，并将这些荷载传给排架柱。

（6）连系梁或圈梁。连系梁或圈梁的主要作用是增加外墙的稳定性，把同一列柱相互联系起来，以提高排架的纵向刚度，同时兼有门窗过梁的作用，承受风荷载和墙体荷载，并将荷载传给纵向列柱。

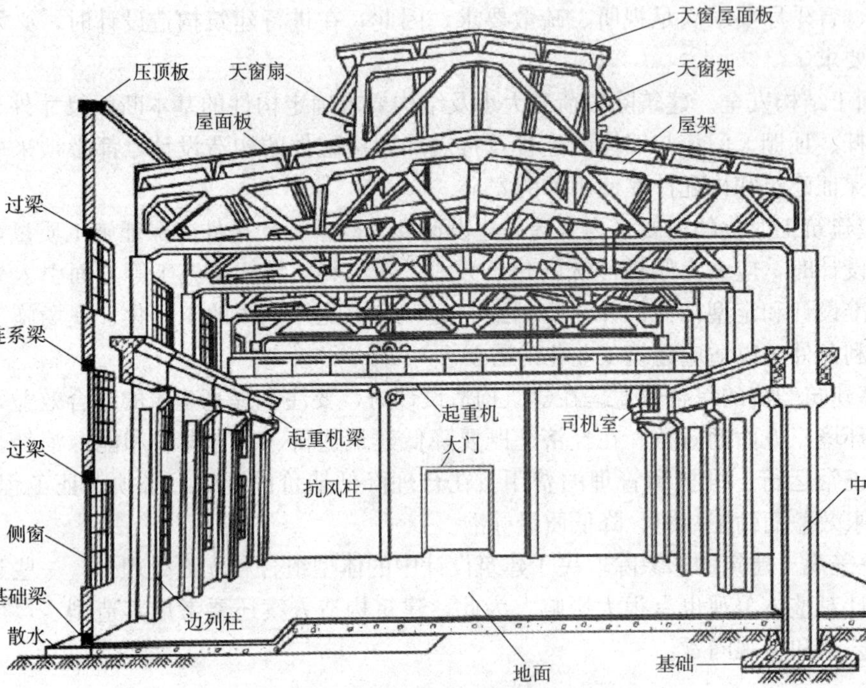

图 1-7 装配式钢筋混凝土结构单层厂房构件

(7)基础梁。基础梁主要承受外墙质量，并将它传给基础。

(8)抗风柱。单层厂房山墙面积较大，所受风荷载也较大，故在山墙内侧设置抗风柱。在山墙受风荷载作用时，一部分荷载由抗风柱上端通过屋顶系统传到厂房纵向骨架；另一部分荷载由抗风柱传给基础。

2. 围护构件

(1)屋面。单层厂房的屋面面积较大，是厂房围护构件的主要部分。其受自然条件直接影响，因此，必须处理好屋面的排水、防水、保温、隔热等问题。

(2)外墙。单层厂房外墙通常采用自承重墙形式，除承受自重及风荷载外，主要起防风、防雨、保温、隔热、遮阳、防火等作用。

(3)门窗。门的主要作用是交通和运输，窗的作用是采光和通风。

(4)地面。单层厂房的地面应满足生产及运输要求，并为厂房提供良好的室内环境。

任务 3   建筑模数

任务描述

图 1-8 所示为某住宅建筑平面图，请仔细观察图中平面尺寸，并请查阅相关资料，说明建筑平面图中各尺寸应符合什么规定？为什么？

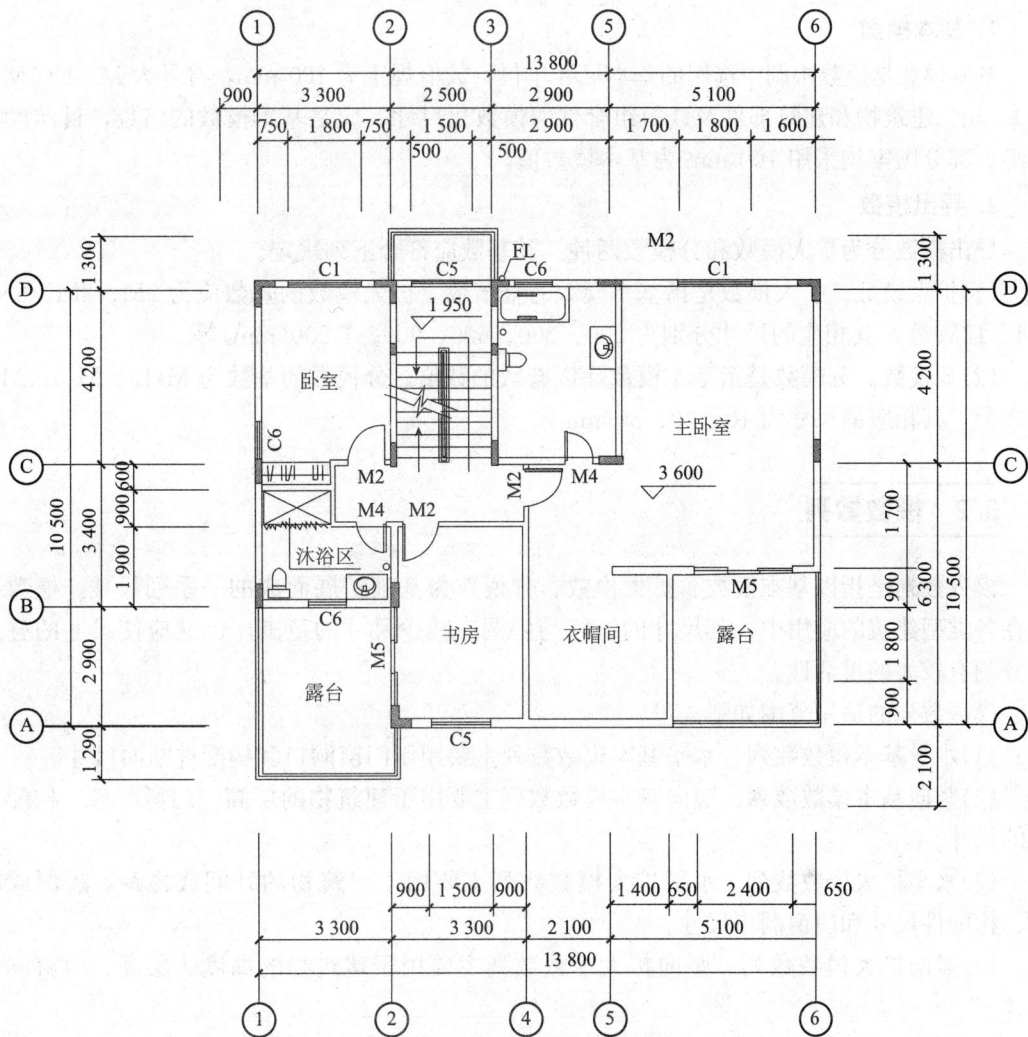

图 1-8　某住宅建筑平面图

> [相关内容]

　　为了实现建筑工业化的大规模生产，使不同材料、不同形状和不同制造方法的建筑构配件（或组合件）具有一定的通用性和互换性，在建筑业中必须共同遵守《建筑模数协调标准》（GB/T 50002—2013）。

3.1　模数的基本概念

　　模数是选定的标准尺度单位，是尺寸协调中的增值单位。所谓尺寸协调是指在房屋构配件及其组合的建筑中，与协调尺寸有关的规则，供建筑设计、建筑施工、建筑材料与制品、建筑设备等采用，其目的是使构配件安装吻合，并有互换性。

1. 基本模数

基本模数是模数协调中选用的基本尺寸单位，数值规定为 100 mm，符号为 M，即 1M＝100 mm。建筑物和建筑部件及建筑组合件的模数化尺寸，应是基本模数的倍数，目前世界上绝大部分国家均采用 100 mm 为基本模数值。

2. 导出模数

导出模数分为扩大模数和分模数两种。其基数应符合下列规定。

（1）扩大模数。扩大模数是指基本模数的整倍数。扩大模数的基数应为 2M、3M、6M、9M、12M 等，其相应的尺寸分别为 200、300、600、900、1 200（mm）等。

（2）分模数。分模数是指基本模数除以整数的数值。分模数的基数为 M/10、M/5、M/2 共 3 个，其相应的尺寸为 10、20、50（mm）。

3.2 模数数列

模数数列是指以基本模数、扩大模数、分模数为基础扩展而成的一系列尺寸。模数数列在各类型建筑的应用中，其尺寸的统一与协调应减少尺寸的范围，但又应使尺寸的叠加和分割有较大的灵活性。

模数数列的适用范围如下。

（1）水平基本模数数列。水平基本模数数列主要用于门窗洞口和构配件断面尺寸。

（2）竖向基本模数数列。竖向基本模数数列主要用于建筑物的层高、门窗洞口、构配件等的尺寸。

（3）水平扩大模数数列。水平扩大模数数列主要用于建筑物的开间或柱距、进深或跨度、构配件尺寸和门窗洞口尺寸。

（4）竖向扩大模数数列。竖向扩大模数数列主要用于建筑物的高度、层高、门窗洞口尺寸。

（5）分模数数列。分模数数列主要用于缝隙、构造节点、构配件断面尺寸。

> **小提示**：模数数列根据建筑空间的具体情况拥有各自的适用范围，建筑物的所有尺寸除特殊情况外，均应满足模数数列的要求。

3.3 模数协调

模数协调是指应用模数实现尺寸协调及安装位置的方法和过程。其在部件尺寸标准化的基础上，协调部件和功能空间的尺寸关系，并实现建筑设计、制造、运输、施工等过程的协调配合。

1. 模数网格

模数网格可由正交、斜交或弧线的网格基准线（面）构成，连续基准线（面）之间的距离应符合模数（图 1-9），不同方向连续基准线（面）之间的距离可采用非等距的模数数列（图 1-10）。

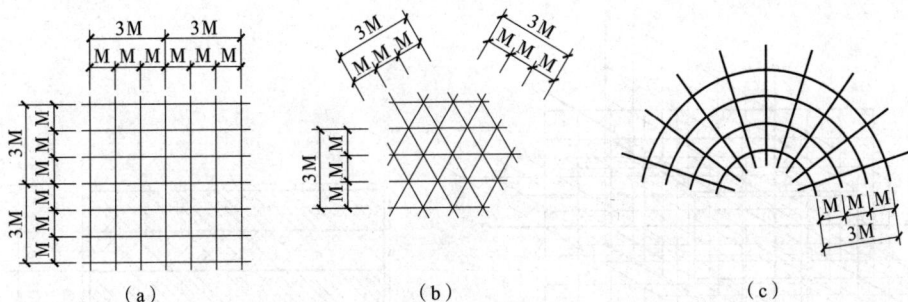

图 1-9　模数网格的类型

(a)正交网格；(b)斜交网格；(c)弧线网格

图 1-10　模数数列非等距的模数网格

(a)不同方向非等距；(b)同方向非等距

对于模数网格在三维坐标空间中构成的模数空间网格，其不同方向上的模数网格可采用不同的模数，如图 1-11 所示。

模数网格的选用应符合下列规定。

(1)结构网格宜采用扩大模数网格，且优先尺寸应为 $2n$M、$3n$M 模数系列。

(2)装修网格宜采用基本模数网格或分模数网格。隔墙、固定橱柜、设备、管井等部件宜采用基本模数网格，构造做法、接口、填充件等分部件宜采用分模数网格。分模数的优先尺寸应为 M/2、M/5。

2. 部件定位

部件是建筑功能的组成单元，由建筑材料或分部件构成。在一个及一个以上方向的协调尺寸符合模数的部件称为模数部件。分部件是作为一个独立单位的建筑制品，是部件的组成单元，在长、宽、高三个方向有规定尺寸。在一个及一个以上方向的协调尺寸符合模数的分部件称为模数分部件。

部件的定位应符合下列规定。

(1)每一个部件的位置都应位于模数网格内。

(2)部件占用的模数空间尺寸应包括部件尺寸、部件公差，以及技术尺寸所必需的空间(图 1-12)。技术尺寸是在模数尺寸条件下，非模数尺寸或生产过程中出现误差时所需的技术处理尺寸。

部件的尺寸在设计、加工和安装过程中的关系应符合下列规定(图 1-13)。

(1)部件的标志尺寸应根据部件安装的互换性确定，并应采用优先尺寸系列。

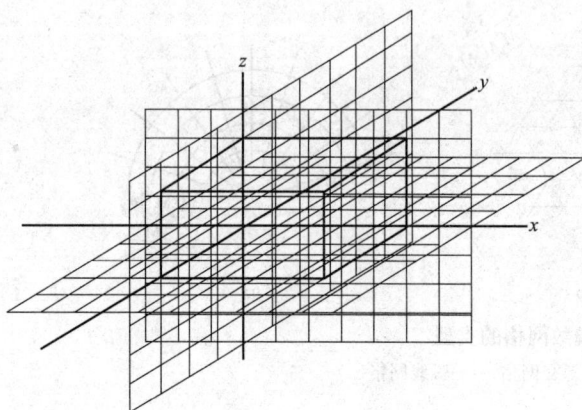

图 1-11 模数空间网格

图 1-12 部件占用的模数空间

e_1、e_2、e_3—部件尺寸(可为模数尺寸或非模数尺寸);

n_1M、n_2M—模数占用空间

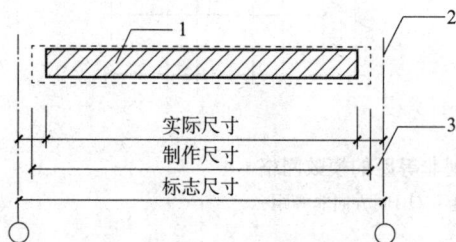

1—部件;2—基准面;3—装配空间

标志尺寸大于制作尺寸(预制混凝土梁或板)

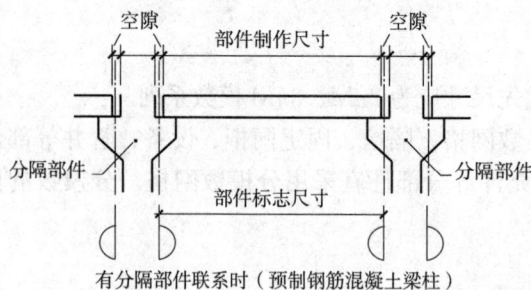

有分隔部件联系时(预制钢筋混凝土梁柱)

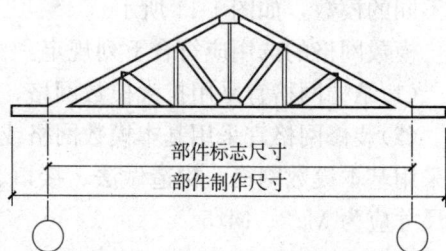

制作尺寸大于标志尺寸(木屋架)

图 1-13 部件的尺寸

(2)部件的制作尺寸应由标志尺寸和安装公差决定。

(3)部件的实际尺寸与制作尺寸之间应满足制作公差的要求。

标志尺寸符合模数数列的规定,是用以标注建筑物定位线或基准面之间的垂直距离,以及建筑部件、建筑分部件、有关设备安装基准面之间的尺寸。制作尺寸是制作部件或分部件所依据的设计尺寸。实际尺寸是部件、分部件等生产制作后的实际测得的尺寸。

知识拓展:
建筑制图标准

任务解决

水平扩大模数的基数应为 2M、3M、6M、9M、12M 等,其相应的尺寸分别是

200 mm、300 mm、900 mm、1 200 mm 等。其主要适用于建筑物的开间或柱距、进深或跨度、构配件尺寸和门窗洞口尺寸。竖向扩大模数基数为3M、6M，其相应的尺寸分别是300 mm、600 mm，主要适用于建筑物的高度、层高、门窗洞口尺寸。分模数主要适用于缝隙、构造节点、构配件断面尺寸。

实 训　校园或施工工地参观实训

1. 实训目的及性质

实训目的：学生通过对校园及其他民用建筑（或建筑施工现场等）实地参观和亲身体验，识别建筑物和构筑物；初步了解常用建筑类型，了解不同形体、不同材料的装饰效果，熟知建筑各个组成部分的构造名称，为以后的学习建立一个感性认知。

实训性质：专业必修基础任务。

参观场地：可以是校园建筑及民用建筑，也可以到建筑工地参观考察（工地考察需任课教师带队统一组织，学生个人不得擅自行动）。

2. 实训任务与内容

(1)任务：参观考察校园建筑物或建筑工地施工现场。

(2)内容及深度。

1)参观校园建筑，了解建筑外观的造型特点、建筑风格、构造名称；观察室外活动场地铺装，了解室内地面、墙面、柱面、顶面所使用的材料；观察室内细部构造等。

2)到建筑施工工地现场观察建筑物的墙体构造、基础、梁、板、柱、楼梯、管道布局、构造节点，以及建筑材料、施工工序等内容。

3. 实训要求

(1)学生应按照课程标准和任务指导书的安排，认真完成各部分认知实践的内容。

(2)学生在完成实践教学内容的过程中，应严格按照教师要求，听从带队教师安排，不迟到、不早退、有事请假，认真完成实践教学工作任务。

(3)安全要求：包括参观建筑物现场、实习、实训施工现场的安全，校园内外的交通安全，听从带队教师指挥。

(4)纪律要求：参观室内办公、教学、工作区域严禁大声说话，以免干扰他人正常办公、教学、工作等；进入工地要戴安全帽，遵守工地纪律，注意安全，文明参观。

(5)实训结束后，学生应提交500字左右的实训报告。

4. 评价标准

实训成绩由实习纪律、实习记录和实习报告组成，占课程综合评定成绩的5%。

5. 时间安排

课中或课下完成。

6. 参观学时

1~2课时。

建筑构造是在建筑设计过程中综合考虑使用功能、艺术造型、技术经济等诸多方面的因素,并运用物质技术手段,适当选择并正确地决定建筑的构造方案和构配件组成及进行细部节点构造处理等。本项目主要介绍了建筑的分类与分级、建筑构造组成及设计原则、建筑模数。

思考与练习

一、填空题

1. _____指的是供人们居住和进行各种活动的建筑。
2. _____是指上下两层楼面或楼面与地面之间的垂直距离。
3. 建筑构件按燃烧性能分为_____、_____和_____。
4. 模数数列是以_____、_____、_____为基础扩展成的一系列尺寸。
5. _____是应用模数实现尺寸协调及安装位置的方法和过程。

二、选择题

1. 除住宅建筑外的民用建筑高度大于( )为高层建筑(不包括单层主体建筑),建筑总高度大于( )时为超高层建筑。

    A. 16 m,20 层   B. 16 m,40 层   C. 24 m,100 层   D. 24 m,100 m

2. 结构的承重部分为梁柱体系,墙体只起围护和分隔作用,此种建筑结构称为( )。

    A. 砌体结构   B. 框架结构   C. 板墙结构   D. 空间结构

3. 一般建筑跨度 30 m 以上的大跨度建筑采用( )结构。

    A. 砌体   B. 框架   C. 板墙   D. 空间

4. 建筑物的耐火等级为二级时,其耐久年限为( )年,适用于一般性建筑。

    A. 50~100   B. 80~150   C. 25~50   D. 15~25

5. 建筑物的设计使用年限为 50 年,适用于( )。

    A. 临时性结构   B. 易于替换的结构构件

    C. 普通房屋和构筑物   D. 纪念性建筑和特别重要的建筑结构

6. 耐火等级为二级的多层建筑,其房间隔墙需采用耐火极限( )以上的( )。

    A. 0.5 h,难燃烧体   B. 1 h,难燃烧体

    C. 0.5 h,不燃烧体   D. 1 h,不燃烧体

7. 大型门诊楼属于( )工程等级。

    A. 特级   B. 一级   C. 二级   D. 三级

8. 模数 60M 的数值是( ),经常用于( )。

    A. 60 mm,构件截面或缝隙   B. 600 mm,门窗洞口

    C. 6 000 mm,柱距或开间   D. 60 000 mm,建筑总尺寸

三、简答题

1. 一般民用建筑由哪几部分组成?
2. 民用建筑构造的影响因素有哪些?
3. 建筑构造设计的原则有哪些?

项目 2　基础和地下室

知识目标

了解地基与基础的关系；熟悉地基的分类、地基与基础的设计要求、按照材料和受力特点分类、按照构造形式分类、地下室的分类、构造组成；掌握基础的埋置深度、地下室的防潮构造、防水构造。

能力目标

能够根据地质情况、建筑结构特点，判断地基的选择类型；能够根据地下水水位高低、原有建筑物的基础埋深等正确判断新建建筑物的基础埋深；能够根据建筑特点选择合适的基础类型，并根据基础构造特点，识读建筑施工图，正确指导工程施工。

素养目标

1. 培养认真负责的工作态度和严谨细致的工作作风。
2. 树立正确的道德认识，端正社会道德行为水平和良好的道德修养。
3. 培育严谨的工作作风和爱岗敬业的工作态度。

任务 1　地基与基础

任务描述

建造房子需要先打好基础，基础埋深关系到地基是否安全、经济及施工的难易程度。影响基础埋置深度的因素很多，但对于每项具体的工程，往往只有其中一、二项因素起决定作用(图 2-1)。请问基础埋深应如何确定？基坑挖土的深度是多少？

图 2-1 基础施工

1.1 地基与基础的关系

　　基础是建筑物的墙或柱深入土中的扩大部分，是建筑物的一部分，它承受建筑物上部结构传来的全部荷载，并将这些荷载连同本身的自重一起传到地基，地基因此而产生应力和应变。

　　地基是基础下部的土层，它不属于建筑物，地基承受建筑物荷载而产生的应力和应变随着土层深度的增加而减小，在达到一定深度后就可以忽略不计。直接承受荷载的土层称为持力层，持力层以下的土层称为下卧层(图 2-2)。

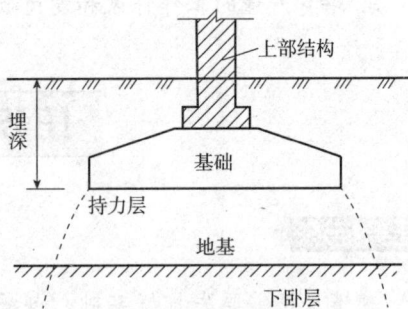

图 2-2 地基与基础的关系

　　基础是建筑物十分重要的组成部分，没有一个坚固而耐久的基础，上部结构就是建造得再结实，也会出现问题。而地基与基础又密切相关，地基虽不是建筑物的组成部分，但它对保证建筑物的坚固耐久具有非常重要的作用。

　　小提示：实践证明，建筑物的事故很多都是与地基基础有关的，如建于 1913 年的加拿大特朗斯康谷仓，由于设计前不了解地基埋藏有厚达 16 m 的软黏土层，建成后谷仓的荷载超过了地基的承载能力，造成地基丧失稳定性，使谷仓西侧陷入土中 8.8 m，东侧抬高 1.5 m，仓身倾斜 27°。

1.2　地基的分类

地基可分为天然地基和人工地基两大类。

1. 天然地基

如果天然土层具有足够的承载力，不需要经过人工改良和加固就可直接承受建筑物的全部荷载并满足变形要求，即可称为天然地基。岩石、碎石土、砂土、粉土、黏土和人工填土均可作为天然地基[图 2-3(a)]。

知识拓展：
天然地基的岩层分布

2. 人工地基

当土层的承载能力较弱或虽然土层较好，但因上部荷载较大，土层不能满足承受建筑物荷载的要求时，必须对土层进行地基处理，以提高其承载能力，改善其变形性质或渗透性质，这种经过人工方法进行处理的地基称为人工地基[图 2-3(b)]。

（a）　　　　　　　　　　　　　　　　（b）

图 2-3　地基

(a)天然地基；(b)人工地基

💡拓展阅读

人工加固地基的方法

人工加固地基常用的处理方法有换填垫层法、预压法、强夯法、强夯置换法、深层挤密法、化学加固法等。

(1)换填垫层法：挖去地表浅层软弱土层或不均匀土层，回填坚硬、粒径较大的材料，并夯压密实，形成垫层的地基处理方法。

(2)预压法：对地基进行堆载或真空预压，使地基土固结的地基处理方法。

(3)强夯法：反复将夯锤提到高处使其自由落下，给予地基冲击和振动能量，以此将地基土夯实的地基处理方法[图 2-4(a)]。

(4)强夯置换法：将重锤提到高处使其自由落下形成夯坑，并不断夯击坑内回填的砂石等硬粒料，使其形成密实的墩体的地基处理方法。

(5)深层挤密法：主要是依靠桩管打入或振入地基后对软弱土产生横向挤密作用，从而使土的压缩性减小，抗剪强度提高的地基处理方法。其通常有灰土挤密桩法[图 2-4(b)]、土挤密桩法、砂石桩法、振冲法、石灰桩法、夯实水泥土桩法等。

（6）化学加固法：将化学溶液或胶粘剂灌入土中，使土胶结以提高地基强度、减少沉降量或防渗的地基处理方法。其主要有高压喷射注浆法、深层搅拌法、水泥土搅拌法等。

（a）　　　　　　　　　　　（b）

图 2-4　地基处理方法

(a)强夯法；(b)灰土挤密桩法

1.3　地基与基础的设计要求

1. 对地基的要求

(1)地基应具有一定的承载力和较小的可压缩性。

(2)地基的承载力应分布均匀。在一定的承载条件下，地基应有一定的深度范围。

(3)要尽量采用天然地基，以降低成本。

2. 对基础的要求

(1)基础要有足够的强度，能够起到传递荷载的作用。

(2)基础的材料应具有耐久性，以保证建筑的持久使用。因为基础处于建筑物最下部并且埋在地下，对其维修或加固是很困难的。

(3)在选材上尽量就地取材，以降低造价。

3. 基础工程应注意经济问题

基础工程占建筑总造价的 10%～40%，减少基础工程的投资是减少工程总投资的重要一环。因此，在设计中应选择较好的土质地段，对需要特殊处理的地基和基础，应尽量使用地方材料，并采用恰当的形式及构造方法，从而节省工程投资。

1.4　基础的埋置深度

1. 基础埋深的定义及分类

为了确保建筑物的坚固安全，基础要埋入土层中一定的深度。一般把自室外设计地面标高至基础底部的垂直高度称为基础的埋置深度，简称为基础埋深，如图 2-5 所示。

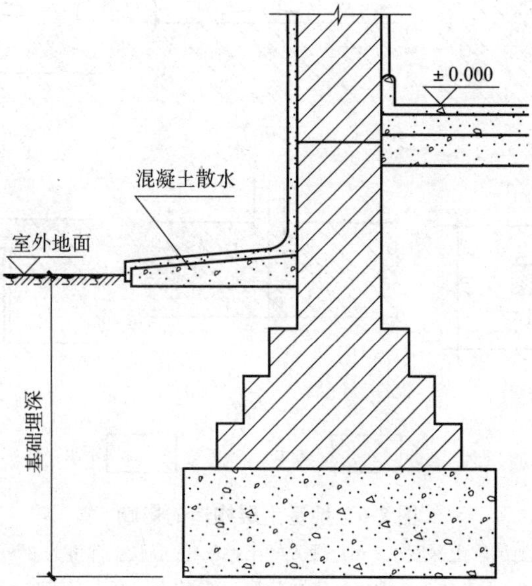

图 2-5　基础埋深

根据基础埋深的不同，基础常分为深基础和浅基础。通常把埋置深度不小于 5 m 的称为深基础，埋置深度小于 5 m 的称为浅基础。

> **小提示：** 一般来说，基础埋深越小，土方开挖量就越小，基础材料用量也越少，工程造价也就越低，但当基础埋深过小时，基础底面的土层受到压力后会把基础周围的土挤走，使基础产生滑移而失去稳定性；同时基础埋得过浅，还容易受外界各种不良因素的影响，所以，除岩石地基外，基础埋深最小不能小于 500 mm。

2. 基础埋深的影响因素

(1)地基土层构造的影响。不同的建筑场地，其土质情况也不相同，即同一地点，当深度不同时土质也会有变化。根据地基土层分布不同，通常有以下六种情况，如图 2-6 所示。

1)土质均匀的良好土，基础宜浅埋，但不得低于 500 mm，如图 2-6(a)所示。

2)上层软土深度不超过 2 m，下层为好土，基础宜埋在好土内，如图 2-6(b)所示。

3)上层软土深度为 2~5 m，下层为好土，对于低层、轻型建筑可埋在软土内；总荷载较大的建筑宜埋在好土内，如图 2-6(c)所示。

4)上层软土深度≥5 m，下层为好土，低层、轻型建筑可埋在软土内；总荷载较大的建筑宜埋在好土内或采用人工地基，如图 2-6(d)所示。

5)上层为好土，下层为软土，应把基础埋在好土内，适当提高基础底面，并验算下卧层顶面处压力，如图 2-6(e)所示。

6)地基由好土与软土交替组成，总荷载大的基础可采用人工地基或将基础埋在好土中，如图 2-6(f)所示。

图 2-6 地基土层构造的影响

(a)好土浅埋；(b)上层软土深度＜2 m，埋入好土；(c)上层软土深度为 2～5 m，埋在软土中；
(d)上层软土深度＞5 m；(e)下有软土，埋入好土并验算；(f)软土、好土交错时，采用人工地基或埋入好土

> **小提示：**一般情况下，基础应设置在坚实的土层上，而不要设置在淤泥等软弱土层上。当表面软弱土层较厚时，可采用深基础或人工地基。

(2)地下水水位的影响。地下水对某些土层的承载力有很大影响，如黏土在地下水水位上升时，将因含水率增加而膨胀，使土的强度下降；当地下水水位下降时，会使土粒直接接触压力增加，基础产生下沉。为了避免地下水水位变化直接影响地基承载力，同时防止地下水对基础施工带来麻烦和有侵蚀性的地下水对基础的腐蚀，一般基础宜埋置在设计最高地下水水位以上，以便节省造价。

当必须埋在地下水水位以下时，应考虑将基础底面埋置于最低地下水水位以下小于 200 mm 处，必要时基础要采取防地下水腐蚀的措施，避开地下水位变化的范围，从而减少和避免地下水的浮力和影响，如图 2-7 所示。

(3)地基土冻胀和融陷的影响。对于冻结深度小于 500 mm 的南方地区或地基土为非冻胀土时，可不考虑土的冻结深度对基础埋深的影响。对于季节冰冻地区，当地基为冻胀土时，应使基础底面低于当地冻结深度。在寒冷地区，土层会因气温变化而产生冻融现象。冻结土与非冻结土的分界线称为土的冰冻线。土的冻结深度主要取决于当地的气候条件，气温越低和低温持续时间越长，冻结深度越大。

图 2-7 基础埋深和地下水水位的关系

当基础埋深在土层冰冻线以上时，如果基础底面以下的土层冻胀，会对基础产生向上的顶力，严重的会使基础上抬起拱；如果基础底面以下的土层解冻，顶力消失，使基础下沉，这样的过程会使建筑产生裂缝和破坏。因此，在寒冷地区基础埋深应在冰冻线以下

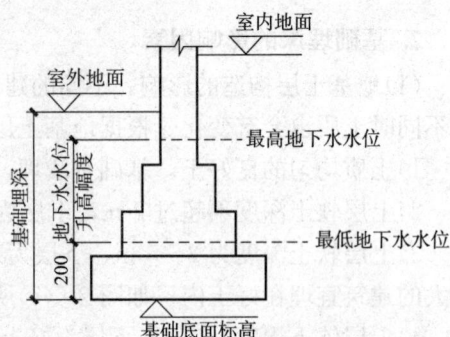

200 mm 处，如图 2-8 所示。采暖建筑的内墙基础埋深可以根据建筑的具体情况进行适当的调整。

（4）其他因素对基础埋深的影响。

1）建筑物自身的特性。当建筑物设有地下室、地下管道或设备基础时，常须将基础局部或整体加深。为了保护基础不露出地面，构造要求基础顶面距离室外设计地面不得小于 100 mm。

2）作用在地基上的荷载大小和性质。荷载有恒载和活载之分。其中恒载引起的沉降量最大，因此，当恒载较大时，基础埋深应大一些。荷载按作用方向又有竖直方向和水平方向之分。当基础要承受较大水平荷载时，为了保证结构的稳定性，也常将基础埋深加大。

3）相邻建筑物的基础埋深。当存在相邻建筑物时，一般新建建筑物的基础埋深不应大于原有建筑的基础埋深，以保证原有建筑的安全；当新建建筑物的基础埋深必须大于原有建筑的基础埋深时，为了不破坏原基础下的地基土，应与原基础保持一定的净距 L，L 的数值应根据原有建筑荷载大小、基础形式和土质情况确定，一般取等于或大于两个基础埋深的差，如图 2-9 所示。当上述要求不能满足时，应采取分段施工，设置临时加固支撑、打板桩、地下连续墙等施工措施，或加固原有建筑的地基。

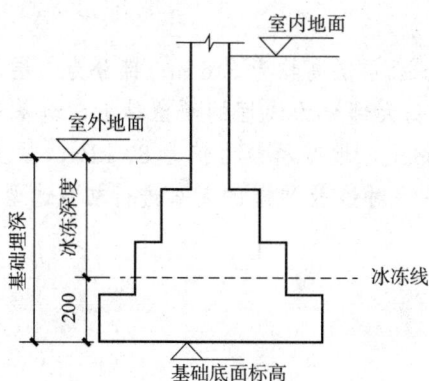

图 2-8　基础埋深和冰冻线的关系

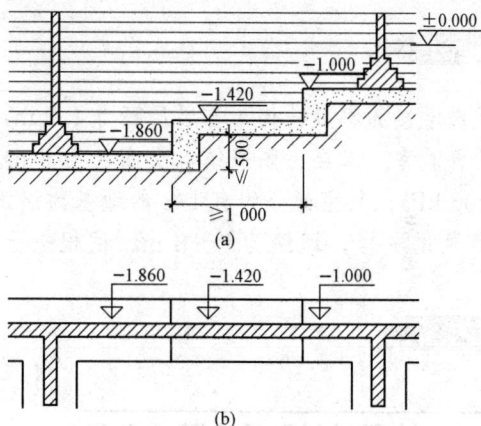

图 2-9　不同基础埋深的处理
（a）纵剖面；（b）平面

任务解决

1. 基础埋深如何确定

基础埋深的宽度、高度等需要按最小的埋深来确定，还要结合其他的条件。而在计算埋深的时候，最好从室外地面的标高算起，在填方整平地区，可自填土地面标高计算，但填土在上部结构施工后完成时，应从天然地面标高算起。对于地下室，当采用箱形基础或筏形基础时，基础埋深自室外地面标高算起；当采用独立基础或条形基础时，应从室内地面标高算起，这样确定的埋深高度才比较准确。

确定埋深，还需要考虑建筑物的功能，包括它的用途。如果设置的是地下室或半埋式的，为了保证稳定性，随着建筑物的高度增加，还需要设置抗震设防区，筏形基础的埋深不能够小于建筑物深度的 1/15。

2. 基坑挖土的深度

房屋建造需要打好基础，对于基坑挖土的深度需要按照工程预算工程量来计算。首先需要确定挖土的深度，一般会遇到下列三种情况。

(1)如果地面标高与设计图纸上面的地坪高度相同时，需要按照设计室外地面算起，一直到基底的高度。

(2)如果地面的标高超过了室外地坪高度，就需要按照两部分来计算。一部分要从室外地面算起，一直达到基底的高度；另一部分按照室外地坪高度以上至自然地面标高来计算。如果有外墙，按外墙外边线每边各加 2 m，再乘以高差计算。

(3)如果地面的标高低于室外地坪高度，需要按照自然地面标高以下到基底的标高来计算。

进行基坑挖土的时候，还需要做好雨污水(包括生活污水)的排水措施，以及要做好防冻害的措施。

任务 2　　基础的类型与构造

任务描述

某教学楼为框架结构，首层层高为 4.2 m，二～六层层高均为 3.6 m；部分为二层，首层为阶梯教室，二层为图书馆，层高均为 6 m。地基大部分为浅埋的硬塑黏土，地基承载力为 200 kPa；教室部分约有 1/3 的地基为淤泥质黏土，地基承载力仅为 80 kPa；黏土层下为微风化灰岩，埋深为 6～8 m。试根据上述条件对该教学楼的基础进行初步选型。

相关内容

2.1　按照材料和受力特点分类

基础所用的材料一般有砖、毛石、混凝土或毛石混凝土、灰土、三合土、钢筋混凝土等。其中，由砖、毛石、混凝土或毛石混凝土、灰土、三合土等制成的墙下条形基础或柱下独立基础称为刚性基础；由钢筋混凝土制成的基础称为柔性基础。

1. 刚性基础

(1)砖基础。砖基础虽然具有取材容易、构造简单、造价低的优点，但其强度低，耐久性和抗冻性较差，只适用于等级较低的小型建筑。

砖基础的剖面为阶梯形，称为大放脚。每一阶梯挑出的长度为砖长的 1/4(60 mm)。砖基础有两种形式，即等高式和间隔式。砌筑时应先铺设砂、混凝土或灰土垫层。大放脚的砌法有两皮一收和二一间隔收两种。两皮一收是每砌两皮砖，收进 1/4 砖长；而二一间隔收是砌两皮砖，收进 1/4 砖长，再砌一皮砖，收进 1/4 砖长，如此反复。在相同底宽的情况下，二一间隔收可减小基础高度，但为了保证基础的强度，底层需用两皮一收砌筑，如图 2-10 所示。

（2）毛石基础。毛石基础由未加工的块石用水泥砂浆砌筑而成，毛石的厚度不小于 150 mm，宽度为 200～300 mm。基础的剖面呈台阶形，顶面要比上部结构每边宽出 100 mm，每个台阶的高度不宜小于 400 mm，挑出的长度不应大于 200 mm，如图 2-11 所示。

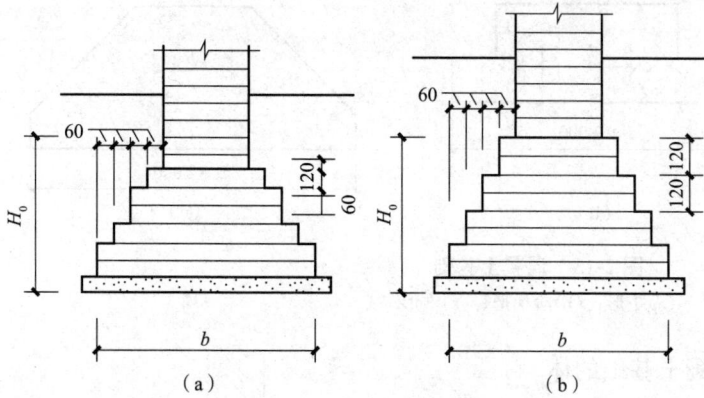

图 2-10 砖基础的构造
（a）二皮砖与一皮砖间隔挑出 1/4 砖；（b）二皮砖挑出 1/4 砖

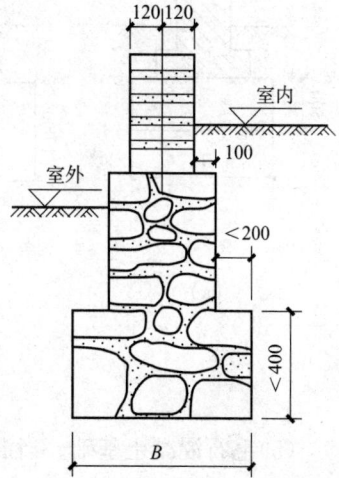

图 2-11 毛石基础

小提示：毛石基础的强度高，抗冻、耐水性能好，所以，适用于地下水水位较高、冰冻线较深的产石区的建筑。

（3）灰土与三合土基础。灰土基础是由消石灰粉和黏土按体积比为 3∶7 或 2∶8 的比例，加适量水拌和夯实而成。施工时，每层虚铺厚度为 220～250 mm，夯实后厚度为 150 mm，称为一步，一般灰土基础可做二至三步，如图 2-12 所示。灰土基础的抗冻性、耐水性差，只能用于埋置在地下水水位以上，并且顶面应位于冰冻线以下的 5 层及 5 层以下的混合结构房屋和墙承重的轻型工业厂房。

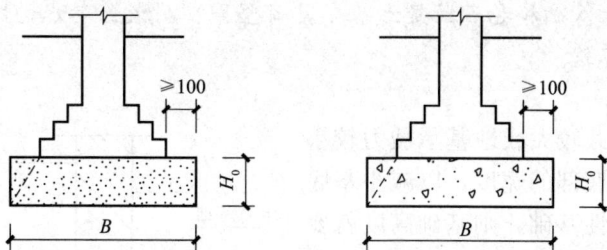

图 2-12 灰土与三合土基础

三合土基础一般多用于地下水水位较低的四层或四层以下的民用建筑工程。常用的三合土基础的体积比为 1∶2∶4 或 1∶3∶6（石灰∶砂∶集料），每层虚铺 220 mm，夯至 150 mm。三合土的强度与集料有关，矿渣最好，因其具有水硬性；碎砖次之；碎石及河卵石因不易夯打结实，质量较差。

（4）混凝土基础。混凝土基础断面有矩形、阶梯形和锥形三种，如图 2-13 所示。当基础底面宽度大于 2 000 mm 时，为了节约混凝土常做成锥形。

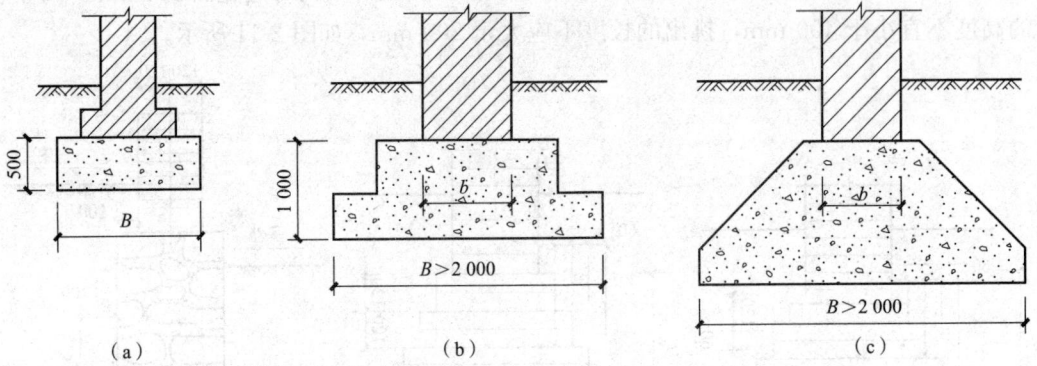

图 2-13　混凝土基础
(a)矩形；(b)阶梯形；(c)锥形

(5)毛石混凝土基础。当混凝土基础的体积较大时，为了节约混凝土，可以在混凝土中加入粒径不超过 300 mm 的毛石，这种混凝土基础称为毛石混凝土基础。在毛石混凝土基础中，毛石的尺寸不得大于基础宽度的 1/3，毛石的体积为总体积的 20%～30%，且应分布均匀，如图 2-14 所示。

2. 柔性基础

柔性基础是指将上部结构传来的荷载，通过向侧边扩展具有一定底面面积，使作用在基底的压应力等于或小于地基上的允许承载力，起到压力扩散作用的基础。

图 2-14　毛石混凝土基础

小提示：混凝土基础和毛石混凝土基础具有坚固、耐久、耐水的特点，可用于受地下水和冰冻作用的建筑。

当基础顶部的荷载较大或地基承载力较小时，就需要加大基础底部的宽度，以减小基底的压力。如果采用刚性基础，则基础高度就要相应增加。这样就会增加基础自重，加大土方工程量，给施工带来麻烦。此时，可采用柔性基础。这种基础在底板配置钢筋，利用钢筋增强基础两侧扩大部分的受拉和受剪能力，使两侧扩大不受高宽比的限制，如图 2-15 所示。柔性基础具有断面小、承载力大、经济效益较高等优点。

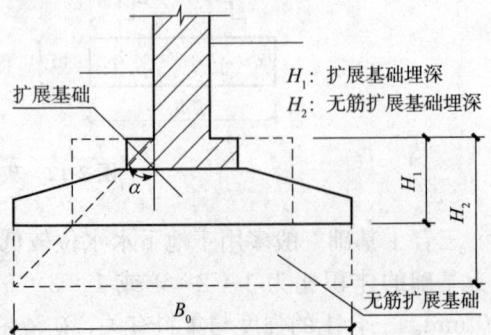

H_1：扩展基础埋深
H_2：无筋扩展基础埋深

图 2-15　柔性基础与刚性基础的比较

由于柔性基础的底部均配有钢筋，可以利用钢筋来承受拉力，以便使基础底部能够承受较大弯矩。这样，基础宽度的加大就可以不受刚性角的限制，做得很宽、很薄，还可尽量浅埋。所以在同样的条件下，采用钢筋混凝土基础可节省大量的混凝土材料和减少土方工程量。

钢筋混凝土基础相当于受均布荷载的悬臂梁，它的截面可做成锥形或阶梯形。基础垫层厚度不宜小于 70 mm，垫层混凝土强度等级应为 C15。底板受力钢筋直径不宜小于 10 mm，间距不宜大于 200 mm，也不宜小于 100 mm。柔性基础构造示意如图 2-16 所示。

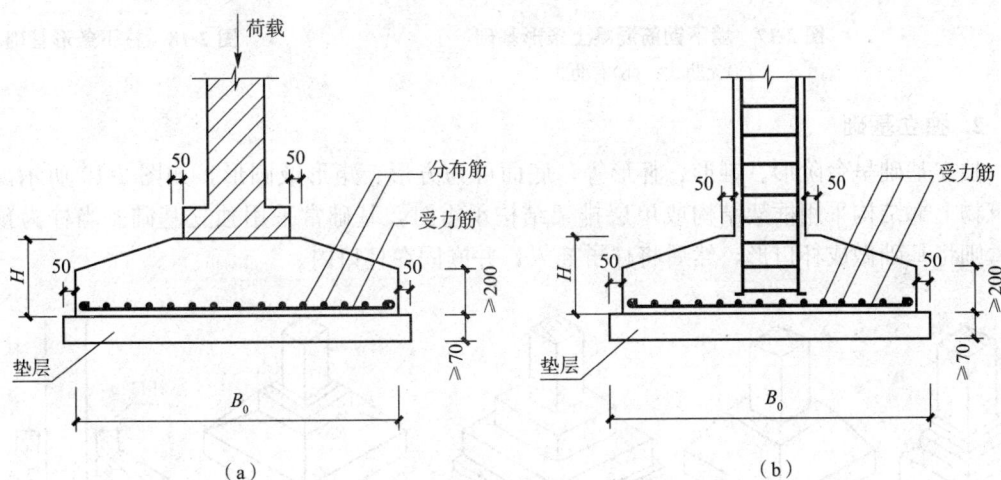

图 2-16　柔性基础构造示意

(a)条形基础；(b)独立基础

2.2　按照构造形式分类

按照构造形式分类，基础可分为条形基础[图 2-16(a)]、独立基础[图 2-16(b)]、井格基础、筏形基础、箱形基础和桩基础等。基础的构造类型应根据上部结构特点、荷载大小和地质条件确定。

1. 条形基础

条形基础是指基础长度远大于其宽度的一种基础形式，又称为带形基础。按其上部结构形式，条形基础可分为墙下条形基础和柱下条形基础。

(1)墙下条形基础。条形基础是承重墙基础的主要形式，当上部结构荷载较大而土质较差时，可采用混凝土或钢筋混凝土建造。墙下钢筋混凝土条形基础一般做成无肋式，如图 2-17(a)所示。如地基在水平方向上压缩性不均匀，为了增加基础的整体性，减少不均匀沉降，也可做成有肋式条形基础，如图 2-17(b)所示。

(2)柱下条形基础。当建筑采用柱承重结构，在荷载较大且地基较软弱时，为了提高建筑物的整体性，防止出现不均匀沉降，可将柱下基础沿一个方向连续设置成条形基础，如图 2-18 所示。

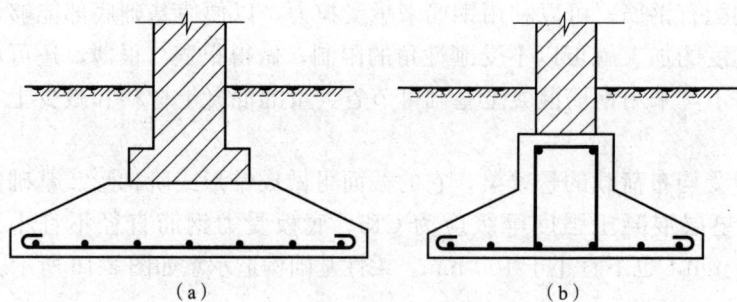

图 2-17 墙下钢筋混凝土条形基础
(a)无肋式；(b)有肋式

图 2-18 柱下条形基础

2. 独立基础

独立基础呈台阶形、锥形、杯形等，底面可为方形、矩形或圆形，如图 2-19 所示。当建筑物上部结构采用框架结构或单层排架结构承重时，基础常采用独立基础。当柱为预制时，则将基础做成杯口形，然后将柱子插入，并嵌固在杯口内。

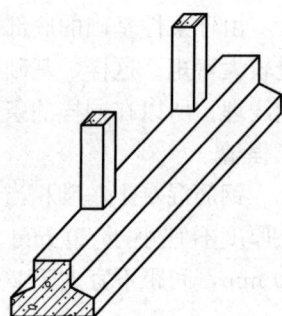

图 2-19 独立基础
(a)台阶形基础、锥形基础；(b)杯形基础

3. 井格基础

当地基条件较差或上部荷载较大时，此时在承重的结构柱下使用独立柱基础已不能满足其承受荷载和整体要求，可将同一排柱子的基础连在一起。为了提高建筑物的整体刚度，避免不均匀沉降，常将柱下独立基础沿纵向和横向连接起来，形成井格基础，如图 2-20 所示。

4. 筏形基础

筏形基础又称为满堂基础或板式基础，适用于上部结构荷载较大、地基承载力差的情况，如图 2-21 所示。筏形基础一般分为柱下筏形基础(框架结构下的筏形基础)和墙下筏形基础(承重墙结构下的筏形基础)两类。

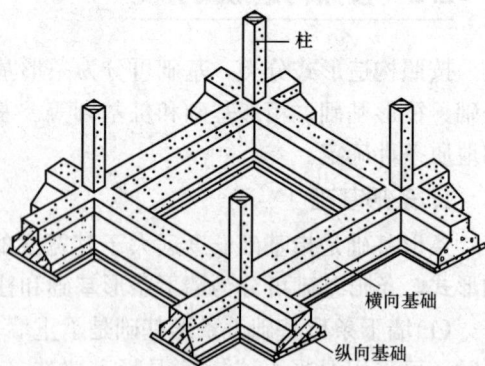

图 2-20 井格基础

小提示：筏形基础整体性好，可跨越基础下的局部软弱土，常用于地基软弱的多层砌体结构、框架结构、剪力墙结构的建筑，以及上部结构荷载较大或地基承载力小的建筑。

5. 箱形基础

箱形基础是由顶板、底板和若干纵、横隔墙组成的空心箱体基础。其整体性好、刚度大，能承受较大弯矩，抵抗地基不均匀沉降，适用于高层建筑或软弱地基上建造的重型建筑。其内部空间可用作地下室、仓库或车库等，其构造形式如图 2-22 所示。

图 2-21　筏形基础

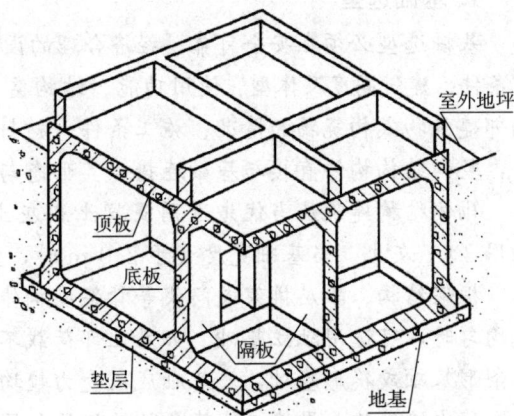

图 2-22　箱形基础

6. 桩基础

当建筑物荷载较大，地基的软弱土层又较厚时，常采用桩基础。桩基础具有承载力大、沉降量小、节省基础材料、减少土方工程量、改善施工条件和缩短工期等优点。

桩基础由若干根桩和承台组成。按桩的受力状态可分为端承桩和摩擦桩两类，如图 2-23 所示。桩基础把建筑的荷载通过桩端传给深处坚硬土层，这种桩称为端承桩；通过桩侧表面与周围土的摩擦力传给地基，这种桩称为摩擦桩。端承桩适用于表面软土层不太厚且下部为坚硬土层的地基情况。端承

图 2-23　端承桩和摩擦桩

(a)端承桩；(b)摩擦桩

桩的荷载主要由桩端应力承受。摩擦桩适用于软土层较厚，而坚硬土层距离地表很深的地基情况。摩擦桩上的荷载由桩侧摩擦力和桩端应力承受。

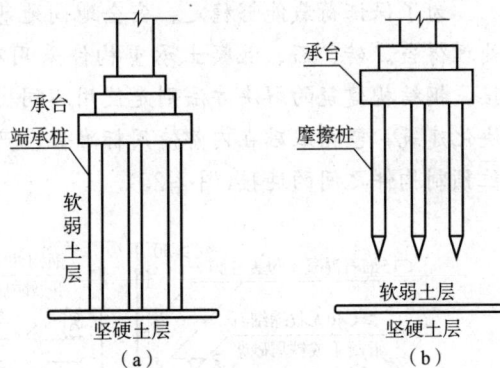

目前应用最多的是钢筋混凝土桩。按照施工方式的不同，桩基础可分为预制桩和灌注桩两类。

(1)预制桩：在混凝土构件厂或施工现场预制，然后打入、压入或振入土中。桩身截面多采用方形或圆形，桩长一般不超过 10 m。预制桩制作简便，容易保证质量。

(2)灌注桩：灌注桩是直接在桩位上就地打孔，然后在孔内灌注混凝土或钢筋混凝土的一种成桩方法。

💡 **拓展阅读**

基础选型与构造连接

1. 基础选型

基础选型必须在安全可靠、经济合理的设计原则下进行，需要综合考虑的因素包括地质条件、建筑高度及体型、使用功能、结构类型、荷载情况、有无地下室及其使用功能、相邻建筑物或构筑物的情况、施工条件、材料供应和抗震设防烈度等。在建筑自身因素中，竖向结构构件直接与基础连接，其形态与力学特性对基础选型起到重要决定作用。

砌体结构建筑应当优先选用混凝土或灰土刚性条形基础，混凝土强度不低于C15，采用3∶7灰土。当基础宽度大于2.0 m时，宜选用柔性条形基础。

框架结构、单层排架或门架等骨架结构体系建造在地基条件较好的位置且柱网分布较均匀时，可选用独立基础。如果上部荷载不均匀，或者地基较差，则可以考虑使用柱下条形基础或筏形基础，使基础底板受力较均匀。

剪力墙结构如果建在地基条件较好的位置，宜优先选用墙下条形基础。当有地下室且地下室有防水要求时，可选用筏形基础，实际上就自然形成了箱形基础。

2. 上部构件连接

为了保证荷载能够稳定、安全地向地基传递，建筑物上部结构与基础的连接也必须处理得当。砖、石、混凝土承重构件采用砌筑或浇筑的方式即可形成与基础的稳定连接，钢结构建筑的解决方法则是使用不同类型的柱脚(图2-24)。还有一类轻型钢结构模块化建筑，包括基础在内都使用标准化、产品化构件，一般使用地脚螺栓等完成基础部位预制构件之间的连接(图2-25)。

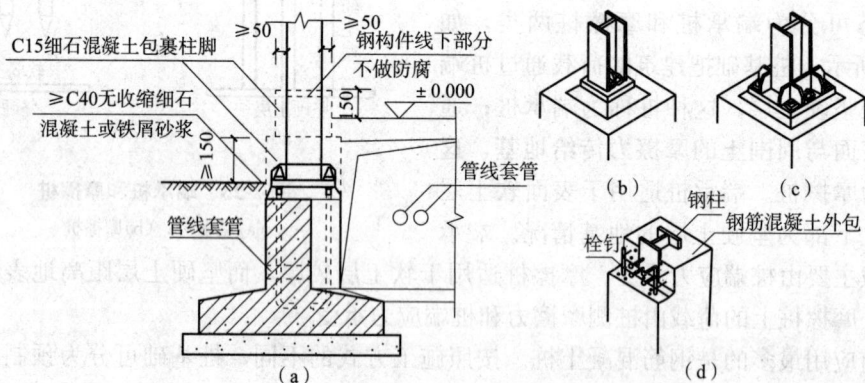

图2-24 钢结构柱脚
(a)结构；(b)铰接柱脚；(c)刚接柱脚；(d)组合外包

木结构建筑直接与土壤接触的基础和外墙必须采用混凝土或砖石材料。

轻型木结构的墙骨柱柱底与基础之间或与基础上的地梁之间应有可靠锚固，与混凝土基础接触面应采取防腐、防潮措施。底层木柱底面应高于室外地平面300 mm。木柱与基础直接锚固时可以采用U形扁钢、角钢和柱靴，在使用木质地梁的情况下，木柱可以使用短棒、钢卡、螺栓等与其连接。

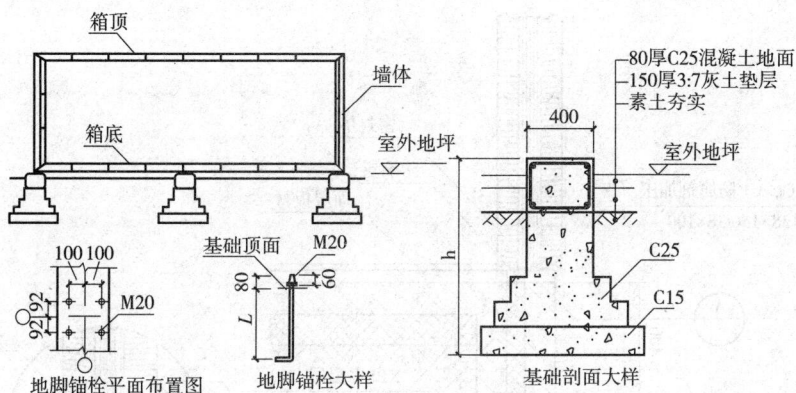

图 2-25　箱式模块化房屋标准模块基础

部分重型原木结构建筑会使用木质墙体承重，这时墙体与混凝土基础的接触面上应设置防潮层，并且防潮层上应该设置经防腐、防虫处理的垫木。其他木构件如果与混凝土基础直接接触，则必须采用经防腐、防虫处理的木材(图 2-26)。

（a）

图 2-26　木结构建筑基础连接

（a）轻型木结构

铜铬砷（CCA）防腐剂加压
处理木材38×150/38×100

密封垫

防潮层

面层板材

A
—

>400

XPS保温层
（严寒和寒冷地区）

聚乙烯毡

防潮层

A

（b）

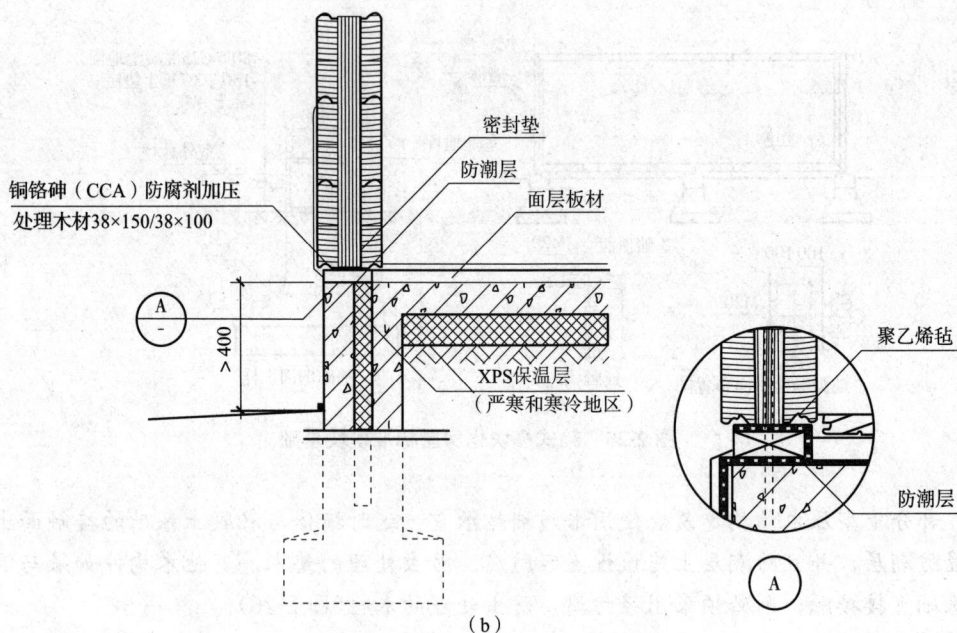

图 2-26 木结构建筑基础连接(续)

（b)重型原木结构

另外，建筑物底层的非承重构件有时也会直接将自重荷载传递到基础或底层地面，如果构件自重较大，则必须进行恰当的结构构造处理。例如，可以增设基础梁来承受框架结构中砌体填充墙的质量；对于底层的非承重砌体隔墙，在墙体厚度不超过150 mm、高度不超过4 m的情况下，可以通过局部加厚地面混凝土垫层的方法避免集中荷载对地面的破坏(图 2-27)。

基础梁

柱杯形基础

基础梁
垫块

柱杯形基础

柱

外墙

基础梁

柱基础

内隔墙

地面建筑装饰层

150

45°

地面混凝土垫层

400

（a）

（b）

图 2-27 非承重砌体墙与基础、地面的连接

（a)非承重外墙；(b)内隔墙

根据岩土勘察资料，硬塑黏土为良好的持力层，而淤泥质黏土承载力较小，不经处理无法作为持力层，灰岩承载力大，可作为良好的桩端持力层。由于六层教室荷载较大，又无法以淤泥质黏土作为持力层，故初步选择以灰岩为桩端持力层，采用人工挖孔灌注桩，以充分利用灰岩的承载力。而阶梯教室、图书馆仅两层，竖向荷载较小，由于是大跨结构，柱脚弯矩较大，故选择以硬塑黏土为持力层，采用柱下独立基础，利用独立基础进行抗弯设计。两者层数不同、荷载不同、持力层不同，基础形式也不同，在两者之间设置了沉降缝，将它们完全分开。

任务 3　地下室构造

任务描述

某花园 H1#、H2# 办公楼位于××省××市体育北大街与石纺路东北角，用途为商业、办公、地下车库，总建筑面积为 81 295 m²，其中 H1# 的总建筑面积为 32 800 m²，H2# 的总建筑面积为 33 100 m²。项目结构形式为框筒结构，地上 24 层，地下 2 层，车库顶板有绿化要求。

考虑到本项目对于防水要求比较高，故地下室底板、侧墙、顶板均为一级防水设防要求，即在结构自防水的基础上再增设两道其他的防水层。实际工程表明，涂料+卷材的复合防水做法可以形成互补，有效综合两者各自的优势，防水效果更佳。而在具体选择防水材料时要考虑卷材与涂料的相容性及施工的可操作性等，因此，橡胶沥青基类防水涂料与自粘防水卷材的复合防水做法是目前的最佳组合。

剖析地下防水全过程施工工艺及节点处理。

相关内容

地下室是建筑物首层以下的房间。一些高层建筑的基础埋深很大，可利用这一深度建造地下室，在增加投资不多的情况下增加使用面积，较为经济。此外，考虑战争时期防御空袭的需要，需要按照防空要求建造地下室。

3.1　地下室的分类

1. 按使用功能分类

按使用功能分类，地下室可分为普通地下室和人防地下室。普通地下室是建筑空间在地下的延伸，由于地下室的环境比地面上的房间差，通常不用来居住，一般用作设备用房、储藏用房、商场、餐厅、车库等。

人防地下室是战争时期人们隐蔽的场所，主要用于战备防空，考虑和平年代的使用，人防地下室在功能上应能够满足平战结合的使用要求。

人防地下室

人防地下室与普通地下室最主要的相同点就是它们都是埋在地下的工程，在平时使用功能上都可以用作商场、停车场、医院、娱乐场所甚至是生产车间，它们都要有相应的通风、照明、消防、给水排水设施。因此，从一个工程的外表和用途上很难区分该地下工程是否为人防地下室。

人防地下室由于在战争时具有防备空袭和核武器、生化武器袭击的作用，因此，在工程的设计、施工及设备设施上与普通地下室有着很大的区别：在工程的设计中，普通地下室只需要按照该地下室的使用功能和所承受的荷载进行设计即可，它可以全埋或半埋于地下。而人防地下室除考虑平时使用外，还必须按照战时标准进行设计，因此，它只能全部埋于地下。由于战时工程所承受的荷载较大，人防地下室的顶板、外墙、底板、柱子和梁的尺寸都要比普通地下室大。有时为了满足平时的使用功能需要，还需要进行临战前转换设计，如战时封堵墙、洞口、临战加柱等。另外，对重要的人防工程，还必须在顶板上设置水平遮弹层用来抵挡导弹、炸弹的袭击。

2. 按地下室顶板标高分类

按地下室顶板标高分类，地下室可分为全地下室和半地下室。当地下室地面低于室外地坪的高度且超过该地下室净高的 1/2 时为全地下室；当地下室地面低于室外地坪的高度且超过该地下室净高的 1/3，但不超过 1/2 时为半地下室，如图 2-28 所示。

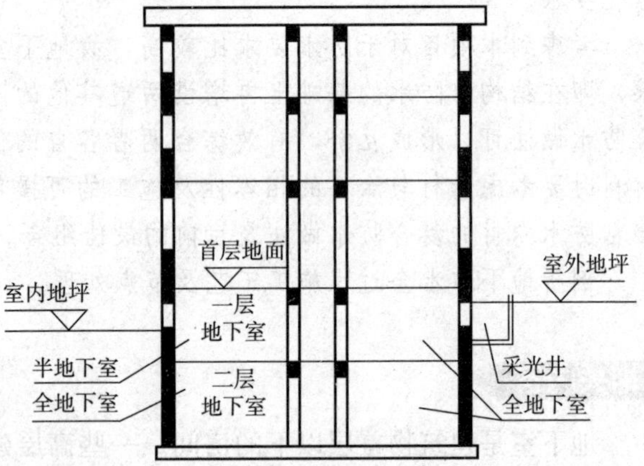

3. 按结构材料分类

（1）当建筑的上部结构荷载较小、地下室水位较低时，可采用砖墙作为地下室的承重外墙和内墙，形成砖墙结构地下室。

图 2-28　地下室示意

（2）当建筑的上部结构荷载较大、地下室水位较高时，可采用钢筋混凝土墙作为地下室的外墙，形成钢筋混凝土结构地下室。

3.2　地下室的构造组成及要求

地下室一般由墙体、顶板、底板、门窗、楼梯、采光井等部分组成。

1. 墙体

地下室的墙体不仅要承受上部传来的垂直荷载，还要承受土、地下水、土壤冻结时的侧压力，所以，地下室的墙体要求具有足够的强度与稳定性。同时，因地下室外墙处于潮湿的工作环境，故其材料还要具有良好的防水、防潮性能，一般采用砖墙、混凝土墙或钢筋混凝土墙。当采用砖墙时，厚度不宜小于 370 mm。当上部荷载较大或地下水水位较高时，最好采用混凝土或钢筋混凝土墙，厚度不宜小于 200 mm。

2. 顶板

顶板可用预制板、现浇板，或者预制板上做现浇层(装配整体式楼板)。在无采暖的地下室顶板上，即首层地板处应设置保温层，以便首层房间使用舒适。人防地下室为了防止空袭时的冲击破坏，顶板的厚度、跨度、强度应按相应防护等级的要求进行确定，其顶板上面还应覆盖一定厚度的夯实土。

3. 底板

地下室的底板应有足够的强度、刚度和抗渗能力，一般采用钢筋混凝土底板。底板还要在构造上做好防潮或防水处理。

4. 门窗

普通地下室的门窗与地上房间的门窗相同。地下室外窗在室外地坪以下时，应设置采光井，以利于室内采光、通风。采光井的构造如图 2-29 所示。人防地下室一般不允许设窗，如需设窗，应做好战时封堵措施。外门应按照防护等级要求设置防护门、防护密闭门。

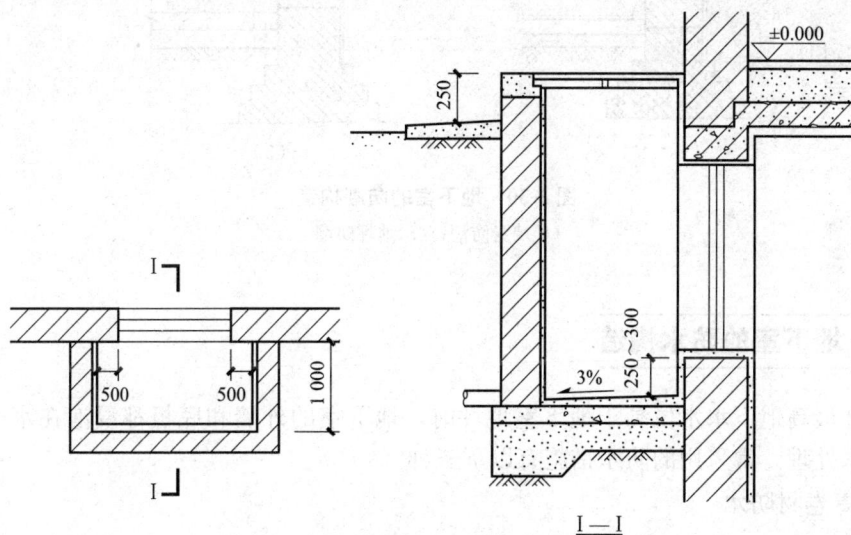

图 2-29　地下室采光井

5. 楼梯

地下室的楼梯一般与上部楼梯结合设置，当地下室的层高较小时，楼梯多为单跑式。对于人防地下室，应至少设置两部楼梯与地面相连，并且必须有一部楼梯通向安全出口。独立安全出口与地面以上建筑物的距离要求不小于地面建筑物高度的一半，以防空袭时建筑物倒塌，堵塞出口，影响疏散。

3.3　地下室的防潮构造

当设计最高地下水水位低于地下室底板 0.30～0.50 m 时，且基底范围内的土壤及回填土无形成上层滞水可能，地下室的墙体和底板只受到无压水和土壤中毛细管水的影响时，地下室只需做防潮处理。

防潮的构造要求是砖墙必须用水泥砂浆砌筑，灰缝必须饱满；在外墙外侧设垂直防潮层，做法是先用 1：3 的水泥砂浆找平 20 mm 厚，再刷冷底子油一道，热沥青两道，然后在防潮层外层回填渗透性差的土壤，如黏土、灰土等，并逐层夯实，底宽 500 mm 左右；地下室所有墙体必须设两道水平防潮层：一道设在地下室地坪附近，另一道设在室外地面散水以上 150～200 mm 的位置。地下室的防潮构造如图 2-30 所示。

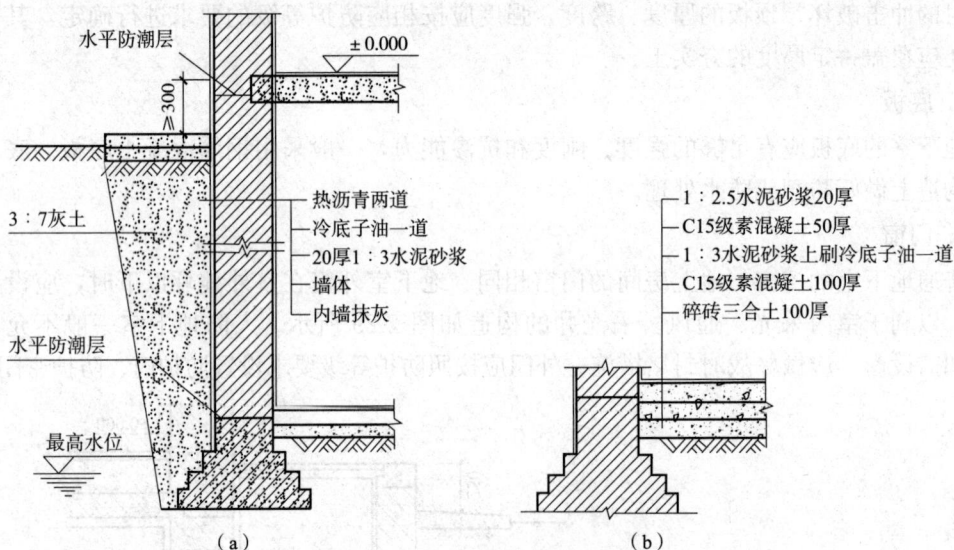

图 2-30　地下室的防潮构造
(a)墙身防潮；(b)地坪防潮

3.4　地下室的防水构造

当设计最高地下水水位高于地下室地坪时，地下室的外墙和底板都浸泡在水中，应考虑进行防水处理。常采用的防水措施有以下三种。

1. 沥青卷材防水

(1)外防水。外防水是将防水层贴在地下室外墙的外表面，这对防水有利，但维修困难，外防水的构造要点：先在墙外侧抹 20 mm 厚的 1：3 水泥砂浆找平层，并刷冷底子油一道，然后选定油毡层数，分层粘贴防水卷材，防水层须高出最高地下水水位 500～1 000 mm 为宜。油毡防水层以上的地下室侧墙应抹水泥砂浆涂两道热沥青，直至室外散水处。垂直防水层外侧砌半砖厚的保护墙一道。

(2)内防水。内防水是将防水层贴在地下室外墙的内表面，这样施工方便，容易维修，但对防水不利，故常用于修缮工程。

地下室地坪的防水构造是先浇混凝土垫层，厚度约为 100 mm；再以选定的油毡层数在地坪垫层上做防水层，并在防水层上抹 20～30 mm 厚的水泥砂浆保护层，以便于上面浇筑钢筋混凝土，如图 2-31 所示。为了保证水平防水层横向垂直墙面，地坪防水层必须留出足够的长度以便与垂直防水层搭接，同时要做好转折处油毡的保护工作，以免因转折交接处的油毡断裂而影响地下室的防水。

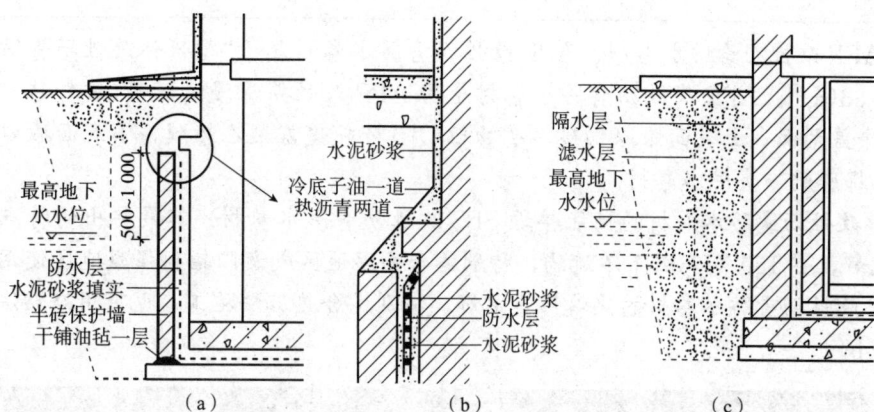

图 2-31　地下室防水构造

(a)外包防水；(b)墙身防水层收头处理；(c)内包防水

💡 **拓展阅读**

常用防水卷材介绍

1. 高聚物改性沥青防水卷材

高聚物改性沥青防水卷材是在传统沥青防水卷材的基础上，将填充、改性材料等添加剂掺入沥青材料或其他主体材料，经混炼、压延或挤出成型而成的卷材。高聚物改性沥青防水卷材克服了传统沥青防水卷材的不足，具有高温不流淌、低温不脆裂、拉伸强度较高、延伸率较大等优异性能。常用的该类防水卷材有 SBS 改性沥青防水卷材和 APP 改性沥青防水卷材等。

(1)SBS 改性沥青防水卷材。SBS 改性沥青防水卷材属于"弹性体改性沥青防水卷材"[图 2-32(a)]。SBS 改性沥青防水卷材是用 SBS 改性沥青浸渍胎基，两面涂以 SBS 沥青涂盖层，上表面撒以细砂、矿物粒(片)料或覆盖聚乙烯膜，下表面撒以细砂或覆盖聚乙烯膜所制成的一类卷材。

SBS 改性沥青防水卷材的最大特点是低温柔性好，冷热地区均适用，特别适用于寒冷地区，可用于特别重要及一般防水等级的屋面、地下防水工程、特殊结构防水工程。施工可采用热熔法[图 2-32(b)]，也可采用冷粘法。

图 2-32　SBS 改性沥青防水卷材及其施工

(a)SBS 改性沥青防水卷材；(b)SBS 改性沥青防水卷材施工

（2）APP 改性沥青防水卷材。APP 改性沥青防水卷材属于"塑性体改性沥青防水卷材"[图 2-33(a)]。APP 改性沥青防水卷材是用 APP 改性沥青浸渍胎基（玻纤毡、聚酯毡），并涂盖两面，上表面撒以细砂、矿物粒(片)料或覆盖聚乙烯膜，下表面撒以砂或覆盖聚乙烯膜的一类防水卷材。

APP 改性沥青防水卷材的性能接近 SBS 改性沥青防水卷材。其最突出的特点是耐高温性能好，在 130 ℃高温下不流淌，特别适合高温地区或太阳辐射强烈地区使用。另外，APP 改性沥青防水卷材的热熔性非常好，特别适合热熔法施工，也可用冷粘法施工[图 2-33(b)]。

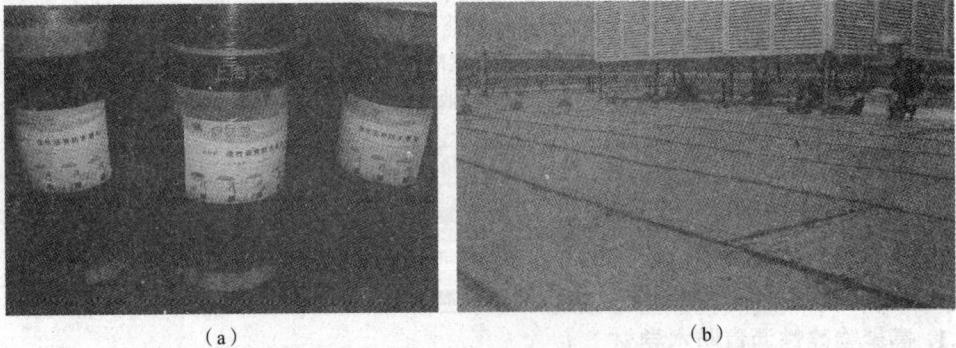

(a)   (b)

图 2-33 APP 改性沥青防水卷材及其施工
(a)APP 改性沥青防水卷材；(b)APP 改性沥青防水卷材施工

（3）BAC 自粘改性聚酯防水卷材。BAC 自粘改性聚酯防水卷材是由增强胎体、高品质的改性沥青胶料和含有 $CaSiO_3$ 的自粘胶料复合而成的新型防水卷材[图 2-34(a)]。其中，独特的高分子聚合物能够与水泥砂浆或水泥素浆粘贴，也可与后续浇筑的混凝土结合，产生较强的粘结力。该卷材采用湿铺法施工，自粘胶料能与未固化的水泥水化物互相渗透，形成咬合效果，最终形成连续的机械粘结，永久地密封于水泥胶凝材料构件上，最终形成"皮肤式"的防水层[图 2-34(b)]。

(a)   (b)

图 2-34 BAC 自粘改性聚酯防水卷材及其施工
(a)BAC 自粘改性聚酯防水卷材；(b)冷粘法施工

2. 合成高分子防水卷材

三元乙丙橡胶防水卷材是以三元乙丙橡胶为主体材料的高弹性防水材料[图 2-35(a)]，

由于主体材料自身的分子结构，使这类卷材耐候性、耐臭氧性、耐热性、化学稳定性非常优异，并且弹性好，拉伸性能优异，使用寿命可达40年以上。三元乙丙橡胶防水卷材采用冷粘法施工[图2-35(b)]。

（a）

（b）

图 2-35　三元乙丙橡胶防水卷材及其施工
（a）三元乙丙橡胶防水卷材；（b）冷粘法施工

2. 防水混凝土防水

当地下室地坪和墙体均为钢筋混凝土结构时，应采用抗渗性能好的防水混凝土材料，常采用的防水混凝土有普通混凝土和外加剂混凝土。普通混凝土主要是采用不同粒径的集料进行级配，并提高混凝土中水泥砂浆的含量，使水泥砂浆充满于集料之间，从而堵塞因集料间不密实而出现的渗水通路，以达到防水目的。外加剂混凝土是在混凝土中掺入加气剂或密实剂，以提高混凝土的抗渗性能。防水混凝土的防水构造如图2-36所示。

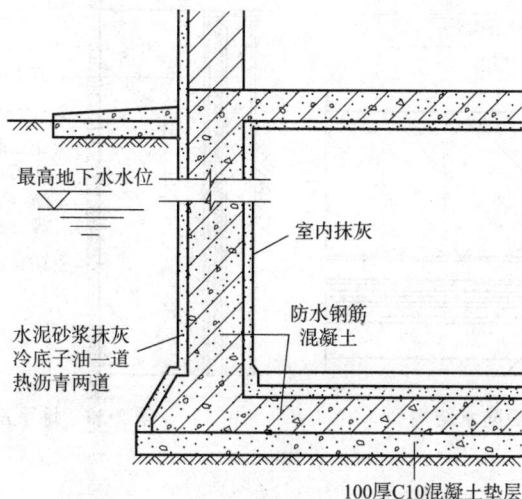

最高地下水水位

室内抹灰

水泥砂浆抹灰
冷底子油一道
热沥青两道

防水钢筋
混凝土

100厚C10混凝土垫层

图 2-36　防水混凝土的防水构造

3. 弹性材料防水

随着新型高分子合成防水材料的不断出现，地下室的防水构造也在更新，如我国目前使用的三元乙丙橡胶防水卷材，能充分适应防水基层的伸缩及开裂变形，拉伸强度高，拉断延伸率大，能承受一定的冲击荷载，是耐久性极好的弹性卷材；又如聚氨酯涂膜防水材料，有利于形成完整的防水涂层，对在建筑内有管道、转折和高差等特殊部位的防水处理极为有利。

任务解决

1. 地下室底板

地下室底板采用 2 mm 厚"涂必定"橡胶沥青防水涂料＋1.5 mm 厚 BAC-P 双面自粘防水卷材的复合做法：先将涂料和卷材施工在垫层上，卷材施工完成后揭除其上表面隔离膜，待浇筑细石混凝土保护层时，卷材的自粘胶可与保护层形成"反粘"。虽然此时涂料与上部的卷材和下部的垫层都紧密黏结，但由于"涂必定"橡胶沥青防水涂料的 100% 内聚力破坏，所以，即使垫层出现沉降，其破坏部位也只是在涂料本身，并不会影响上部的卷材，因为卷材依然牢固地与细石混凝土保护层反粘在一起，继续发挥其防水功能(图 2-37)。

2. 地下室侧墙

地下室侧墙采用 1.5 mm 厚"涂必定"橡胶沥青防水涂料＋1.5 mm 厚 BAC-P 双面自粘防水卷材的复合做法。涂料采用专门研发的立面专用型，具有更好的抗流坠、耐高温等性能，BAC-P 双面自粘卷材为薄质材料，质轻、服帖性好，立面施工更加简便。防水层施工完成后，考虑到在实际回填土的过程中难以完全按照规范要求进行，为了避免防水层受到影响，采用砌 120 mm 厚砖墙保护(图 2-38)。

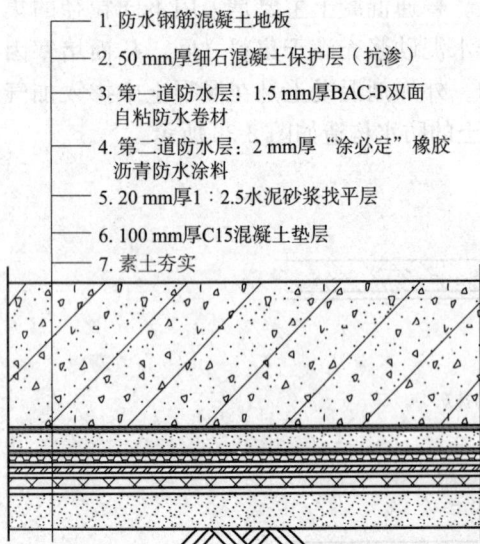

1. 防水钢筋混凝土地板
2. 50 mm厚细石混凝土保护层（抗渗）
3. 第一道防水层：1.5 mm厚BAC-P双面自粘防水卷材
4. 第二道防水层：2 mm厚"涂必定"橡胶沥青防水涂料
5. 20 mm厚1：2.5水泥砂浆找平层
6. 100 mm厚C15混凝土垫层
7. 素土夯实

1. 素土（灰土）分层夯实
2. 120 mm厚砖墙保护
3. 第二道防水层：1.5 mm厚BAC-P双面自粘防水卷材
4. 第一道防水层：1.5 mm厚"涂必定"橡胶沥青防水涂料（立面专用）
5. 防水钢筋混凝土外墙（补平修整）

图 2-37　地下室底板防水结构　　　图 2-38　地下室侧墙防水结构

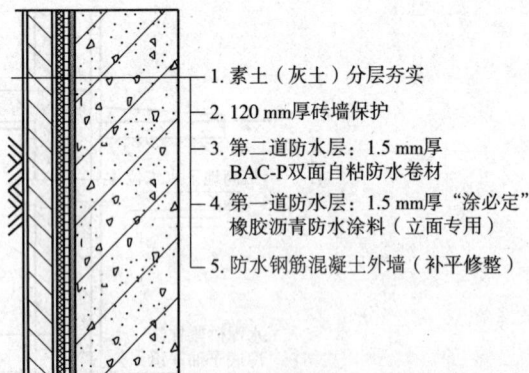

3. 地下室顶板

地下室顶板有绿化要求，故采用 2 mm 厚"涂必定"橡胶沥青防水涂料＋4 mm 厚"贴必定"BAC 耐根穿刺自粘防水卷材的复合做法。BAC 耐根穿刺自粘防水卷材的阻根原理为化学阻根，阻根效果优异，而且可以和"涂必定"橡胶沥青防水涂料完美融合，有效消除卷材与涂料之间的窜水层。在防水层施工之前，还采用抛丸技术将结构层表面的浮浆或酥松层去掉，可避免防水层与结构层之间窜水。就算防水层存在薄弱环节，但防水层与结构层之间没有水存在，植物根系又具有向水性的特点，那么它就没有继续向下生长的动力，无论是对防水层还是结构层都有了很好地保护作用(图2-39)。

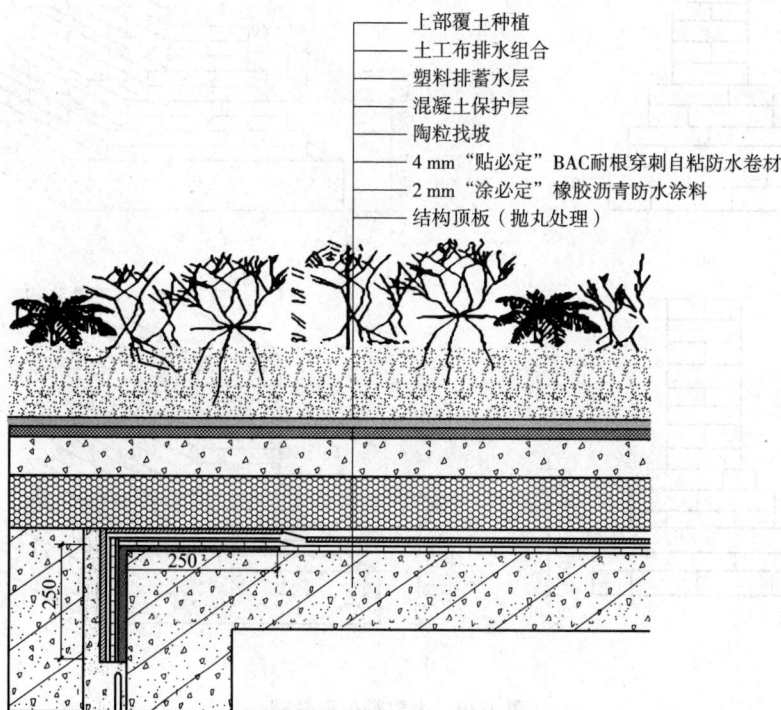

上部覆土种植
土工布排水组合
塑料排蓄水层
混凝土保护层
陶粒找坡
4 mm "贴必定"BAC耐根穿刺自粘防水卷材
2 mm "涂必定"橡胶沥青防水涂料
结构顶板（抛丸处理）

图 2-39　地下室顶板防水结构

实　训　大放脚砌筑实训

实训地点：实训中心砌体实训室。

实训内容：使用标准机制砖(普通烧结砖)干砌等高式和间隔式条形基础，如图2-40所示。

实训分组：3~4人一组，分工协作，进行条形基础的砌筑(干砌，不使用灰浆，但需适当保留8~12 mm的灰缝)。几组轮换砌筑，未执行任务的小组在一旁观摩，禁止大声喧哗，保证课堂秩序。

步骤与方法如下：

(1)清理场地或选择平整场地。

(2)场地画线，标注起始范围。

(3)按照图注样式进行搬砖干砌。

(4)砌筑完成后由其他小组检查评议，最后由教师点评、打分，作为小组及个人实训成绩。

(5)另一组开始砌筑并由其他小组检查评议，教师点评、打分。

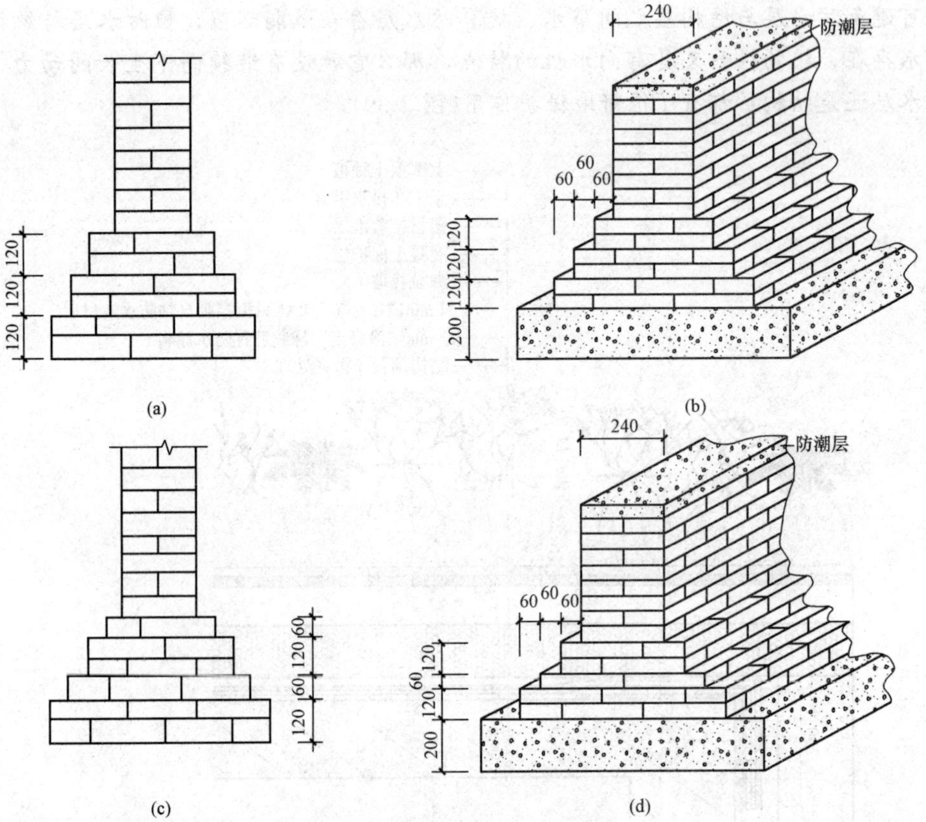

图 2-40 大放脚条形基础

(a)等高式；(b)等高式大放脚；(c)间隔式；(d)不等高式大放脚

项目小结

　　基础在不同建筑中体现为不同形式，它需要直接应对土壤环境带来的各种技术问题。在建筑工程中，地基和基础设计需要做到安全适用、技术先进、经济合理、确保质量、保护环境。位于±0.000标高以下的地下室有时也起到基础的作用，其所带来的防潮、防水问题需要妥善处理。本项目主要介绍了地基与基础的关系、基础的类型与构造、地下室构造。

思考与练习

一、填空题

1. 地基可分为＿＿＿＿＿＿和＿＿＿＿＿＿两大类。

2. 为了确保建筑物的坚固安全，基础要埋入土层中一定的深度，一般把自室外设计地面标高至基础底部的垂直高度称为＿＿＿＿＿＿。

3. 砖基础的剖面为阶梯形，称为_____。

4. _____适用于上部结构荷载较大、地基承载力差的情况的基础。

5. 桩基础把建筑的荷载通过桩端传给深处坚硬土层，这种桩称为_____；通过桩侧表面与周围土的摩擦力传给地基，这种桩称为_____。

二、选择题

1. 基础埋深不得过小，一般不小于(　　)mm。

    A. 300　　　　　　　B. 200　　　　　　　C. 500　　　　　　　D. 400

2. 柔性基础与刚性基础受力的主要区别是(　　)。

    A. 柔性基础比刚性基础能承受更大的荷载

    B. 柔性基础只能承受压力，刚性基础既能承受拉力，又能承受压力

    C. 柔性基础既能承受压力，又能承受拉力，刚性基础只能承受压力

    D. 刚性基础比柔性基础能承受更大的拉力

3. 刚性基础的受力特点是(　　)。

    A. 抗拉强度大、抗压强度小　　　　　B. 抗拉、抗压强度均大

    C. 抗剪切强度大　　　　　　　　　　D. 抗压强度大、抗拉强度小

4. 砖基础采用台阶式、逐级向下放大的做法，一般为每2皮砖挑出(　　)的砌筑方法。

    A. 1/4砖　　　　　B. 1/2砖　　　　　C. 3/4砖　　　　　D. 1皮砖

5. 地基软弱的多层砌体结构，当上部荷载较大且不均匀时，一般采用(　　)。

    A. 柱下条形基础　　B. 柱下独立基础　　C. 筏形基础　　D. 箱形基础

6. 地下室的外包卷材防水构造中，墙身处防水卷材须从底板包上来，并在最高设计水位(　　)mm处收头。

    A. 以下50　　　　　　　　　　　　B. 以上50

    C. 以下500~1 000　　　　　　　　D. 以上500~1 000

7. 地下室为自防水时，外加剂防水混凝土外墙、底板均不宜太薄。一般墙厚为(　　)mm以上，底板为(　　)mm以上。

    A. 75，100　　　　　　　　　　　B. 100，200

    C. 200，150　　　　　　　　　　D. 300，250

8. 地下室防潮的构造设计中，以下哪种做法不采用？(　　)

    A. 在地下室顶板中间设水平防潮层　　B. 在地下室底板中间设水平防潮层

    C. 在地下室外墙外侧设垂直防潮层　　D. 在地下室外墙外侧回填滤水层

三、简答题

1. 简述地基与基础的设计要求。

2. 基础埋深的影响因素有哪些？

3. 基础按照构造形式分为哪些？

4. 按使用功能，地下室可分为哪两类？

5. 常采用的地下室防水构造措施有哪些？

项目 3 墙 体

了解墙体的类型、承重方案、设计要求；熟悉砌筑隔墙、骨架隔墙、板材隔墙；掌握块材墙的组砌方式、砖墙的细部构造、隔墙的构造。

能够通过墙体的设计要求、墙体的功能要求，识读相关图集，并进行正确的施工指导；能够通过隔墙的构造特点，正确选择隔墙的类型。

1. 能够分辨并理解个人情绪，调整个人情感和行为，带着适当的情感与他人进行交流。
2. 对个人经历进行反思，乐于向他人学习，以便更好地开展学习和了解自身。
3. 妥善处理变化、挑战和逆境，并时刻进行反思。

任务 1 墙体概述

任务描述

砖混结构(图 3-1)与框架结构(图 3-2)中的墙体作用相同吗？若不同，它们有何不同？

图 3-1 砖混结构

图 3-2 框架结构

1.1 墙体的类型

1. 按墙体所在位置分类

按在平面上所处的位置不同，墙体可分为外墙和内墙；按布置方向的不同又可分为纵墙和横墙。沿建筑物长轴方向布置的墙称为纵墙；沿建筑物短轴方向布置的墙称为横墙；外横墙又称为山墙。对一面墙来说，窗与窗之间和窗与门之间的墙称为窗间墙；窗台下面的墙称为窗下墙；屋顶上部的墙称为女儿墙。墙体各部分的名称如图3-3所示。

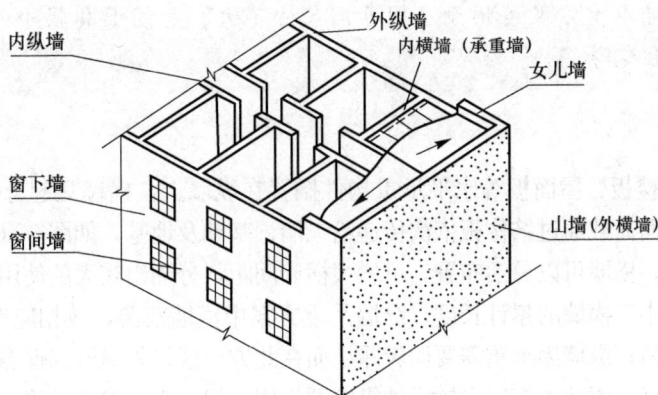

图3-3　墙体各部分的名称

2. 按墙体的受力情况分类

按墙体的受力情况分类，墙体可分为承重墙和非承重墙两类。承担建筑上部构件传来荷载的墙称为承重墙；不承担建筑上部构件传来荷载的墙称为非承重墙。

非承重墙包括自承重墙、框架填充墙、幕墙和隔墙。其中，自承重墙不承受外来荷载，其下部墙体只负责上部墙体的自重；框架填充墙是指在框架结构中，填充在框架中间的墙；幕墙是指悬挂在建筑物结构外部的轻质外墙，如玻璃幕墙、铝塑板墙等；隔墙是指仅起分隔空间、自身质量由楼板或梁承担的墙。

3. 按构成墙体的材料分类

按构成墙体的材料分类，较常见的墙体有砖墙、石墙、砌块墙、板材墙、混凝土墙、玻璃幕墙等。

4. 按墙体的施工方式和构造分类

按墙体的施工方式和构造分类，墙体可分为块材墙、板筑墙和板材墙三种。块材墙是一种以传统的砌墙方式砌筑而成的墙体，如实砌砖墙、空斗墙、砌块墙等；板筑墙的砌墙材料往往是散状或塑性材料，依靠事先在墙体部位设置的模板，在模板内夯实与浇筑材料从而形成墙体，如夯土墙、滑模或大模板钢筋混凝土墙；板材墙是将预先制成的墙体构件运至施工现场，然后安装、拼接而成的墙体，如石膏板墙、幕墙等。

1.2 墙体的承重方案

墙体有横墙承重、纵墙承重、纵横墙混合承重、墙与柱混合承重四种承重方案。

1. 横墙承重

横墙承重是将楼板、屋面板等水平承重构件搁置在横墙上，楼面、屋面荷载通过结构板依次传递给横墙、基础及地基，如图 3-4(a)所示。横墙承重的建筑横向刚度较大，整体性好，有利于抵抗水平荷载和防止地基不均匀沉降。由于纵墙是非承重墙，因此，内纵墙可自由布置，在外纵墙上开设门窗洞口较为灵活。但是横墙间距受到最大间距限制，建筑开间尺寸不够灵活，且墙体所占的面积较大，相应地降低了建筑面积的使用率。

> **小提示**：横墙承重方案适用于房间开间尺寸不大、房间面积较小的建筑，如宿舍、旅馆、办公楼、住宅等。

2. 纵墙承重

纵墙承重是将楼板、屋面板等水平承重构件搁置在纵墙上，横墙只起分隔空间和连接纵墙的作用。楼面、屋面荷载通过结构板依次传递给纵墙、基础及地基，如图 3-4(b)所示。由于横墙是非承重墙，因此，横墙可以灵活布置，可增大横墙间距，分隔出较大的使用空间。建筑中纵墙的累计长度一般要小于横墙的累计长度，纵墙承重方案中横墙较薄，故相应地增大了使用面积，同时节省了墙体材料；纵墙因承重需要而较厚，而在北方地区，外纵墙因保温需要，其厚度往往大于承重所需的厚度，因此，充分发挥了外纵墙的作用。但由于横墙不承重，自身的强度和刚度较小，故纵墙抵抗水平荷载的能力比横墙差；水平承重构件的跨度大，其截面高度增加，单件质量较大，施工要求高；承重纵墙上开设门窗洞口有一定限制，不利于组织采光、通风。

> **小提示**：纵墙承重方案适用于使用上要求有较大空间的建筑，如办公楼、商店、餐厅等。

3. 纵横墙混合承重

纵横墙混合承重方案的承重墙体由纵、横两个方向的墙体组成，如图 3-4(c)所示。纵横墙混合承重方案综合了横墙承重与纵墙承重的优点，房屋刚度较大，平面布置灵活，可根据建筑功能的需要综合运用。但水平承重构件类型较多，施工复杂，墙体所占面积较大，降低了建筑面积的使用率，消耗墙体材料较多。

> **小提示**：纵横墙混合承重方案适用于房间开间、进深变化较多的建筑，如医院、幼儿园、教学楼、阅览室等。

4. 墙与柱混合承重

墙与柱混合承重方案是建筑内部采用柱、梁组成的内框架承重，四周采用墙承重，由墙和柱共同承担水平承重构件传来的荷载，又称为内骨架结构。该种建筑的强度和刚度较大，可形成较大的室内空间。墙与柱混合承重方案适用于室内需要较大空间的建筑，如大型商店、餐厅、阅览室等。

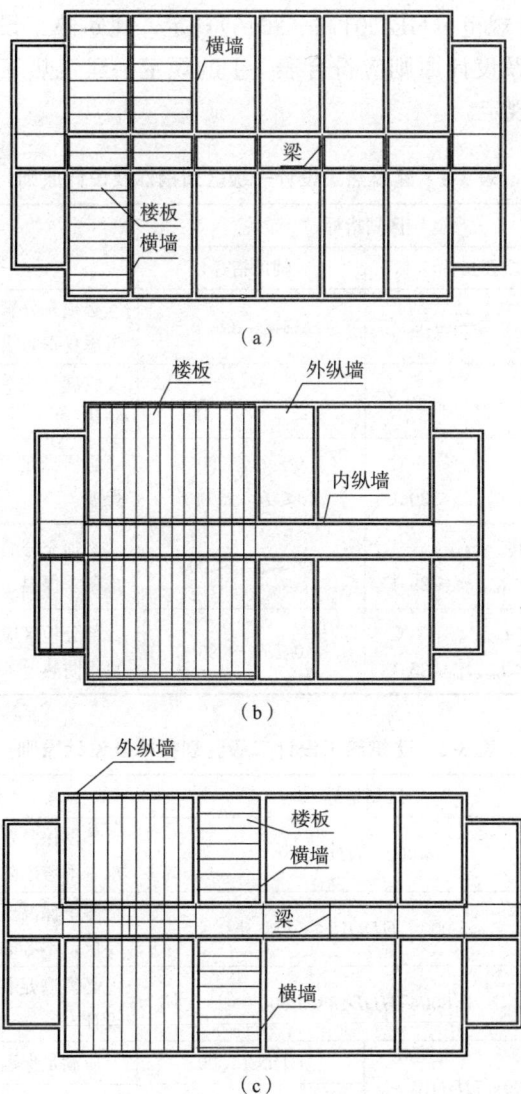

（a）

（b）

（c）

图 3-4　墙体的承重方案

（a）横墙承重；（b）纵墙承重；（c）纵横墙混合承重

1.3　墙体的设计要求

1. 具有足够的强度和稳定性

强度是指墙体承受荷载的能力。它与墙体采用的材料类别、材料强度等级、墙体的截面面积、构造和施工方式有关。强度等级高的砖和砂浆所砌筑的墙体比强度等级低的砖和砂浆所砌筑的墙体强度高；相同材料和相同强度等级的墙体相比，截面面积大的墙体强度更高。作为承重墙的墙体，必须具有足够的强度以保证结构的安全。

2. 满足热工要求

外墙是建筑围护结构的主体，其热工性能的好坏会对建筑的使用及能耗带来直接的影响。建筑热工设计应与地区气候相适应，热工要求主要是考虑墙体的保温与隔热。

《民用建筑热工设计规范》(GB 50176—2016)规定，建筑热工设计区划分为两级。建筑热工设计一级区划指标及设计原则应符合表 3-1 的规定，建筑热工设计二级区划指标及设计原则应符合表 3-2 的规定。

表 3-1　建筑热工设计一级区划指标及设计原则

一级区划名称	区划指标		设计原则
	主要指标	辅助指标	
严寒地区（1）	$t_{\min \cdot m} \leqslant -10\ ℃$	$145 \leqslant d_{\leqslant 5}$	必须充分满足冬季保温要求，一般可以不考虑夏季防热
寒冷地区（2）	$-10\ ℃ < t_{\min \cdot m} \leqslant 0\ ℃$	$90 \leqslant d_{\leqslant 5} \leqslant 145$	应满足冬季保温要求，都分地区兼顾夏季防热
夏热冬冷地区（3）	$0\ ℃ < t_{\min \cdot m} \leqslant 10\ ℃$ $25\ ℃ < t_{\max \cdot m} \leqslant 30\ ℃$	$0 \leqslant d_{\leqslant 5} < 90$ $40 \leqslant d_{\geqslant 25} < 110$	必须满足夏季防热要求，适当兼顾冬季保温
夏热冬暖地区（4）	$10\ ℃ < t_{\min \cdot m}$ $20\ ℃ < t_{\max \cdot m} \leqslant 29\ ℃$	$100 \leqslant d_{\geqslant 25} < 200$	必须充分满足夏季防热要求，一般可不考虑冬季保温
温和地区（5）	$0\ ℃ < t_{\min \cdot m} \leqslant 13\ ℃$ $18\ ℃ < t_{\max \cdot m} \leqslant 25\ ℃$	$0 \leqslant d_{\leqslant 5} < 90$	部分地区应考虑冬季保温，一般可不考虑夏季防热

表 3-2　建筑热工设计二级区划指标及设计原则

二级区划名称	区划指标		设计原则
严寒 A 区（1A）	$6\,000 < HDD18$		冬季保温要求极高，必须满足保温设计要求，不考虑防热设计
严寒 B 区（1B）	$5\,000 \leqslant HDD18 < 6\,000$		冬季保温要求非常高，必须满足保温设计要求，不考虑防热设计
严寒 C 区（1C）	$3\,800 \leqslant HDD18 < 5\,000$		必须满足保温设计要求，可不考虑防热设计
寒冷 A 区（2A）	$2000 \leqslant HDD18$ $< 3\,800$	$CDD26 \leqslant 90$	应满足保温设计要求，可不考虑防热设计
寒冷 B 区（2B）		$CDD26 > 90$	应满足保温设计要求，宜满足隔热设计要求。兼顾自然通风、遮阳设计
夏热冬冷 A 区（3A）	$1\,200 \leqslant HDD18 < 2\,000$		应满足保温、隔热设计要求，重视自然通风、遮阳设计
夏热冬冷 B 区（3B）	$700 \leqslant HDD18 < 1\,200$		应满足保温、隔热设计要求，强调自然通风、遮阳设计
夏热冬暖 A 区（4A）	$500 \leqslant HDD18 < 700$		应满足隔热设计要求，宜满足保温设计要求，强调自然通风、遮阳设计
夏热冬暖 B 区（4B）	$HDD18 < 500$		应满足隔热设计要求，可不考虑保温设计，强调自然通风、遮阳设计
温和 A 区（5A）	$CDD26 < 10$	$700 \leqslant HDD18 < 2\,000$	应满足冬季保温设计要求，可不考虑防热设计
温和 B 区（5B）		$HDD18 < 700$	宜满足冬季保温设计要求，可不考虑防热设计

(1)墙体的保温。建筑的外墙应具有良好的保温能力，在采暖期尽量减少热量损失，降低能耗，保证室内温度不致过低，不出现墙体内表面产生冷凝水的现象。通常采取的保温措施包括：①适当增加墙体厚度，提高墙体的热阻。②选择导热系数小的墙体材料，墙体节能保温材料包括有机类(如苯板、聚苯板、挤塑板、聚苯乙烯泡沫板、硬质泡沫聚氨酯、聚碳酸酯及酚醛等)、无机类(如珍珠岩水泥板、泡沫水泥板、复合硅酸盐、岩棉、传统保温砂浆等)和复合材料类(如金属夹芯板、玻化微珠、聚苯颗粒等)。由于建筑节能的需要，北方地区天气寒冷，保温要求较高，但保温材料一般承载能力较差，故常采用轻质高效的保温材料与砖、混凝土或钢筋混凝土组成复合保温墙体，并将保温材料放在靠低温一侧以利保温。保温复合墙构造如图3-5所示。同时在保温层靠高温一侧采用沥青、卷材、隔汽涂料等设置隔汽层，以防产生冷凝水。隔蒸汽构造如图3-6所示。由各种接缝和混凝土嵌入体构成的热桥部位，应做保温处理，如图3-7所示。

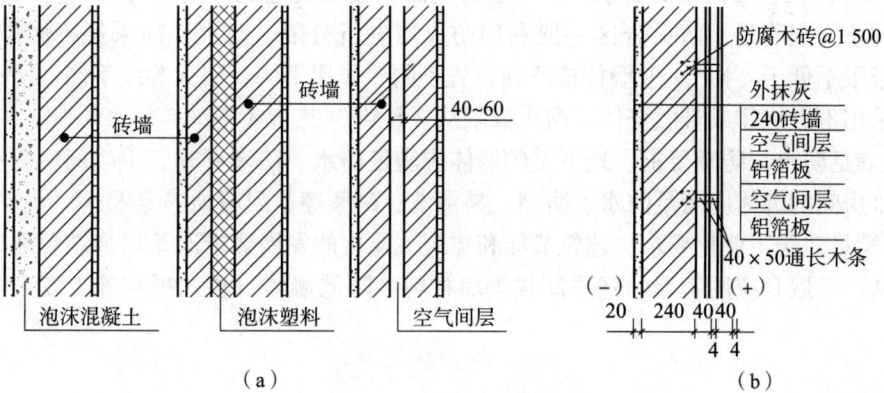

图 3-5　保温复合墙构造
(a)保温围护结构构造；(b)铝箔保温处理

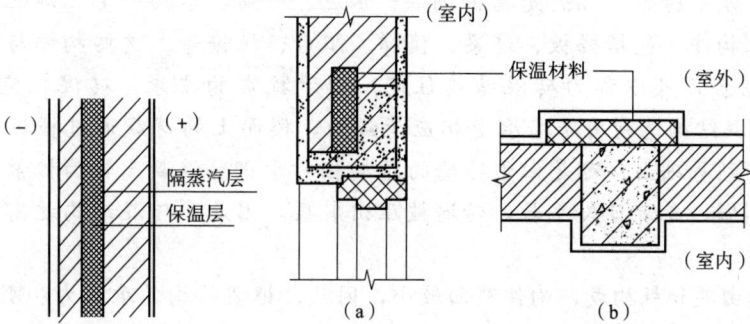

图 3-6　隔蒸汽构造　　**图 3-7　热桥部位保温处理**
(a)过梁部分；(b)柱子部分

(2)墙体的隔热。建筑的外墙应具有良好的隔热能力，以阻隔太阳辐射热传入室内，从而影响室内的舒适程度。隔热应采取绿化环境、加强自然通风、遮阳及围护结构隔热等综合措施。

墙体隔热的通常做法如下。

1)房屋的墙体采用导热系数小的材料或采用中空墙体以减少热量的传导。

2)外墙采用浅色而平滑的外饰面，以减少墙体对太阳辐射热的吸收。

3)房屋东、西向的窗口外侧可设置遮阳设施，以避免阳光直射室内。

4)合理选择建筑朝向、平面、剖面设计和窗户布置以有利组织通风。

(3)满足隔声要求。结构隔绝空气传声的能力，主要取决于墙体的单位面积质量（面密度），面密度越大，隔声效果越好，故在墙体设计时，应尽量选择面密度大的材料。另外，适当增加墙体厚度，选用密度大的墙体材料，设置中空墙或双层墙均是提高墙体的隔声能力的有效措施。声音的大小可用 dB（分贝）表示，它是声强级的单位。例如，《民用建筑隔声设计规范》(GB 50118—2010)规定，无特殊要求的住宅分户墙的隔声标准是 45 dB；学校教室与教室之间的隔墙隔声标准为大于或等于 40 dB 等，采用双面抹灰的半砖墙能满足隔声要求。

(4)满足防火要求。作为建筑墙体的材料及墙体厚度，应满足《建筑设计防火规范(2018年版)》(GB 50016—2014)的要求。当单层建筑面积或长度达到一定指标时，应划分防火分区，以防止火灾蔓延。防火分区一般利用防火墙进行分隔。防火墙应采用不燃烧体制作，且耐火极限不低于 4 h，一般墙体按所在位置不同、作用不同、耐火等级不同，防火规范要求分别采用不燃烧体或难燃烧体，耐火极限从 3 h 到 0.25 h 不等。

(5)满足防水、防潮要求。地下室的墙体应满足防水、防潮要求。卫生间、厨房、实验室等用水房间的墙体应满足防水、防潮、易清洗、耐摩擦、耐腐蚀的要求。

(6)满足建筑工业化要求。建筑节能和建筑工业化的发展要求改革以烧结普通砖为主的墙体材料，发展和应用新型的轻质高强砌墙材料，降低墙体自重，提高施工效率，降低工程造价。

任务解决

砖混结构，顾名思义，"砖"指的是一种统一尺寸的建筑材料，也有其他尺寸的异型烧结普通砖、空心砖等。"混"是指由钢筋、水泥、砂石、水按一定比例配制并生产而成的钢筋混凝土构件，包括楼板、过梁、楼梯、阳台、挑檐等。这些构件与砖为主要材料的承重墙相结合，可以称为砖混结构住宅。由于抗震的要求，砖混住宅一般在 5 层、6 层以下。砖混结构是利用砖墙承受相应荷载的，楼面上的荷载通过楼板传到下面的砖墙上，最后传到基础上。可是由于砖墙的结构相对于钢筋混凝土较为松散，在地震的时候房屋极易倒塌，或者日久年长，砖墙被压出裂痕。因此，砖混结构还需要设置圈梁和构造柱。

框架结构由梁和柱构成，构件截面较小，因此，框架结构的承载力和刚度都较低，高层框架在纵、横两个方向都承受很大的水平力，这时，现浇楼面也作为梁共同工作，装配整体式楼面的作用则不考虑。框架结构的墙体是填充墙，起围护和分隔作用。框架结构的特点是能为建筑提供灵活的使用空间。

框架结构住宅的承重结构是梁、板、柱，而砖混结构住宅的承重结构是楼板和墙体。如果要进行室内空间的改造，框架结构因为多数墙体不承重，所以改造起来比较简单，只需要敲掉墙体就可以了，而砖混结构中很多墙体是承重结构，不允许拆除。

任务 2 块材墙基本构造

任务描述

某工程为一层砖混结构建筑，层高为 4.5 m，建筑面积约为 5 000 m²，建筑平面布局为"王"字形。基础采用毛石混凝土条形基础，承重砌体采用 MU10 煤矸石实心砖，±0.000 以下采用 M10 水泥砂浆，±0.000 以上采用 M7.5 混合砂浆。圈梁和构造柱采用 C25 混凝土。

在主体验收中，发现部分钢筋混凝土圈梁强度不足，且存在漏浆、蜂窝、麻面、露筋等情况；构造柱混凝土强度不足，顶部与圈梁连接不良，柱根出现孔洞，混凝土断条的情况。

相关内容

块材墙是用砌筑砂浆等胶结材料将砖石块材等砌筑而成，如砖墙、石墙及各种砌块墙等，也可以简称为砌体。

2.1 块材墙的墙体材料

块材墙中常用的块材有各种砖和砌块。

1. 砖

从所用材料上划分，砖可分为烧结普通砖、灰砂砖、页岩砖、煤矸石砖、水泥砖、矿渣砖等；从形状上划分，砖可分为实心砖、烧结多孔砖和空心砖等。

(1)烧结普通砖：尺寸规格为 240 mm×115 mm×53 mm，砌筑时灰缝尺寸为 8～12 mm。通常机制而成，现已被国家限制使用，如图 3-8 所示。

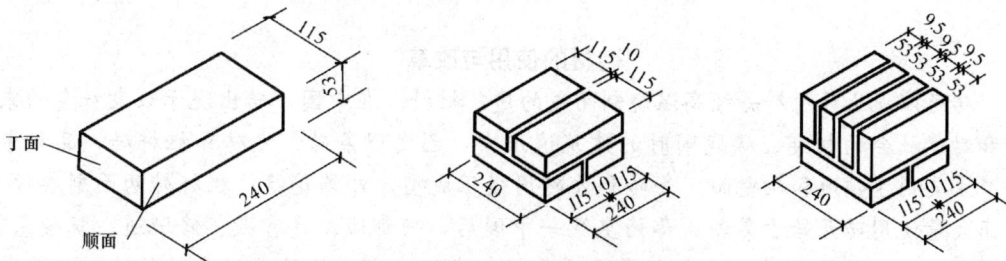

图 3-8 标准机制烧结普通砖的尺寸

砖墙厚度及名称见表 3-3。

表 3-3 砖墙厚度及名称

墙厚名称	习惯叫法	实际尺寸/mm	墙厚名称	习惯叫法	实际尺寸/mm
半砖墙	12 墙	115	一砖半墙	37 墙	365
3/4 砖墙	18 墙	178	二砖墙	49 墙	490
一砖墙	24 墙	240	二砖半墙	62 墙	615

（2）烧结多孔砖：尺寸规格为 240 mm×115 mm×90 mm，或 190 mm×190 mm×90 mm
等。其由黏土、页岩、煤矸石为主要原料焙烧而成，孔洞率为 15%～35%，为圆孔或非圆孔，
孔径小、数量多，可用于承重部位，简称多孔砖。其分为 P 型多孔砖和 M 型多孔砖两种，如
图 3-9 所示。

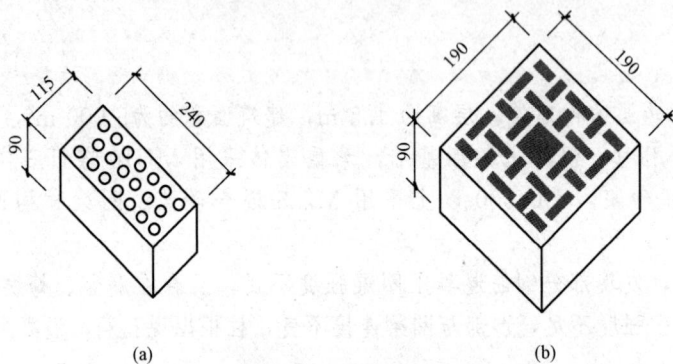

图 3-9　多孔砖尺寸
(a)P 型多孔砖；(b)M 型多孔砖

2. 砂浆

砂浆是重要的砌墙材料。砌墙所用砂浆统称为砌筑砂浆，主要有水泥
砂浆、混合砂浆和石灰砂浆三种。墙体一般采用混合砂浆砌筑，水泥砂浆
主要用于砌筑地下部分的墙体和基础，由于石灰砂浆的防水性能差、强度
小，一般用于砌筑非承重墙或荷载较小的墙体。

知识拓展：
砂浆的分类

> **小提示：** 砂浆的强度等级是根据其抗压强度确定的，共分为 M2.5、M5、M7.5、
> M10、M15、M20 六个等级。

💡 拓展阅读

砖材的使用与改革

　　砖是以泥土为原料并经高温烧制而成的建筑材料。在中国，砖出现于奴隶社会的末
期和封建社会的初期。从战国时的建筑遗址中，已发现条砖、方砖和栏杆砖，品种繁
多，主要用于铺地和砌壁面。条砖和方砖用模压成型，外饰花纹；栏杆砖两面刻兽纹。
真正大量使用砖开始于秦朝。秦始皇统一中国后，兴都城、建宫殿、修驰道、筑陵墓，
烧制和应用了大量的砖。历史上著名的秦朝都城阿房宫中就是使用青砖铺地。公元前
214 年，秦始皇为防御北方的匈奴的南侵，动用大量劳动力，使用砖石建造举世闻名的
"万里长城"。东汉时期，佛教传入中国，佛教的兴盛给中国的砖建筑带来了一个划时代
的转变。在佛教流行期间，用砖砌筑的砖塔在中国各地出现，从而成为一个砖建筑的象
征。北京故宫是从明永乐四年（公元 1406 年）起，经过 14 年时间建成的一组规模宏大的
宫殿组群。明成祖朱棣在建造故宫时想要一种比石头和金属更坚硬的材料，他想到了
"砖"。于是，他命令用山东德州出产的黏土制砖并使用高温窑柴火连续烧制 130 天，且
在出窑后再用桐油浸透 49 天。桐油容易浸透，一磨就会出光。

我国传统的青砖制作工艺是在烧成高温阶段后期将全窑封闭，从而使窑内供氧不足，砖坯内的铁离子被从呈红色的三价铁还原成青色的低价铁而成青砖。红砖是以黏土、页岩、煤矸石等为原料，经粉碎、混合捏练后以人工或机械压制成型，经干燥后在 900 ℃左右的温度下以氧化焰烧制而成的烧结型建筑砖块。青砖在抗氧化、水化、大气侵蚀等方面性能明显优于红砖。但是因为青砖的烧成工艺复杂，能耗高、产量小、成本高，难以实现自动化和机械化生产，所以，在轮窑及挤砖机械等大规模工业化制砖设备问世后，红砖得到了突飞猛进的发展，而青砖除个别仿古建筑仍使用外，已基本退出历史的舞台。

改革开放以来，我国的红砖产量呈几何级数式增长，但众多的小型红砖厂取土烧砖滥挖乱采，造成大量农田被毁，因此从 1993 年开始，国家已开始限制和取缔毁田烧砖的行为，明文规定禁止生产黏土实心砖，限制生产黏土空心砖。2000 年，国家建材局、建设部、农业部、国土资源部、墙体材料革新建筑节能办公室联合发布文件，要求在住宅建设中逐步限制禁止使用实心黏土砖，直辖市定于 2000 年 12 月 31 日前，计划单列市和副省级城市定于 2001 年 6 月 30 日前，地级城市定于 2002 年 6 月 30 日前为实现禁止使用实心黏土砖目标的最迟日期。

随着全面禁止使用红砖、黏土砖外，还出现了一批新型墙体材料，如加气混凝土砌块、陶粒砌块、小型混凝土空心砌块、纤维石膏板、新型隔墙板等。这些新型墙体材料以粉煤灰、煤矸石、石粉、炉渣等废料为主要原料，具有质轻、隔热、隔声、保温等特点。

2.2 块材墙的组砌方式

组砌是指砌块在砌体中的排列。组砌的关键是错缝搭接，使上下皮砖的垂直缝交错，保证砖墙的整体性。如果墙体表面或内部的垂直缝处于一条线上，即形成通缝，在荷载作用下，通缝会使墙体的强度和稳定性显著降低。图 3-10 所示为砖墙组砌名称及错缝。当墙面不抹灰作清水时，组砌还应考虑墙面图案的美观。在砖墙的组砌中，把砖的长方向垂直于墙面砌筑的砖叫作丁砖；把砖的长方向平行于墙面砌筑的砖叫作顺砖。上下皮之间的水平灰缝称为横缝；左右两块砖之间的垂直缝称为竖缝。要求丁砖和顺砖交替砌筑，灰浆饱满、横平竖直。

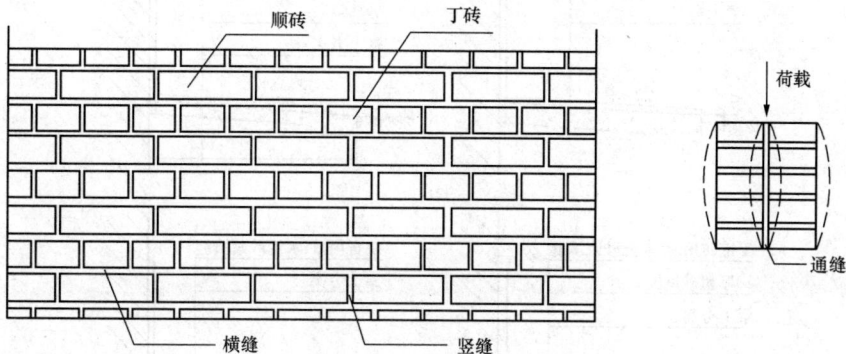

图 3-10 砖墙组砌名称及错缝

常用的错缝方法是将丁砖和顺砖上下皮交错砌筑。每排列一层砖称为一皮。常见的砖墙组砌方式有全顺式(120 墙)、一顺一丁式、三顺一丁式或多顺一丁式、每皮丁顺相间式(也称十字式或梅花丁)(240 墙)、两平一侧式(180 墙)等，如图 3-11 所示。

图 3-11 砖墙组砌方式

(a)一砖墙，一顺一丁砌法；(b)一砖墙，三顺一丁砌法；(c)一砖墙，梅花丁(十字式)砌法；
(d)一砖半墙砌法；(e)半砖墙，全顺式砌法；(f)3/4 砖墙砌法

2.3 砖墙的细部构造

1. 散水

散水也称为散水坡、护坡，是沿建筑物外墙四周设置的向外倾斜的坡面。其作用是把屋面下落的雨水排到远处，进而保护建筑四周的土壤，降低基础周围土壤的含水率。散水表面应向外侧倾斜，坡度为 3%～5%，散水的宽度一般为 600～1 000 mm。为了保证屋面雨水能够落在散水上，当屋面采用无组织排水方式时，散水的宽度应比屋檐的挑出宽度大 200 mm 左右。散水的分类通常有砖散水、块石散水、混凝土散水等，如图 3-12 所示。在降水量较少的地区或临时建筑也可采用砖、块石做散水的面层。

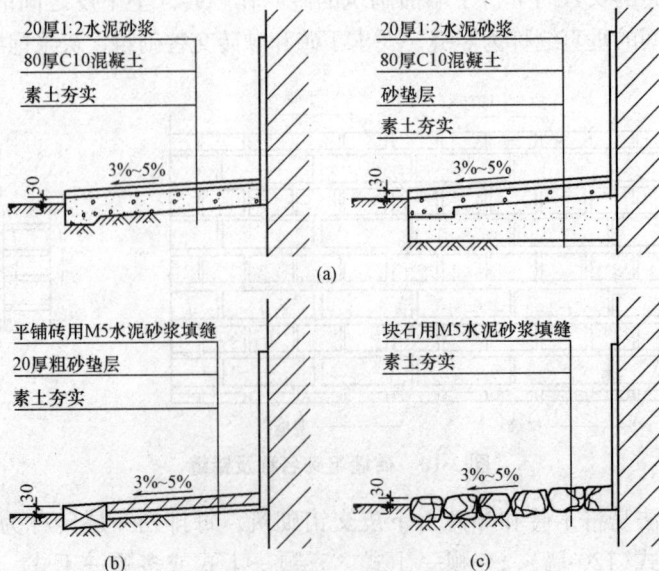

图 3-12 散水的构造及做法

(a)混凝土散水；(b)砖散水；(c)块石散水

散水垫层为刚性材料时，每隔6～12 m应设置20～30 mm的伸缩缝，伸缩缝及散水和建筑外墙交界处应用沥青填充。

由于建筑物的沉降，勒脚与散水施工时间的差异，在勒脚与散水交接处应留有缝隙，缝内处理一般用沥青麻丝灌缝。

散水一般采用混凝土或碎砖混凝土做垫层，对于土壤冻深在600 mm以上的地区，宜在散水垫层下面设置砂垫层，以免散水被土壤冻胀而遭破坏。砂垫层的厚度与土壤的冻胀程度有关，通常砂垫层的厚度为300 mm左右。

2. 明沟

对于年降水量较大的地区，常在散水的外缘或直接在建筑物外墙根部设置排水沟，称为明沟。明沟通常用混凝土浇筑成宽度不小于180 mm、深度不小于150 mm的沟槽，也可用砖、石砌筑，如图3-13所示。沟底应有不小于1%的纵向排水坡度。

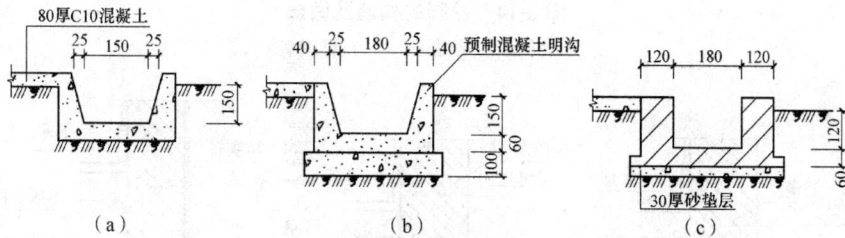

图3-13 明沟的构造
（a）现浇混凝土明沟；（b）预制混凝土明沟；（c）砖砌明沟

3. 勒脚

勒脚是外墙接近室外地面的部分。勒脚位于建筑墙体的下部。由于建筑下部墙件承担的上部荷载较大，而且容易受到雨、雪的侵蚀和人为因素的破坏，因此，需要对这部分墙体加以特殊的保护。

勒脚的高度一般应在500 mm以上，有时为了满足建筑立面形象的要求，可以把勒脚顶部提高至首层窗台处。目前，勒脚常用饰面的办法，即采用密实度大的材料来处理勒脚。

勒脚应坚固、防水和美观。常见的做法有以下四种。

（1）在勒脚部位抹20～30 mm厚1:2或1:2.5的水泥砂浆，或做水刷石、斩假石等，如图3-14(a)所示。

（2）在勒脚部位加厚60～120 mm，再用水泥砂浆或水刷石等罩面。

（3）当墙体材料防水性能较差时，勒脚部分的墙体应当换用防水性能好的材料进行贴面。常用的防水性能好的材料有大理石板、花岗石板、水磨石板、面砖等，如图3-14(b)所示。

（4）用天然石材砌筑勒脚，如图3-14(c)所示。

4. 墙身防潮层

在墙身中设置防潮层的目的是防止土壤中的水分沿基础墙上升，使位于勒脚处的地面水渗入墙内，而导致墙身受潮。因此，必须在内、外墙脚部位连续设置防潮层。在构造形式上有水平防潮层和垂直防潮层。

（1）防潮层的位置。水平防潮层一般应在室内地面不透水垫层（如混凝土）范围以内，通常在−0.060 m标高处设置，而且至少要高于室外地坪150 mm，以防雨水溅湿墙身。当地面垫层为透水材料（如碎石、炉渣等）时，水平防潮层的位置应平齐或高于室内地面60 mm，即在＋0.060 m处。当两相邻房间之间的室内地面有高差时，应在墙身内设置高、低两道水平防潮层，并在靠土壤一侧设置垂直防潮层，以避免回填土中的潮气侵入墙身。墙身防潮层的位置如图3-15所示。

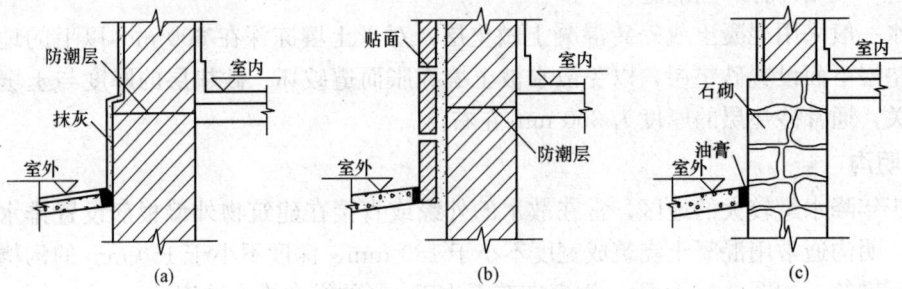

图3-14　勒脚的构造及做法

(a)抹灰；(b)贴面；(c)石材砌筑

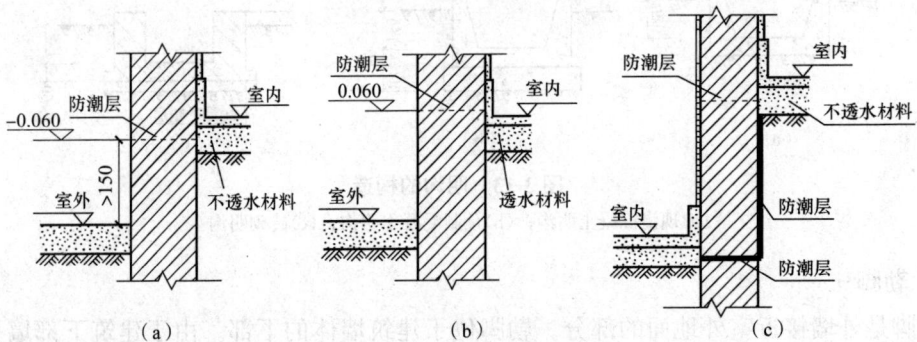

图3-15　墙身防潮层的位置

(a)地面垫层为不透水材料；(b)地面垫层为透水材料；(c)室内地面有高差

（2）水平防潮层的构造做法。

1）防水砂浆防潮层，采用1∶2水泥砂浆加水泥用量3％～5％的防水剂，厚度为20～25 mm，或用防水砂浆砌三皮砖做防潮层。此种做法构造简单，但砂浆开裂或不饱满时影响防潮效果，如图3-16所示。

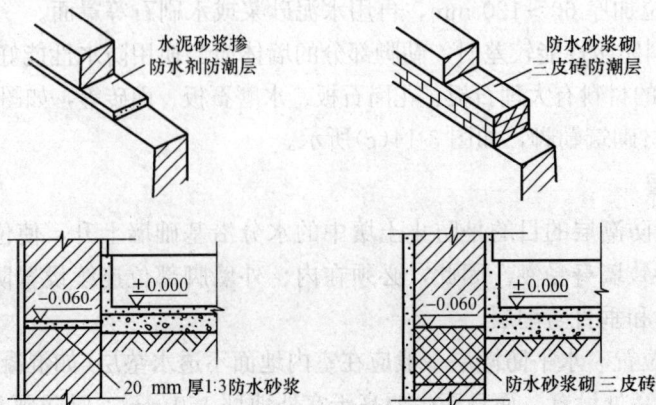

图3-16　防水砂浆防潮层做法

2)细石混凝土防潮层，采用 60 mm 厚的细石混凝土带，内配三根 φ6 钢筋。其防潮性能好，如图 3-17 所示。

图 3-17　细石混凝土防潮层

3)卷材防潮层，先抹 20 mm 厚水泥砂浆找平层，上铺防水卷材。此种做法防水效果好，但由于有卷材隔离，削弱了砖墙的整体性，故不应在刚度要求高或地震区采用，如图 3-18 所示。

图 3-18　卷材防潮层

> **小提示：** 如果墙脚采用不透水的材料(如条石或混凝土等)，或设有钢筋混凝土圈梁时，可以不设防潮层。

（3）垂直防潮层的构造做法。在需要设置垂直防潮层的墙面(靠回填土一侧)先用水泥砂浆抹面，刷上冷底子油一道，再刷热沥青两道；也可以采用掺有防水剂的砂浆抹面的做法，如图 3-19 所示。

5. 窗台

窗台是窗洞下部的构造，用来排除窗外侧流下的雨水和内侧的冷凝水，并起一定的装饰作用。位于窗外的叫作外窗台，位于室内的叫作内窗台。当墙很薄，窗框沿墙内缘安装时，可不设内窗台。窗台的构造如图 3-20 所示。

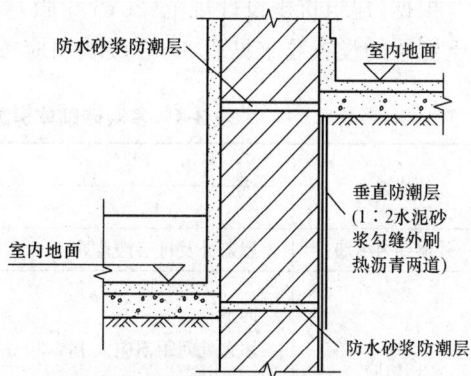

图 3-19　垂直防潮层

（1）外窗台。外窗台面一般应低于内窗台面，并应形成 5% 的外倾坡度，以利于排水，防止雨水流入室内。外窗台的构造有悬挑窗台和不悬挑窗台两种。悬挑窗台常用砖平砌或侧砌，也可采用预制钢筋混凝土，其挑出的尺寸应不小于 60 mm。窗台表面的坡度可由斜砌的砖形成，或用 1∶2.5 水泥砂浆抹出，并在挑砖下缘前端抹出滴水槽或滴水线。悬挑外窗台下边缘的滴水应做成半圆形凹槽，以免排水时雨水沿窗台底面流至下部墙体。

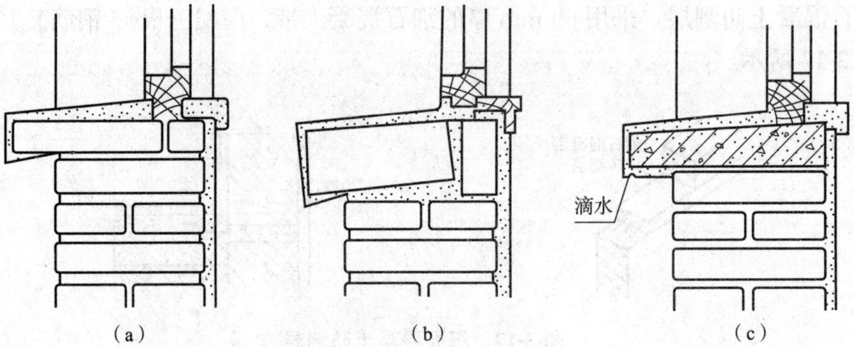

图 3-20 窗台的构造

(a)平砌外窗台；(b)侧砌外窗台，木内窗台；(c)预制钢筋混凝土外窗台，抹灰内窗台

> **小提示**：如果外墙饰面为瓷砖、陶瓷马赛克等易于冲洗的材料，可不做悬挑窗台，窗下墙的脏污可借窗上墙流下的雨水冲洗干净。

(2)内窗台。内窗台可直接抹 1∶2 的水泥砂浆形成面层。我国北方地区墙体厚度较大时，常在内窗台下留置暖气槽，这时内窗台可采用预制水磨石或木窗台板。装修标准较高的房间也可以采用天然石材。窗台板一般依靠窗间墙来支承，两端伸入墙内 60 mm，沿内墙面挑出约 40 mm。当窗下不设暖气槽时，也可以在窗洞下设置支架以固定窗台板。

6. 圈梁

圈梁的作用是增加房屋的整体刚度和稳定性，减轻地基不均匀沉降对房屋的破坏，抵抗地震力的影响。圈梁设在房屋四周外墙及部分内墙中，处于同一水平高度，其上表面与楼板底面平，像箍一样把墙箍住。

根据《建筑抗震设计规范(2016 年版)》(GB 50011—2010)，多层砖砌体房屋现浇钢筋混凝土圈梁的设置要求见表 3-4。砌块墙应按楼层每层加设圈梁。

表 3-4 多层砖砌体房屋现浇钢筋混凝土圈梁设置要求

墙类	烈度		
	6、7	8	9
外墙和内纵墙	屋盖处及每层楼盖处	屋盖处及每层楼盖处	屋盖处及每层楼盖处
内横墙	同上； 屋盖处间距不应大于 4.5 m； 楼盖处间距不应大于 7.2 m； 构造柱对应部位	同上； 各层所有横墙，且间距不应大于 4.5 m； 构造柱对应部位	同上； 各层所有横墙

圈梁与门窗过梁宜统一考虑，可用圈梁代替门窗过梁。砌块墙中圈梁通常与窗过梁合并，可以现浇，也可以预制成圈梁砌块。圈梁应闭合，若遇标高不同的洞口，应满足上下搭接的尺度要求(图 3-21)。

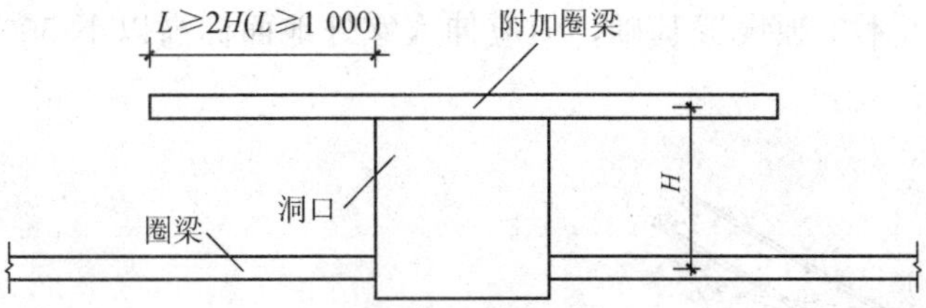

图 3-21　附加圈梁

圈梁有钢筋混凝土圈梁和钢筋砖圈梁两种。钢筋混凝土圈梁整体刚度好，应用广泛，分为整体式和装配整体式两种施工方法。圈梁宽度同墙厚，高度与块材尺寸相对应，如砖墙中一般为 180 mm、240 mm。钢筋砖圈梁用 M5 砂浆砌筑，高度不小于五皮砖，在圈梁中设置 $\phi 6$ 的通长钢筋，分上下两层布置。

7. 构造柱

在抗震设防地区，为了增加建筑物的整体刚度和稳定性，在使用块材墙承重房屋的墙体中，还需设置钢筋混凝土构造柱，使其与各层圈梁连接，形成空间骨架，加强墙体抗弯、抗剪能力，使墙体在破坏过程中具有一定的韧性，减缓墙体破坏现象的产生。

多层砖房构造柱的设置部位：外墙四角、错层部位横墙与外纵墙交接处、较大洞口两侧、大房间内外墙交接处。除此之外，根据房屋的层数和地震烈度不同，构造柱的具体设置要求见表 3-5。多层砌体房屋当采用单外廊或横墙较少时，或者砌块的抗剪性能不足时，需要在相同层数和烈度条件下提高设置要求。

表 3-5　多层砖砌体房屋构造柱设置要求

房屋层数				设置的部位	
6 度	7 度	8 度	9 度		
四、五	三、四	二、三		楼、电梯间四角，楼梯斜梯段上下端对应的墙体处；外墙四角和对应转角；错层部位横墙与外纵墙交接处；大房间内外墙交接处；较大洞口两侧	隔 12 m 或单元横墙与外纵墙交接处；楼梯间对应的另一侧内横墙与外纵墙交接处
六	五	四	二		隔开间横墙（轴线）与外墙交接处；山墙与内纵墙交接处
七	≥六	≥五	≥三		内墙（轴线）与外墙交接处；内墙局部较小墙垛处；内纵墙与横墙（轴线）交接处
注：较大洞口，内墙指不小于 2.1 m 的洞口；外墙在内外墙交接处已设置构造柱时应允许适当放宽，但洞侧墙体应加强					

构造柱的截面尺寸应与墙体厚度一致。砖墙构造柱的最小截面尺寸为 240 mm×180 mm，竖向钢筋一般用 4ϕ12，箍筋间距不大于 250 mm，并在柱上下端适当加密。随烈度加大和层数增加，房屋四角的构造柱可适当加大截面及配筋。施工时必须先砌墙，后浇筑钢筋混凝土柱，并应沿墙高每隔 500 mm 设 2ϕ6 拉结钢筋，每边伸入墙内不宜小于 1 000 mm

（图 3-22）。构造柱可不单独设置基础，但应伸入室外地面标高以下 500 mm，或锚入浅于 500 mm 的基础梁内。

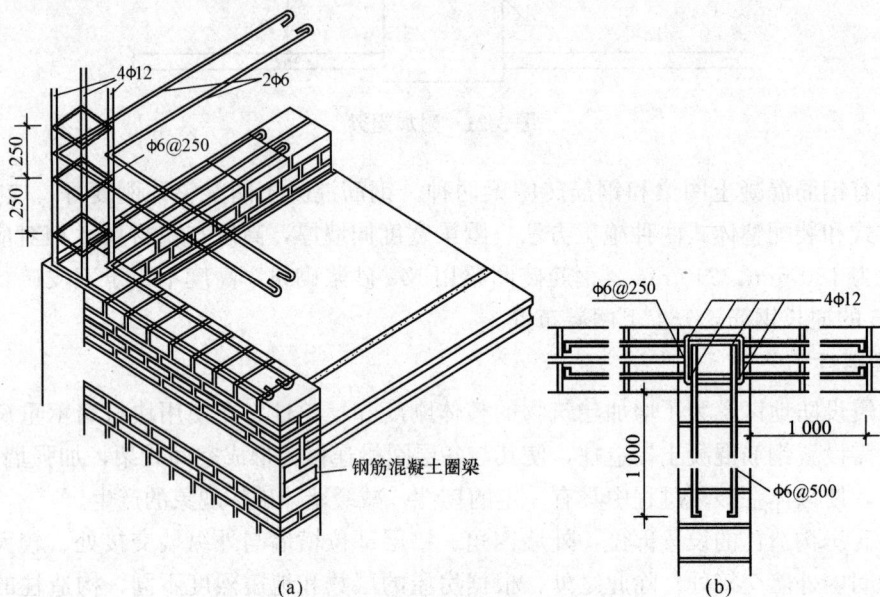

图 3-22 构造柱
(a)外墙转角构造柱；(b)内外墙构造柱

任务解决

上述工程案例，抗震设防烈度为 6 度，需要进行抗震设计；基本风压为 0.55 kN/m²，场地周围空旷，常年风沙较大。本建筑具有较特殊的功能使用性，因此保证结构的整体安全性特别重要。

1. 圈梁常出现的问题

(1)混凝土强度不足；

(2)圈梁出现漏浆、蜂窝、麻面、露筋。

2. 构造柱常出现的问题

(1)混凝土强度不足；

(2)马牙槎设置不规范；

(3)顶部与圈梁连接不良，柱根出现孔洞，混凝土断条。

3. 工程案例补救措施

圈梁出现漏浆、蜂窝、麻面、露筋，构造柱出现孔洞、混凝土断条的情况：先将松散石子和混凝土剔除，用水冲刷干净，充分湿润后，刷素水泥浆一道，再用比原混凝土等级高一级的微膨胀细石混凝土浇筑，振捣密实，养护保湿不少于 7 d。

强度相差不多时可充分利用混凝土后期强度，根据国内工程的经验，若能排除是原材料质量问题及振捣不到位造成的混凝土强度不足，怀疑点可集中到保湿养护上；处理方法为加强后期养护，并跟随检测观察能否接近设计值。

任务 3 　　隔墙与隔断构造

任务描述

本案例位于北京，屋主是一对 85 后夫妻，考虑孩子上学问题购买了此房。这套房子位于四环边上，套内面积只有 39 m²。虽然房子较小，但女主对它一见钟情，因为房子位于顶楼，自带一个 20 m² 的大露台，视野非常开阔，重新装修后完全符合女主对理想生活的定义。在装修的时候，夫妻俩为了使户型更加实用、方正，考虑拆墙，但又怕房屋的质量会受到影响，那么砖混结构的墙能拆吗？

相关内容

隔墙是分隔建筑室内空间的非承重墙体。它不承受任何外来荷载作用，不能作为承重构件使用，其自重由下部的楼板或梁来承担。为了减小构件荷载，增加有效使用空间，隔墙应尽量做到自重轻、厚度小。为了满足建筑的各种不同需求，隔墙还需要具备隔声、防火、防水和防潮等性能特点。常见的隔墙可分为砌筑隔墙、骨架隔墙和板材隔墙三种，其中后两种具有典型的轻质隔墙特点。

隔断与隔墙相似，都是分隔室内空间的常用手段，有时两者的区别并非泾渭分明。隔断通常更为通透灵活，一般作为装修构件，在建筑内部起到界定空间或遮挡视线的作用。

3.1　砌筑隔墙

砌筑隔墙以普通砖、多孔砖、混凝土空心砌块、加气混凝土砌块、石膏砌块等块体材料砌筑而成(图 3-23)。墙体厚度为满足结构要求不应小于 90 mm，在通常使用条件下一般不宜小于 120 mm。与承重砌体墙相比，隔墙质量轻、厚度小，如何保证足够的稳定性是构造处理的重点，关键就是要加强隔墙与周边的墙、柱、楼板的联系。

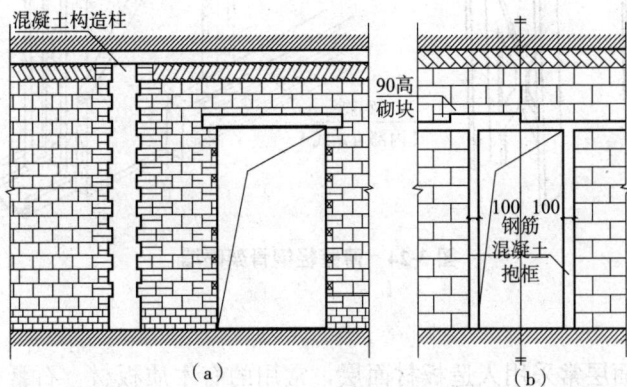

图 3-23　砌筑隔墙立面
(a)烧结页岩砖隔墙；(b)混凝土小砌块隔墙

砌筑隔墙所用块材的质量仍然比较大，其下部构件能否承受隔墙自重是一个必须考虑的问题。如果楼板原先是按照板面均布荷载设计的，在跨中不允许有较大的集中荷载，那么就不能够在楼板上任意添加自重较大的后砌隔墙。

另外，厨房、浴室、卫生间等有水房间的隔墙不适合使用吸水率大的加气混凝土砌块、石膏砌块等材料，轻集料混凝土小型空心砌块用于此类隔墙时，其底部第一皮应使用混凝土填实孔洞的普通小砌块或实心小砌块砌筑。

3.2 骨架隔墙

骨架隔墙由骨架和面层两部分组成。这里的骨架是指隔墙龙骨，又称墙筋，施工时先立墙筋再在两侧安装面，因而骨架隔墙又叫作立筋隔墙。

1. 骨架

常用的骨架有木骨架和型钢骨架。近年来，为节约木材和钢材，出现了不少采用工业废料和地方材料及轻金属制成的骨架，如石棉水泥骨架、浇注石膏骨架、水泥刨花骨架、轻钢和铝合金骨架等。

木骨架由上槛、下槛、竖向龙骨、斜撑及横档组成，上、下槛及竖向龙骨断面尺寸一般为（45～50）mm×（70～100）mm，斜撑与横档断面相同或略小些，墙筋间距常用400 mm，横档间距可与墙筋相同，也可适当放大。

型钢骨架是由各种形式的薄壁型钢制成，其主要优点是强度高、刚度大、自重轻、整体性好、易于加工和大批量生产，还可根据需要拆卸和组装。常用的薄壁型钢有0.8～1 mm厚槽钢和工字钢。

图3-24所示为薄壁轻钢骨架隔墙。其安装过程是先用螺钉将上槛、下槛（也称导向骨架）固定在楼板上，上下槛固定后安装钢龙骨，间距为400～600 mm，龙骨上留有走线孔。

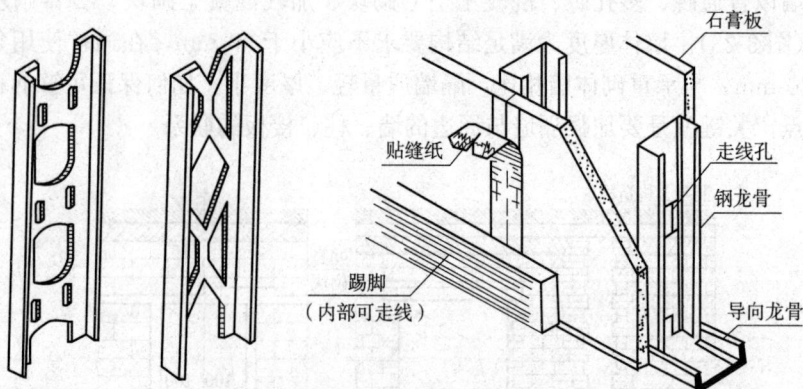

图3-24 薄壁轻钢骨架隔墙

2. 面层

轻骨架隔墙的面层常采用人造板材面层，常用的有木质板材、石膏板、硅酸钙板、水泥纤维板等。

木质板材有胶合板和纤维板，多用于木骨架。其中，胶合板是用木材经旋切、胶合等多种工序制成。木质板材常用的规格为 2 440 mm×1 220 mm。

石膏板有纸面石膏板和纤维石膏板。纸面石膏板是以建筑石膏为主要原料，加其他辅料构成芯材，外表面粘贴有护面纸的建筑板材，根据辅料构成和护面纸性能的不同，使其满足不同的耐水和防火要求。纸面石膏板不应用于＞45 ℃的持续高温环境。纤维石膏板是以熟石膏为主要原料，以纸纤维或木纤维为增强材料制成的板材，具备防火、防潮、抗冲击等优点。

硅酸钙板全称为纤维增强硅酸钙板，是以钙质材料、硅质材料和纤维材料为主要原料，经制浆、成坯与蒸压养护等工序制成的板材，具有轻质、高强、防火、防潮、防蛀、防霉、可加工性好等优点。

水泥纤维板是由水泥、纤维材料和其他辅料制成，具有较好的防火及隔声性能。其包括纤维增强水泥加压平板(高密度板)、非石棉纤维增强水泥中密度与低密度板(埃特板)。含石棉的水泥加压板材收缩系数较大，对饰面层限制较大，不宜粘贴瓷砖，且不应用于食品加工、医药等建筑内隔墙。低密度板适用于抗冲击强度较低、防火性能高的内隔墙。其防潮及耐高温性能也优于石膏板。埃特板的中密度板适用于潮湿环境或易受冲击的内隔墙。表面进行压纹设计的瓷力埃特板，大大提高了对瓷砖胶的粘结力，是长期潮湿环境下板材以瓷砖作饰面时的选择。

小提示：隔墙的名称以面层材料而定，如轻钢龙骨纸面石膏板隔墙。

拓展阅读

人造板与骨架的关系

人造板与骨架的关系有两种：一种是在骨架的两面或一面，用压条压缝或不用压条压缝即贴面式；另一种是将板材置于骨架中间，四周用压条压住，称为镶板式，如图 3-25 所示。在骨架两侧贴面式固定板材时，可在两层板材中间填入石棉等材料，提高隔墙的隔声、防火等性能。

人造板在骨架上的固定方法有钉、粘、卡三种。采用轻钢骨架时，往往用骨架上的舌片或特制的夹具将面板卡到轻钢骨架上。这种做法简便、快捷，有利于隔墙的组装和拆卸。

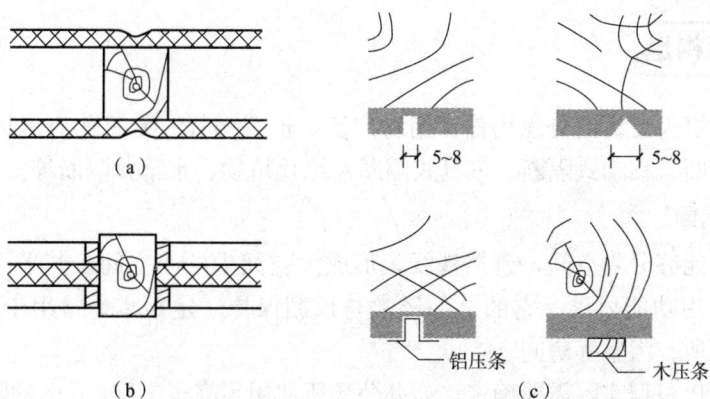

图 3-25　人造板与骨架的连接形式
(a)贴面式；(b)镶板式；(c)面板接缝

3.3　板材隔墙

板材隔墙采用轻质大型板材直接在现场装配而成。板材的高度相当于房间的净高，不需要依赖骨架。常用的板材有石膏空心条板、加气混凝土条板、碳化石灰板、水泥玻璃纤维空心条板等。板材隔墙具有自重轻、装配性好、施工速度快、工业化程度高、防火性能好等特点。条板的长度略小于房间净高，宽度多为 600～1 000 mm，厚度多为 60～100 mm。

安装条板时，在楼板上采用木楔将条板揳紧，然后用砂浆将空隙堵严，条板之间的缝隙用胶粘剂或黏结砂浆进行黏结，常用的有水玻璃胶粘剂(水玻璃：细矿渣：细砂：泡沫剂＝1：1：1.5：0.01)或加入 108 胶的聚合物水泥砂浆，安装完毕后可根据需要进行表面装饰。板材隔墙构造如图 3-26 所示。

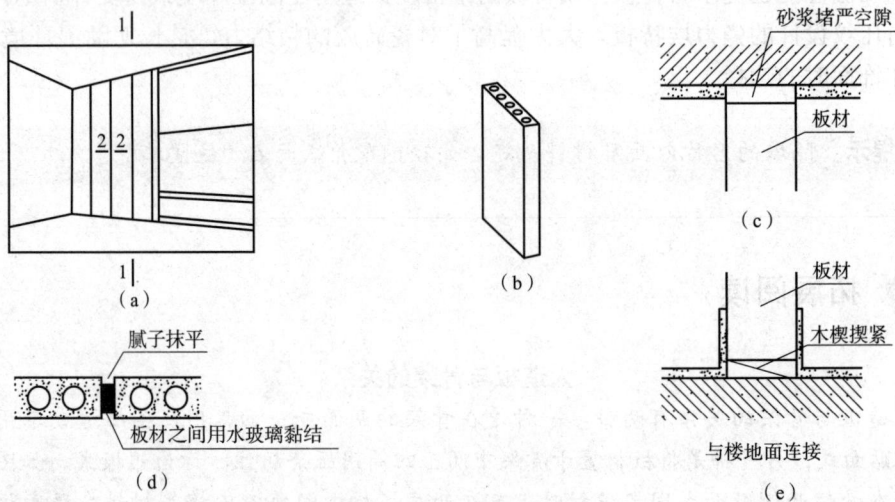

图 3-26　板材隔墙
(a)板材隔墙示意；(b)板材；(c)与楼板底连接；(d)2—2 剖面；(e)1—1 剖面

3.4　隔断构造

隔断是一类更为灵活的分隔构件，用材广泛，形式多样，常见的有屏风式隔断、镂空式隔断、玻璃隔断、移动式隔断、家具式隔断及绿化植物、水幕式隔断等。

1. 屏风式隔断

屏风式隔断能够分隔空间，遮挡视线，形成大空间中的小空间。其平面布局灵活，可以满足不同的使用功能要求。它的上部经常与顶棚保持一定距离，常用于办公室、餐厅、医院门诊室及厕所、浴室等房间。

隔断高度可以根据实际需要确定，如办公场所使用不高于 1 500 mm 的隔断，可以使人在站立时视线不受阻碍；而使用高度在 1 800 mm 以上的隔断可以形成视线封闭的工作环境。

屏风式隔断在构造上大多是固定式的，也有一部分是活动式的。固定式屏风隔断可以采用与骨架隔墙相似的构造，在骨架两侧铺钉面板或镶嵌玻璃形成，也可以选择预制板式隔断成品，利用预埋铁件与周围墙体和地面固定。活动式屏风隔断通过底部带滚动轮的金属支架，满足自由移动的需求。

2. 镂空式隔断

某些建筑空间需要限制人们的行动路线，同时又希望不阻断视线与空气流动，这时就可以使用镂空式隔断，而且还可以将它设计成各种花格图案。常用的隔断材料包括金属、木材及混凝土预制构件等。

3. 玻璃隔断

玻璃类材料透光性好，用于隔断可以形成明快、通透的视觉效果。如果使用刻花玻璃、磨砂玻璃、彩色玻璃或彩色镀膜玻璃等材料，还能够获得较强的装饰感。普通玻璃隔断一般通过木材或金属骨架与周围墙体和地面固定，再把玻璃嵌入其中即可。

玻璃砖隔断也是一种常见的玻璃隔断，它以白水泥砂浆及玻璃胶按对缝方式砌筑而成。为了提高强度和稳定性，在玻璃砖隔断中应埋设拉结筋，并且拉结筋与主体结构要有可靠连接。

U 形玻璃因其截面形状而得名，它与普通平板玻璃相比机械强度高，构件能自立，用作隔断可省去大量金属骨架材料。为了满足保温、隔热和隔声等要求，可采用双排 U 形玻璃拼接的方式。

4. 其他隔断

为了适应空间灵活分隔、合并的需要，可以随意闭合、开启的移动式隔断应运而生。它按构造形式可分为拼装式、滑动式、折叠式、悬挂式、卷帘式等多种形式，其移动多由上下两条轨道或单由上轨道来控制实现。

另外，还有采用家具式隔断来分隔室内空间的设计方法，这时家具也参与了建筑的空间构成，巧妙地节省了单独安装隔断的费用。

任务解决

砖混结构的墙其实是不建议拆除的，若是一定要拆除必须增设梁，然后增柱。但是必须进行专门的设计计算，而且对施工队伍及工艺要求很高；否则很容易出现事故。窗上已有钢梁为窗框承重，拆除窗下部分并不影响承重墙承重。

任务 4　墙面装饰构造

任务描述

很多人看到装饰公司给出的报价单时，会发现报价单中有一项铲墙皮的费用，这时，很多人都会有所疑惑和纠结，好好的墙皮为什么要铲掉呢？能不能不铲掉呢？于是，上网查找资料，有的人说需要铲除干净，也有的人说没必要花那个冤枉钱，不铲除也一样，那么在刮腻子之前，墙体上的墙皮到底要不要铲除干净呢（图 3-27）？

图 3-27　铲墙皮

相关内容

4.1　抹灰类墙面装饰

抹灰是我国传统的饰面做法。它是将砂浆涂抹在房屋结构表面上的一种装修方法。其材料来源广泛、施工简便、造价低。通过抹灰工艺的改变可以获得多种装饰效果，因此，其在建筑墙体装饰中应用广泛。

为保证抹灰质量，做到表面平整、黏结牢固、色彩均匀、不开裂，施工时须分为层操作。抹灰一般分为三层，即底灰(层)、中灰(层)和面灰(层)。墙体抹灰分层如图 3-28 所示。

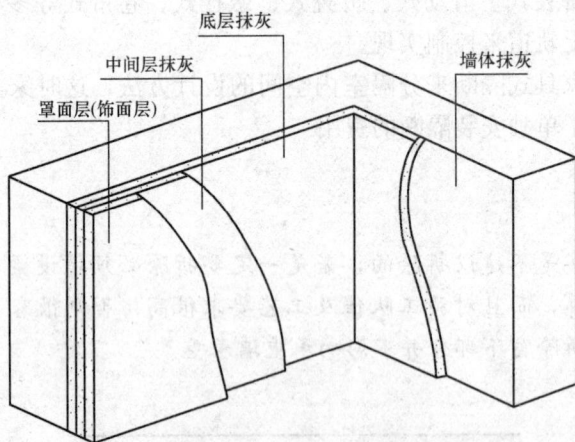

图 3-28　墙体抹灰分层

(1)底灰又称刮糙，主要起与基层黏结和初步找平作用。这一层用料和施工对整个抹灰质量有较大影响，其用料视基层情况而定。当墙体基层为砖、石时，可采用水泥砂浆或混合砂浆打底；当基层为骨架板条基层时，应采用石灰砂浆做底灰，并在砂浆中掺入适量麻刀(纸筋)或其他纤维，施工时将底灰挤入板条缝隙，以加强拉结，避免开裂、脱落。

(2)中灰主要起进一步的找平作用，材料基本与底灰相同。

(3)面灰主要起装饰美观作用，要求平整、均匀、无裂痕，面层不包括在面层上的刷浆、喷浆或涂料。

抹灰按质量要求和主要工序划分为三种标准，见表3-6。

表3-6 抹灰的三种标准

层次\标准	底灰	中灰	面灰	总厚度/mm
普通抹灰	1层	—	1层	≤18
中级抹灰	1层	1层	1层	≤20
高级抹灰	1层	数层	1层	≤25

高级抹灰适用于公共建筑、纪念性建筑，如剧院、宾馆、展览馆等；中级抹灰适用于住宅、办公楼、学校、旅馆及高标准建筑物中的附属房间；普通抹灰适用于简易宿舍、仓库等。

抹灰可分为一般抹灰和装饰抹灰两类。一般抹灰有石灰砂浆抹灰、混合砂浆抹灰、水泥砂浆抹灰等。外墙抹灰一般为20～25 mm，内墙抹灰为15～20 mm，顶棚为12～15 mm。装饰抹灰常用的有水刷石面、水磨石面、斩假石面、干粘石面、弹涂面等。装饰抹灰多采用石碴类饰面材料，以水泥为胶结材料，以石碴为集料做成水泥石碴浆作为抹灰面层，然后用水洗、斧剁、水磨等方法除去表面水泥浆皮，或者在水泥砂浆面上甩粘小粒径石碴，使饰面显露出石碴的颜色、质感，具有丰富的装饰效果。

贴面类装修是指在内外墙面上粘贴各种天然石板、人造石板、陶瓷面砖等。

拓展阅读

抹灰防开裂的方法

（1）纸筋灰[图3-29(a)]。纸筋灰是一种用草或其他纤维物质加工成浆状，冷却凝固而成的加固材料。将其按比例均匀地掺入抹灰砂浆，能增加灰浆的连接强度和稠度，从而减少墙体抹灰层的开裂。在砂浆中掺入纸筋灰是一种传统的防止抹灰层开裂的做法。

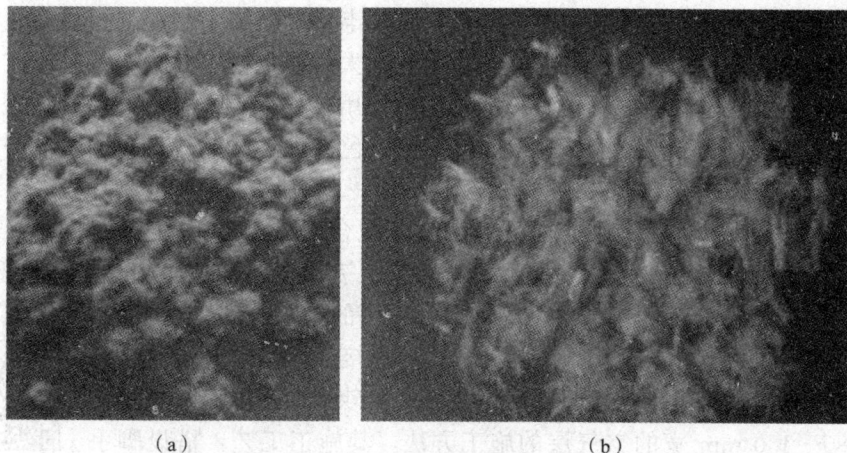

（a）

（b）

图3-29 纸筋灰与聚丙烯

(a)纸筋灰；(b)聚丙烯

（2）聚丙烯[图 3-29(b)]。聚丙烯是由丙烯聚合而制得的一种热塑性树脂。工程用聚丙烯纤维分为聚丙烯单丝纤维和聚丙烯网状纤维。其中，聚丙烯网状纤维是以改性聚丙烯为原料，经挤出、拉伸、成网、表面改性处理、短切等工序加工而成的高强度束状单丝或网状有机纤维，具有极其稳定的化学性能。加入混凝土或砂浆中可有效地控制混凝土或砂浆的固塑性收缩、干缩、温度变化等因素引起的微裂缝，防止及抑止裂缝的形成及发展，大大改善混凝土或砂浆的阻裂抗渗性能、抗冲击及抗震能力，可以广泛地应用于地下工程防水，建筑工程的屋面、墙体、地坪、水池、地下室等，以及道路和桥梁工程，是砂浆与混凝土工程抗裂、防渗、耐磨、保温的新型理想材料。

4.2 贴面类墙面装饰

贴面类墙面装饰是指将各种天然的或人造的板材通过构造连接或镶贴的方法形成墙体装饰面层。它具有坚固耐用、装饰性强、容易清洗等优点。常用的贴面材料可分为三类：天然石材，如花岗石、大理石等；陶瓷制品，如瓷砖、面砖、陶瓷马赛克等；预制块材，如仿大理石板、水磨石、水刷石等。由于材料的形状、质量、适用部位不同，装饰的构造方法也有一定的差异，轻而小的块材可以直接镶贴，大而厚的块材则必须采用挂贴的方式，以保证它们与主体结构连接牢固。

1. 天然石板及人造石板墙面装饰

天然石板具有强度高、结构密实、装饰效果好等优点。由于它们加工复杂、价格高，多用于高级墙面装饰。

花岗石是由长石、石英和云母组成的深成岩，属于硬石材。其质地密实、抗压强度高、吸水率低、抗冻和抗风化性好。花岗石的纹理多呈斑点状，有白、灰、墨、粉红等不同的色彩，其外观色泽可保持百年以上。经过加工制成的石材面板，主要用于重要建筑的内、外墙面装饰。

大理石是由方解石和白云石组成的一种变质岩，属于中硬石材。其质地密实，呈层状结构，有显著的结晶或斑纹条纹，色彩鲜艳，花纹丰富，经加工制成的板材有很好的装饰效果。由于大理石板材的硬度不大，化学稳定性和大气稳定性不是很好，其组成中的碳酸钙在大气中易受二氧化碳、二氧化硫、水蒸气的作用转化为石膏，从而使经精磨、抛光的表面很快失去光泽，并变得疏松多孔，因此，除白色大理石（又称汉白玉）外，一般大理石板材宜用于室内装饰。

人造石板一般由白水泥、彩色石子、颜料等配合而成，具有天然石材的花纹和质感，具有质量小、厚度小、强度大、耐酸碱、抗污染、表面光洁、色彩多样、造价低等优点。对于大理石和花岗石等石材装饰墙面，目前常采用的施工方法是干挂法，即在饰面石材上直接打孔或开槽，用各种形式的连接件（干挂构件）与结构基体上的膨胀螺栓或钢架相连接而不需要灌注水泥砂浆，使饰面石材与墙体间形成 80～150 mm 宽的空气层的施工方法。其施工工艺：搭设脚手架→测量、放线→制作安装型钢骨架（角钢）→安装干挂件→安装石材→清缝打胶→清洁收尾→验收。

知识拓展：
大理石

2. 陶瓷制品墙面装饰

陶瓷制品是以陶土或瓷土为原料，压制成型后，经 1 100 ℃ 左右的高温煅烧而成的。它具有良好的耐风化、耐酸碱、耐摩擦、耐久等性能，可以做成各种美丽的颜色和花纹，起到很好的装饰效果。陶瓷制品一般采用直接镶贴的方式进行墙面装饰。

(1) 外墙面砖饰面。外墙面砖分为挂釉和不挂釉、平滑和有一定纹理质感等不同类型，釉面又可分为有光釉和无光釉两种表面。面砖装饰的构造做法：在基层上抹 1∶3 水泥砂浆找平层 15～20 mm，宜分层施工，以防出现空鼓或裂缝，然后划出纹道，接着利用胶粘剂将在水中浸泡过并晾干或擦干的面砖贴于墙上，用木槌轻轻敲实，使其与底灰粘牢，面砖之间要留缝隙，以利于湿气的排除，缝隙用 1∶1 水泥砂浆勾缝。胶粘剂可以是素水泥浆或 1∶2.5 水泥细砂砂浆，若采用掺 108 胶（水泥质量的 5%～10%）的水泥砂浆则黏结效果更好。

(2) 釉面砖饰面。釉面砖又称瓷砖或釉面瓷砖，其具有色彩稳定、表面光洁美观、吸水率较低、易于清洗的特点，但由于釉面砖是多孔的精陶体，长期与空气接触会吸收水分而产生吸湿膨胀现象，甚至会因膨胀过大而釉面发生开裂，所以多用于厨房、卫生间、浴室等处墙裙、墙面和池槽。釉面砖装饰的构造做法：在基层上用 1∶3 水泥砂浆找平 15 mm 厚并划出纹道，以 2～4 mm 厚的水泥胶或水泥细砂砂浆（掺入水泥质量的 5%～10% 的 108 胶粘结效果更好）粘结浸泡过水的釉面砖。为了便于清洗和防水，面砖之间不应留灰缝，细缝用白水泥擦平。

(3) 马赛克。马赛克分为玻璃马赛克和非玻璃马赛克。非玻璃马赛克按照其材质可以分为陶瓷马赛克、石材马赛克、金属马赛克、夜光马赛克等。陶瓷马赛克以优质陶土烧制，在生产时将多种颜色、不同形状的小瓷片拼贴在 300 mm×300 mm 的牛皮纸上。其特点是色泽稳定、坚硬耐磨、耐酸耐碱、防水性好、造价较低，可用于室内外装饰。但由于陶瓷马赛克易脱落，装饰效果一般，所以采用玻璃马赛克较多。玻璃马赛克是由各种颜色的玻璃掺入其他原料经高温熔炼发泡后压制成小块，然后结合不同的颜色与图案贴于 325 mm× 325 mm 的牛皮纸上，是一种半透明的玻璃质饰面材料，其质地坚硬、色泽柔和，具有耐热、耐寒、耐腐蚀、不龟裂、不褪色、自重轻等优点。两种马赛克的装饰方法基本相同，即在基层上用 1∶3 水泥砂浆找平 12～15 mm 厚，并划出纹道，用 3～4 mm 厚白水泥浆（掺入水泥质量的 5%～10% 的 108 胶）满刮在锦砖背面，然后将整张纸皮砖粘贴在找平层上，用木板轻轻挤压，使其粘牢，然后湿水洗去牛皮纸，再用白水泥浆擦缝。

(4) 预制板块材墙面装饰。预制板块材的材料主要有水磨石、水刷石、人造大理石等。它们要经过分块设计、制模型、浇捣制品、表面加工等步骤制成。其长和宽尺寸一般为 1.0 m 左右，有厚型和薄型之分，薄型的厚度为 30～40 mm，厚型的厚度为 40～130 mm。在预制板达到强度后，才能进行安装。预制饰面板材与墙体的固定方法和大理石固定于墙基上一样。通常是先在墙体内预埋钢件，然后绑扎竖筋与横筋形成钢筋网，再将预制饰面板材与钢筋网连接牢固，距离墙面留缝 20～30 mm，最后用水泥砂浆灌缝。

4.3　涂刷类墙面装饰

建筑涂料是涂覆于建筑表面起装饰和保护作用的一种装修饰面材料，具有造价低、施工简单、工期短、维护更新方便等优点，并且能够改变被涂覆物的颜色、花纹、光泽、质感等，提高美观效果，故在建筑室内外装修中得到广泛应用。

涂料按其主要成膜物的不同，可分为无机涂料和有机涂料两大类。

(1)无机涂料。常用的无机涂料有石灰浆、大白浆、可赛银浆、无机高分子涂料等。

(2)有机涂料。有机涂料依其主要成膜物质和稀释剂的不同,可分为溶剂型涂料、水溶性涂料和乳液型涂料三种。

4.4 裱糊类墙面装饰

裱糊类墙面装饰是将各种装饰性的墙纸、墙布、织锦等材料裱糊在内墙面上的一种装修饰面。墙纸品种很多,目前国内使用最多的是塑料墙纸和玻璃纤维墙布等。

(1)基层处理:在基层刮腻子,以使裱糊墙纸的基层表面达到平整光滑,同时为了避免基层吸水过快,还应对基层进行封闭处理,处理方法是在基层表面满刷一遍按 $1:0.5\sim1:1$ 稀释的 108 胶水。

(2)裱贴墙纸:粘贴剂通常采用 108 胶水,其配合比:108 胶:羧甲基纤维素(2.5%)水溶液:水=100:(20~30):50,108 胶的含固量为 12% 左右。

4.5 干挂墙面装饰

干挂墙面装饰一般适用于室外墙面的处理。石材干挂法又名空挂法,是当前墙面装饰中一种新型的施工工艺。该工艺通过金属挂件将饰面石材直接吊挂于墙面或空挂于钢架之上,不需再灌浆粘贴。

干挂墙面装饰的原理是在主体结构上设主要受力点,通过金属挂件将石材固定在建筑物上,形成石材装饰幕墙。该工艺是利用耐腐蚀的螺栓和耐腐蚀的柔性连接件,将花岗石、人造大理石等饰面石材直接挂在建筑结构的外表面,石材与结构之间留出 40~50 mm 的空隙。用此工艺做成的饰面,在风荷载和地震的作用下允许产生适量的变位,以吸收部分风荷载和地震作用,而不致出现裂纹和脱落。当风荷载和地震作用消失后,石材也随结构复位。

4.6 清水墙饰面

清水墙饰面是指墙面不加其他覆盖性装饰面层,只是在原结构砖墙或混凝土墙的表面进行勾缝或模纹处理,利用墙体材料的质感和颜色取得装饰效果的一种墙体装饰方法。

小提示:这种装饰方法具有耐久性好、耐候性好、不易变色的优点,利用墙面特有的线条质感,可以产生淡雅、凝重、朴实的装饰效果。

清水墙饰面主要有清水砖、石墙和混凝土墙面,而在建筑中清水砖、石墙用得相对广泛。石材分为料石和毛石两种,它们质地坚实、防水性好,在产石地区使用得较多。清水砖墙的砌筑工艺讲究灰缝要一致,阴阳角要锯砖磨边,接槎要严密,有美感。清水砖墙灰缝的面积约是清水墙面积的 1/6,适当改变灰缝的颜色能够有效地影响整个墙面的色调与明暗程度,这就需对清水砖墙进行勾缝处理。清水砖墙勾缝的处理形式主要有平缝、斜缝、凹缝、圆弧凹缝等形式。清水砖墙勾缝常用 1:1.5 的水泥砂浆,可根据需要在勾缝之前涂刷颜色或喷色,色浆由石灰浆加入颜料(氯化铁红、氯化铁黄等)、胶粘剂构成。

先来说一下为什么要铲墙皮，铲墙皮是为了铲除墙面原有的装饰层，更好地为后面的墙面装饰打基础，让它能有更好的粘结性。所以一般来说，在刷墙和刮腻子之前，原有的墙面最好铲除干净，这样后期乳胶漆才不容易发生空鼓开裂的现象(图3-30)。

但是有一种情况是不需要铲除墙皮的，那就是原有的墙面装饰层刮的是耐水腻子，像有的家庭旧房翻新，墙面原来刮的就是耐水腻子，而且没有出现墙面空鼓的现象，这样的情况就不需要把墙皮铲除干净。因为耐水腻子硬度太大，就算是铲刀铲，也不能完全铲除干净(图3-31)。

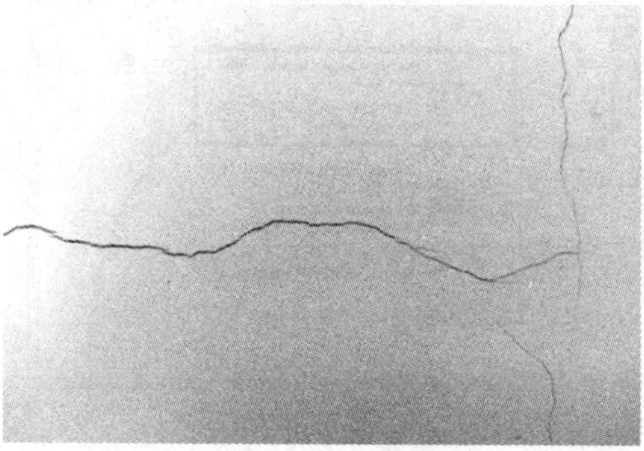

图3-30　墙面开裂

图3-31　铲墙皮

但是对于普通的装修业主来说，相信也有很多人就算是自己家房子装修，也不知道墙面原来刮的到底是不是耐水腻子。在这有一个方法可以检查墙面到底是不是耐水腻子，我们可以把墙面用水打湿，等待10 min左右，再用手去搓，如果能搓起白浆，那么就能确定墙面刮的不是耐水腻子，此时应毫不犹豫地把墙皮铲掉。

实　训　12墙砌筑仿真实训

图3-32所示墙体为普通砖12墙，采用常见的全顺式砌法。
在砌筑12墙之前，先学会普通砖的制作及一皮砖的制作。制作步骤如下。

图3-32　全顺式12墙砌筑(展开图)

（1）绘图环境的设置：执行菜单栏"窗口"→"场景信息"命令，在弹出的"场景信息"对话框中选择单位形制为"十进制"，将单位设置为毫米，如图3-33（a）所示。

（2）执行"窗口"→"参数设置"命令，在弹出的"系统属性"面板的"模板"中选择毫米选项，单击"确定"按钮，如图3-33（b）所示。

小提示：第一次设置完成后，再次打开软件，系统将自动延续上次的绘图环境设置，不需要重新设置。

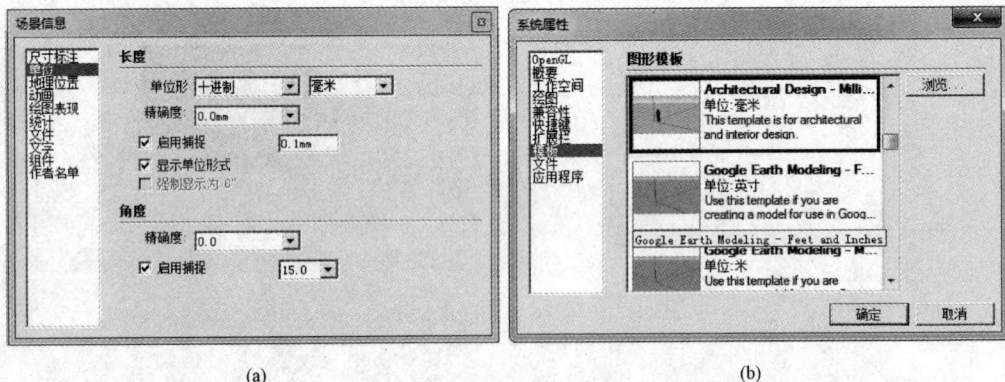

(a)　　　　　　　　　　　　　　　　(b)

图3-33　绘图环境的设置

(a)单位设置；(b)模板选择毫米模板

（3）在绘图区域绘制一个长为240 mm，宽为115 mm的矩形，画出矩形，在右下角的输入框内直接输入240、115，然后按Enter键，向上推拉53 mm并添加红色，一块普通砖绘制完成，如图3-34所示。

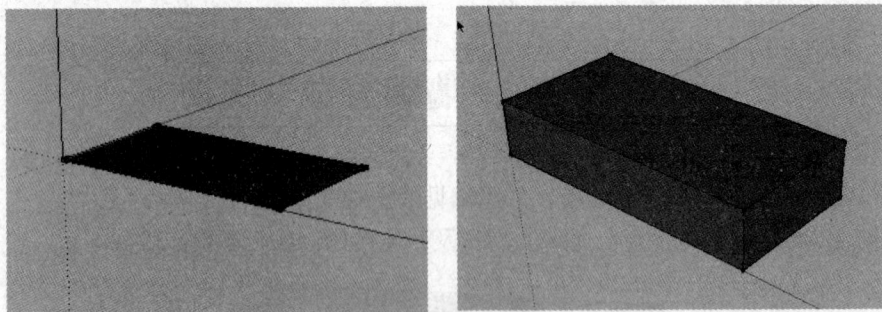

图3-34　红砖的绘制

（4）选择普通砖，并单击"移动工具"按钮 ，按Ctrl键，沿红色轴移动，输入250（240+10mm灰缝），按Enter键，输入×9，再次按Enter键，一皮砖绘制完成，如图3-35所示。

（5）单击工具栏上"视图"选项中的"前视图"按钮 ，选择一皮砖，向上移动复制63 mm，并将其沿红色轴向右移动，实现"错缝搭接"，无直缝，如图3-36（a）所示。

（6）选择制作好的两皮砖，沿蓝色轴向上移动复制126 mm，输入×6复制6层，12墙体制作完成，如图3-36（b）、图3-37所示。

图 3-35　一皮砖的制作

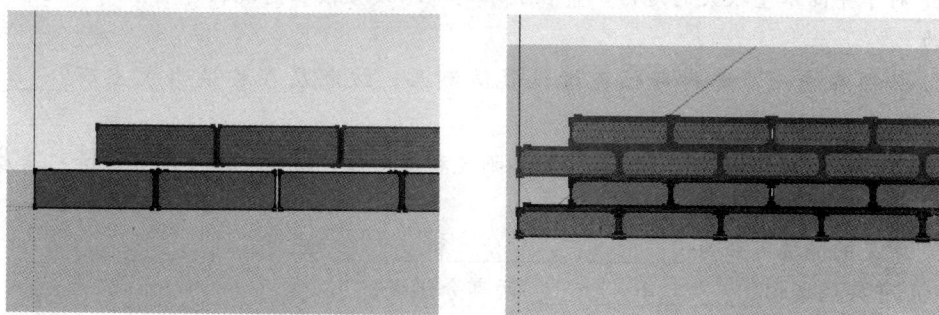

(a)　　　　　　　　　　　　　　　　　　　　(b)

图 3-36　两皮砖、多皮砖的制作

(a)两皮砖的制作、移动、错缝；(b)多皮砖的复制方法同前

图 3-37　完成的红砖 12 墙

项目小结

　　墙体对于建筑物的重要性体现在多个方面，有些墙体主要起围护作用，有些墙体需要承担竖向荷载，以及风力、地震荷载等。墙体还被用作分隔内部空间的主要手段，设备管线有时也在中间穿过。本项目主要介绍了墙体概述、块材墙基本构造、隔墙与隔断构造、墙面装饰构造。

思考与练习

一、填空题

　　1. 墙体按在平面上所处的位置不同，可分为＿＿＿＿和＿＿＿＿；按布置方向又可分为＿＿＿＿和＿＿＿＿。

2. 块材墙中常用的块材有各种_____和_____。

3. 组砌是指砌块在砌体中的排列，组砌的关键是_____，使上下皮砖的_____，保证砖墙的整体性。

4. 在砖墙的组砌中，把砖的长方向垂直于墙面砌筑的砖叫作_____；把砖的长方向平行于墙面砌筑的砖叫作_____。

5. 散水表面应向外侧倾斜，坡度为_____，散水的宽度一般为_____。

6. 对于年降水量较大的地区，常在散水的外缘或直接在建筑物外墙根部设置的排水沟称为_____。

7. 必须在内、外墙脚部位连续设置防潮层，防潮层在构造形式上有_____和_____。

8. _____的作用是增加房屋的整体刚度和稳定性，减轻地基不均匀沉降对房屋的破坏，抵抗地震力的影响。

9. 常见的隔墙可分为_____、_____和_____三种。

10. 骨架隔墙由_____和_____两部分组成。

二、选择题

1. 下面既属承重构件，又是围护构件的是（　　）。
   A. 墙　　　　　　B. 基础　　　　　　C. 楼梯　　　　　　D. 门窗

2. 墙体按受力情况分为（　　）。
   A. 纵墙和横墙　　　　　　　　B. 承重墙和非承重墙
   C. 内墙和外墙　　　　　　　　D. 空体墙和实体墙

3. 墙体按施工方法分为（　　）。
   A. 块材墙和板筑墙　　　　　　B. 承重墙和非承重墙
   C. 纵墙和横墙　　　　　　　　D. 空体墙和实体墙等

4. 纵墙承重的优点是（　　）。
   A. 空间组合较灵活　　　　　　B. 纵墙上开门、窗限制较少
   C. 整体刚度好　　　　　　　　D. 楼板所用材料较横墙承重少

5. 在一般民用建筑中，不属于小开间横墙承重结构的优点的是（　　）。
   A. 空间划分灵活　　　　　　　B. 房屋的整体性好
   C. 结构刚度较大　　　　　　　D. 有利于组织室内通风

6. 横墙承重方案一般不用于（　　）。
   A. 教学楼　　　　　　B. 住宅　　　　　　C. 小旅馆　　　　　　D. 宿舍

三、简答题

1. 墙体的承重方案有哪些？
2. 简述墙体的设计要求。
3. 勒脚应坚固、防水和美观，常见的做法有哪几种？
4. 简述抹灰类墙面装饰构造。

项目 4　楼地层

知识目标

了解楼板层的组成、楼地层的组成；熟悉楼面的设计要求、楼板的类型；掌握现浇式钢筋混凝土楼板构造、预制装配式钢筋混凝土楼板构造、装配整体式钢筋混凝土楼板细部构造、常见楼地面构造、直接式顶棚构造、悬吊式顶棚构造、阳台及雨篷的构造。

能力目标

能够理解和识读楼地层施工设计图，具备楼地层材料的选择和鉴别能力。

素养目标

1. 拥有吃苦耐劳的精神、机智灵活的头脑。
2. 拥有一定的专业知识和应用技能。
3. 具备施工现场管理和人际沟通的能力。

任务 1　楼地层概述

任务描述

仔细观察身边的建筑，与其他房间相比，卫生间的楼板有没有特殊要求？

相关内容

1.1　楼地层的组成

楼地层分为楼板层和地坪层两种，如图 4-1 所示。

1. 楼板层的构造

楼板层一般由面层、结构层（楼板）和顶棚层三个基本层次组成。当房间对楼板层有特殊要求时，可加设相应的附加层。

（1）面层。面层又称为楼面，是楼板层上表面的构造层，也是室内空间下部的装修层。其作用是保护楼板并传递荷载，有清洁和装饰室内的作用。根据各房间的功能要求不同，面层有多种不同的做法。

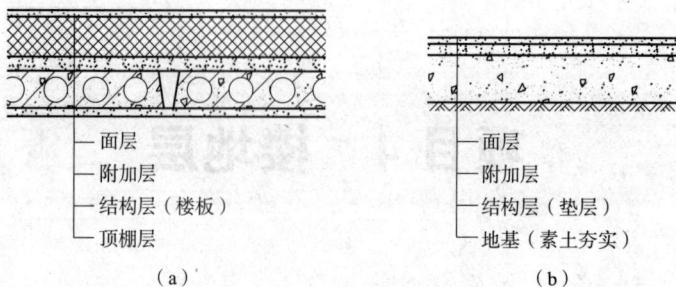

图 4-1　楼地层的组成
(a)楼板层；(b)地坪层

（2）结构层。结构层通常称为楼板，包括板、梁等构件。结构层位于面层和顶棚层之间，是楼板层的承重部分。结构层承受整个楼板层的全部荷载，并对楼板层的隔声、防火等起主要作用，能加强建筑物的整体刚度。

（3）顶棚层。顶棚层是楼板层下表面的构造层，也是室内空间上部的装修层。顶棚层的主要功能是保护楼板、安装灯具、装饰室内空间及满足室内的特殊使用要求。

（4）附加层。附加层通常设置在面层和结构层之间，有时也布置在结构层和顶棚层之间，根据构造和使用要求，可设置结合层、找平层、防水层、保温层、隔热层、隔声层、管道敷设层等不同构造层次。

2. 地坪层的构造

实铺地坪层在建筑工程中的应用较广，一般由面层、垫层和地基三个基本层次组成。为了满足更多的使用功能要求，可在地坪层中加设相应的附加层，如防水层、防潮层、隔热层、管道敷设层等。

1.2　楼板的设计要求

为保证楼板的结构安全和正常使用，对楼板设计有以下要求。

1. 应具有足够的强度和刚度

楼板作为承重构件，应有足够的强度，在承受自重和使用荷载下不会破坏；为保证正常使用，楼板必须具有足够的刚度，在荷载作用下，构件弯曲挠度不会超过许可值。

2. 满足隔声、防火、热工方面的要求

为防止噪声通过上下相邻的房间，影响其使用，楼板应具有一定的隔声能力；楼板应根据建筑物的等级和防火要求进行设计，以避免和减少火灾发生对建筑物的破坏作用；对于有一定的温度、湿度要求的房间，常在楼板中设置保温层，以减少通过楼板的热交换作用。

3. 具有防潮、防水能力

对于厨房、卫生间等易产生积水的房间或房间长期处于潮湿环境，应处理好楼板的防潮、防水问题。

4. 满足各种管线的设置

在现代建筑中，各种功能日趋完善，同时必须有更多管线借助楼板敷设，为使室内平面内布置灵活，空间使用完整，在楼板设计中应充分考虑各种管线的布置要求。

5. 满足建筑经济的要求

选用楼板时应结合当地实际选择合适的结构材料和类型，提高装配化程度。一般多层建筑中楼板的造价占建筑物总造价的 20%～30%，要合理选配，降低造价。

1.3 楼板的类型

楼板是楼板层的结构层，根据使用的材料不同，其可分为木楼板、砖拱楼板、钢楼板、压型钢板组合楼板及钢筋混凝土楼板等。

(1)木楼板。木楼板具有自重轻、构造简单等优点。但由于它不防火，耐久性差且耗木材量大，现已极少采用。

(2)砖拱楼板。砖拱楼板可以节约钢材、水泥、木材，但由于它自重大，承载力及抗震性能较差，施工较复杂，目前一般也不采用。

(3)钢楼板。钢楼板由于钢材价格高、耗钢量大，应慎重采用。

(4)压型钢板组合楼板。压型钢板组合楼板具有刚度大、整体性好且有利于施工等优点，但由于用钢量大，造价高，目前主要用于钢框架结构。

(5)钢筋混凝土楼板。钢筋混凝土楼板强度高、刚度大，耐久性和耐火性好，混凝土可塑性大，可浇灌成各种形状和尺寸的构件，因而比较经济合理，被广泛采用。

> **任务解决**

卫生间因用水设施多，频繁使用，为避免跑水时流出客厅损坏家具、地板等，顶面经常做成比其他房间低 20 mm 左右。通常卫生间面积都不太大，楼板跨度一般较小，合理的楼板设计厚度一般也小于居室、客厅等房间楼板。所以，设计时多是板底面齐平，顶面低下去，既节省材料与人工，又能防止水外流，一举两得。

任务 2 钢筋混凝土楼板

> **任务描述**

某工程为六层框架结构，另外还有半地下室一层，基础形式为筏形基础；入住后，用户发现楼板发生开裂现象。相关人员在勘察中发现该套住宅地面自南阳台卧室南北向出现一道直裂缝，裂缝贯穿楼板。从简单现象来看裂缝发生比较特殊，既不是常见的发生在顶楼的温度裂缝，也不属于发生在一般建筑底层的斜向形式的由于基础不均匀沉降造成的裂缝；同时，该裂缝与由于楼板承载力不足引起的楼板环向裂缝也有明显不同。

调查后，专家组根据所掌握的资料排除了由于承载力不足及地基不均匀沉降造成裂缝的可能性；得到由于主体结构地下及地上部分刚度差异，在混凝土收缩及温度差共同作用下使地上及地下结构分界面，即二层楼面薄弱处发生开裂的结论。

讨论：对于以上结论应如何进行加固处理？

钢筋混凝土楼板按其施工方法不同，可分为现浇式、预制装配式和装配整体式三种。

2.1 现浇式钢筋混凝土楼板

现浇式钢筋混凝土楼板是经在施工现场支模板、绑扎钢筋、浇捣混凝土及养护等工序而制作成的楼板。这种楼板整体性好，抗震性强，能适应各种建筑平面构件形状的变化。但它模板用量多，现场湿作业量大，工期长，且施工受季节影响较大。

现浇式钢筋混凝土楼板根据受力和传力情况的不同，可分为板式楼板、梁板式楼板、井式楼板和无梁楼板等。

1. 板式楼板

当房间的跨度不大时，楼板内不设梁，板直接支撑在四周的墙上，荷载由板直接传给墙体，这种楼板称为板式楼板。板式楼板有单向板与双向板之分（图4-2）。

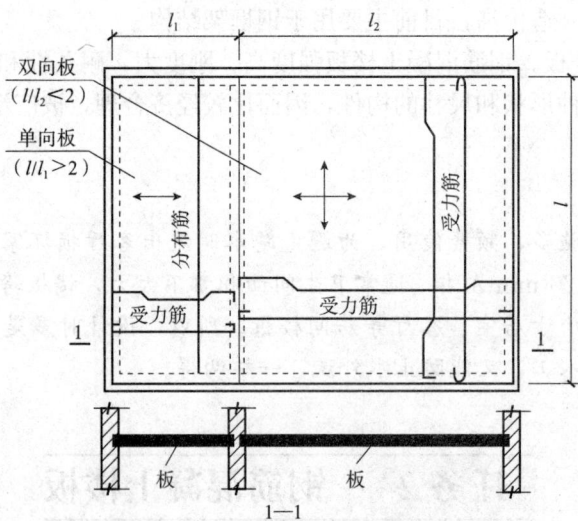

图 4-2　板式楼板

（1）单向板。当板的长边与短边之比大于2时，板基本上沿短边方向承受荷载，这种板称为单向板。通常把单向板的受力钢筋沿短边方向布置。

（2）双向板。当板的长边与短边之比小于或等于2时，板上的荷载沿双向传递，在两个方向产生弯曲，这种板称为双向板。在双向板中受力钢筋沿双向布置。它比单向板刚度更好，且可节约材料，充分发挥钢筋的受力作用。

> **小提示**：板式楼板底面平整、美观、施工方便，适用于小跨度房间，如走廊、卫生间和厨房等。

2. 梁板式楼板

当房间平面尺寸较大时，为了避免楼板的跨度过大，使楼板的受力与传力更加合理，可在楼板下设置梁来增加板的支点，从而减小板跨。这时，楼板上的荷载先由板传给梁，再由梁传给墙或柱。这种由板和梁组成的楼板称为梁板式楼板，也叫作肋梁式楼板。根据梁的布置情况，梁板式楼板可分为单向板肋梁楼板和双向板肋梁楼板。

(1)单向板肋梁楼板。当房间两个方向的平面尺寸都较大时，在纵、横两个方向都设置梁，并应有主梁和次梁之分。主梁和次梁的布置应整齐有规律，并考虑建筑物的使用要求、房间的大小、形状及荷载作用情况等，一般主梁沿房间短跨方向布置，次梁则垂直于主梁布置，如图 4-3 所示。

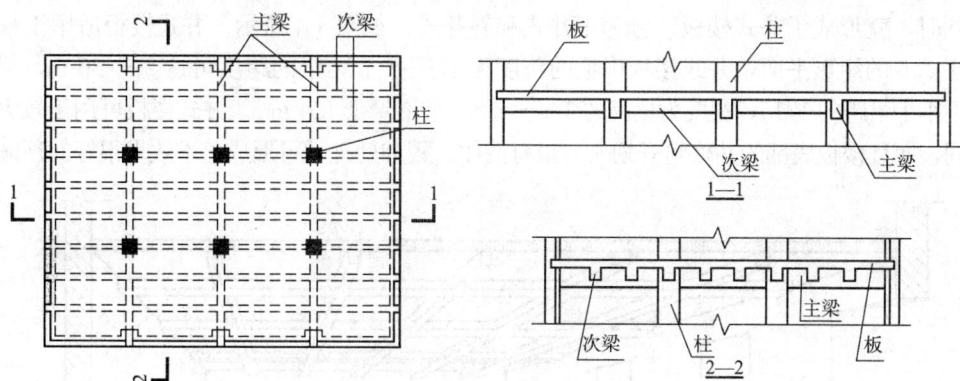

图 4-3 单向板肋梁楼板

(2)双向板肋梁楼板。受力更合理，材料利用更充分，顶棚比较美观，但容易在板的角部出现裂缝，当板跨比较大时，板厚较大，不是很经济，因此一般用在跨度小的建筑物中，如住宅、旅馆等。

除考虑承重要求外，梁的布置还应考虑经济合理性。一般主梁的经济跨度为 5～8 m，主梁的高度为跨度的 1/14～1/8，主梁的宽度为高度的 1/3～1/2。主梁的间距即次梁的跨度，一般为 4～6 m，次梁的高度为跨度的 1/18～1/12，次梁的宽度为高度的 1/3～1/2。次梁的间距即板的跨度，一般为 1.7～2.7 m，板的厚度一般为 60～80 mm。现浇钢筋混凝土楼板最小厚度见表 4-1。

表 4-1 现浇钢筋混凝土楼板最小厚度

板的类别		最小厚度/mm
单向板	屋面板	60
	民用建筑楼板	60
	工业建筑楼板	70
	行车道下的楼板	80
双向板		80
密肋楼盖	面板	50
	肋高	250
悬臂板(根部)	悬臂长度不大于 500 mm	60
	悬臂长度 1 200 mm	100
无梁楼板		150
现浇空心楼盖		200

3. 井式楼板

井式楼板是肋梁楼板的一种特殊形式。当房间尺寸较大，并接近正方形时，常沿两个方向布置等距离、等截面高度的梁(不分主、次梁)，板为双向板，形成井格形的梁板结构，纵梁和横梁同时承担着由板传递的荷载。当双向板肋梁楼板的板跨相同，且两个方向的梁截面也相同时，就形成了井式楼板，分为正井式和斜井式，如图4-4所示。井式楼板适用于长宽比不大于1.5的矩形平面，井式楼板中板的跨度为3.5～6 m，梁的跨度可达20～30 m，梁截面高度不小于梁跨的1/15，宽度为梁高的1/4～1/2，且不少于120 mm。井式楼板可用于较大的无柱空间，而且楼板底部的井格整齐划一，很有韵律，稍加处理就可形成艺术效果很好的顶棚。

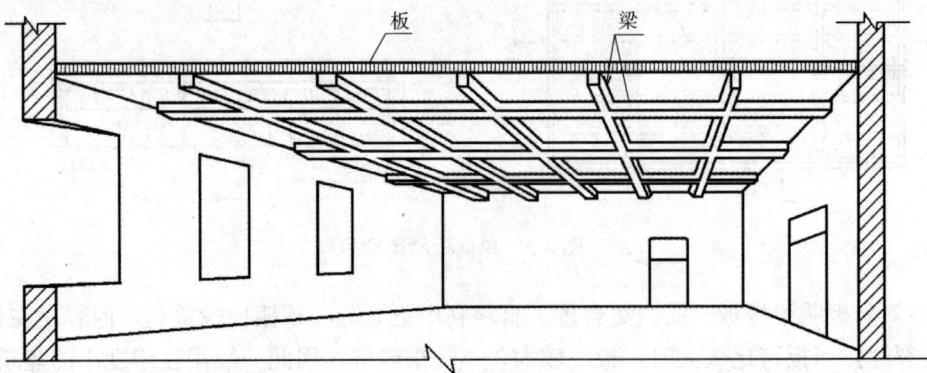

图4-4　井式楼板

4. 无梁楼板

无梁楼板为等厚的平板直接支承在柱上，分为有柱帽和无柱帽两种，如图4-5所示。当楼面荷载较小时，可采用无柱帽楼板；当楼面荷载较大时，必须在柱顶加设柱帽。无梁楼板的柱可设计成方形、矩形、多边形和圆形；柱帽可根据室内空间要求和柱截面形式进行设计；板的最小厚度不小于120 mm且不小于板跨的1/35。无梁楼板的柱网一般布置为正方形或矩形，间跨一般不超过6 m。

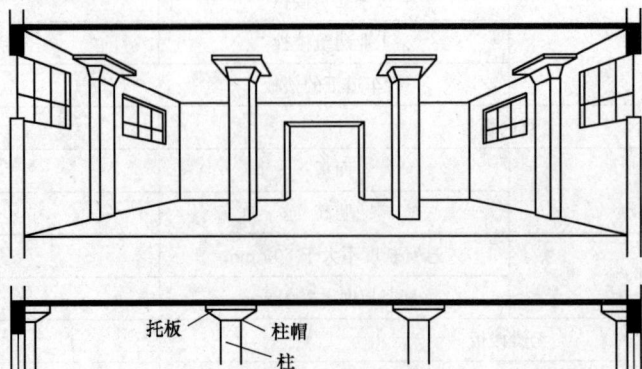

托板　柱帽　柱

图4-5　无梁楼板

5. 压型钢板组合楼板

压型钢板组合楼板是在钢梁上铺设表面凹凸相间的压型钢板，以钢板作为衬板现浇混凝土，形成整体的组合楼板，又称为钢衬板组合楼板。它由楼面层、组合板和钢梁三部分构成，如图4-6所示，也可以根据需要设吊顶棚。

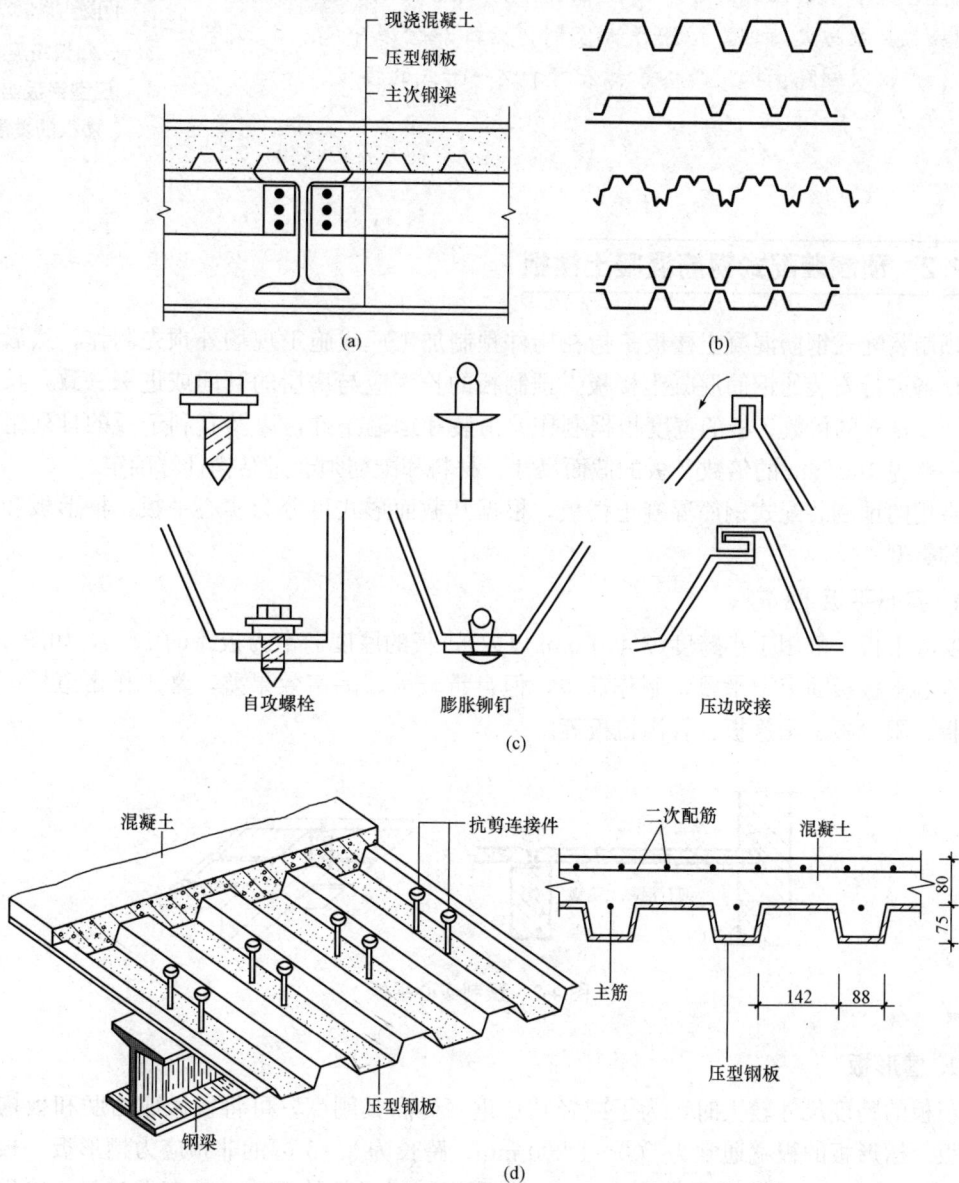

图 4-6　压型钢板组合楼板

(a)压型钢板组合楼板基本构成；(b)压型钢板截面形式；
(c)压型钢板之间的连接；(d)压型钢板与钢梁之间的连接

压型钢板一方面作为浇筑混凝土的永久性模板来使用；另一方面承受着楼板下部的弯拉应力，起着模板和受拉钢筋的双重作用，省掉了模板拆除的程序，加快了施工速度。压型钢板肋间的空隙还可以用来敷设管线，钢衬板的底部可以焊接架设悬吊管道、通风管、吊顶的支托。

小提示：压型钢板组合楼板整体性强，刚度大，承载能力好，施工速度快，自重小，但防火性和耐腐蚀性不如钢筋混凝土楼板，外露的受力钢板需要做防火处理，适用于大空间，如环球金融中心、北京中央电视台、广州歌剧院、广州西塔等都采用了这一形式的楼板。

知识拓展：
压型钢板组合
楼板的发展

2.2 预制装配式钢筋混凝土楼板

预制装配式钢筋混凝土楼板是指在构件预制加工厂或施工现场外预先制作，然后运到工地现场进行安装的钢筋混凝土楼板。预制板的长度应与房屋的开间或进深一致，长度一般为 300 mm 的倍数。板的宽度根据制作、吊装和运输条件，以及有利于板的排列组合确定，一般为 100 mm 的倍数。板的截面尺寸、材料和配筋须经过结构计算确定。

常用的预制装配式钢筋混凝土楼板，根据其截面形式可分为实心平板、槽形板和空心板三种类型。

1. 实心平板

实心平板一般用于小跨度（2 400 mm 以内），板的厚度通常为板跨的 1/30，如图 4-7 所示。实心平板板面上下平整，制作简单，但自重较大，隔声效果差，常用作走道板、卫生间楼板、阳台板、雨篷板、管沟盖板等。

预制平板

细石混凝土填缝

≥110

图 4-7 预制实心平板

2. 槽形板

当板的跨度尺寸较大时，为了减轻其自重，提高其刚度，可将板做成由肋和板构成的槽形板。槽形板的板宽通常为 500~1 200 mm。跨长为 3~6 m 的非预应力槽形板，板肋高为 120~240 mm，板的厚度仅为 30 mm。槽形板减轻了板的自重，具有省材料、便于在板上开洞等优点，但隔声效果差。当槽形板正放（肋朝下）时，板底不平整[图 4-8（a）]；当槽形板倒放（肋向上）时，需在板上进行构造处理，使其平整，槽内可填轻质材料，起保温、隔声作用[图 4-8（b）]。

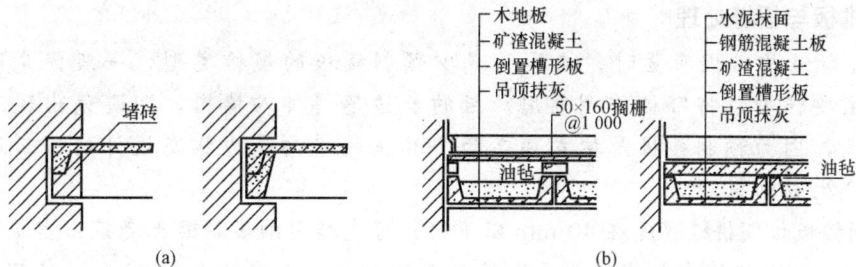

图 4-8 槽形板

(a)正放槽形板板端支承在墙上；(b)倒置槽形板的楼面及顶棚构造

3. 空心板

空心板从力学性能上是槽形板的特例，结合考虑隔声的要求，并使板面上下平整，可将预制板抽孔做成空心板，空心板的孔洞有圆形、椭圆形、矩形、方形等。矩形孔较为经济，但抽孔困难，圆形孔的板刚度较好，制作也较方便，因此使用较广泛。根据板的宽度，孔数有单孔、双孔、三孔、多孔。目前，我国预应力空心板的跨度尺寸可达到 6 m、6.6 m、7.2 m 等，板的厚度多为 100～300 mm。

对预制装配式钢筋混凝土楼板进行结构布置时，应根据房间的平面尺寸和所选板的规格确定布置方式。板的布置方式有两种：一种是预制楼板直接搁置在承重墙上，形成板式结构布置，多用于横墙较密的住宅、宿舍、旅馆等建筑；另一种是预制楼板搁置在梁上，梁支承于墙或柱上，形成梁式结构布置，多用于教学楼、实验楼、办公楼等需要较大空间的建筑物，如图 4-9 所示。

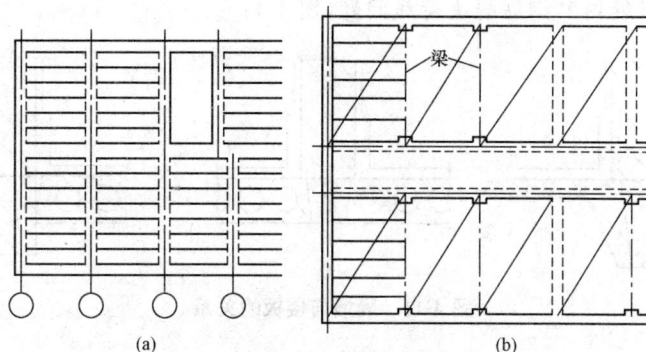

图 4-9 板的布置方式

(a)板式结构布置；(b)梁式结构布置

 拓展阅读

预制装配式钢筋混凝土楼板细部构造

1. 排板与板缝处理

在进行结构排板布置时，应尽量减少预制楼板的规格类型，一般优先选用宽板作为主要板型，将窄板作调剂用。板的长边不得伸入墙内，即避免出现三边支承的情况，因为预制楼板是按支座在两个端头的单向受力状态设计的，三边支承会造成产生纵向裂缝。

预制楼板板侧拼缝宽度在 40 mm 以下时，可直接用细石混凝土浇筑；当板缝大于 40 mm 时，应在板缝中加钢筋，再浇筑细石混凝土；当板缝大于 60 mm 时可以将缝留在靠墙处，以挑砖的方式填补；当板缝大于 120 mm 时可以采用局部现浇板带处理，并利用此处解决立管穿越问题（图 4-10）；而板缝如果超过 200 mm，应当考虑重新选择预制楼板规格或采用调缝板。

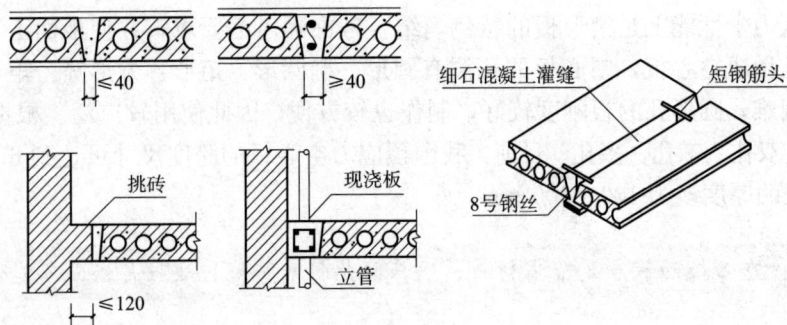

图 4-10　板缝处理

2. 隔墙与楼板的关系

常见的骨架隔墙等轻质隔墙可以直接设置在楼板上，但自重较大的隔墙应避免将荷载集中在一块板上，通常需要设梁支承隔墙，或者将隔墙支承在槽形板纵肋上，如果条件符合还可以在板缝内配钢筋解决荷载问题（图 4-11）。

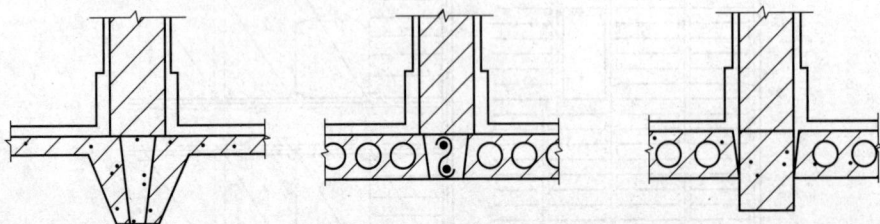

图 4-11　隔墙与楼板的关系

2.3 装配整体式钢筋混凝土楼板

装配整体式钢筋混凝土楼板是采用部分预制构件，经现场安装，再整体浇筑混凝土面层所形成的楼板。这种楼板具有整体性强和节约模板的优点。按结构及构造方式的不同，这种楼板有密肋填充块楼板和叠合楼板等做法。

1. 密肋填充块楼板

密肋填充块楼板为现浇预制带骨架芯板填充块楼板，由密肋板和填充块构成，如图 4-12 所示。密肋填充块楼板的肋（格栅）长为 200～300 mm，宽为 60～150 mm，间距为 700～1000 mm；其厚度不小于 50 mm，适用跨度为 3～10 m。格栅间距小的多填以陶土空心砖或空心矿渣混凝土块，以适应楼层隔声、保温、隔热的要求。同时，空心砖还可以起到模板的作用，也可铺设管道，造价低。如预做吊顶，可在格栅内预留钢丝；如需要铺木楼板，则可于钢筋混凝土格栅面上嵌燕尾形木条，然后铺钉木楼板格栅。

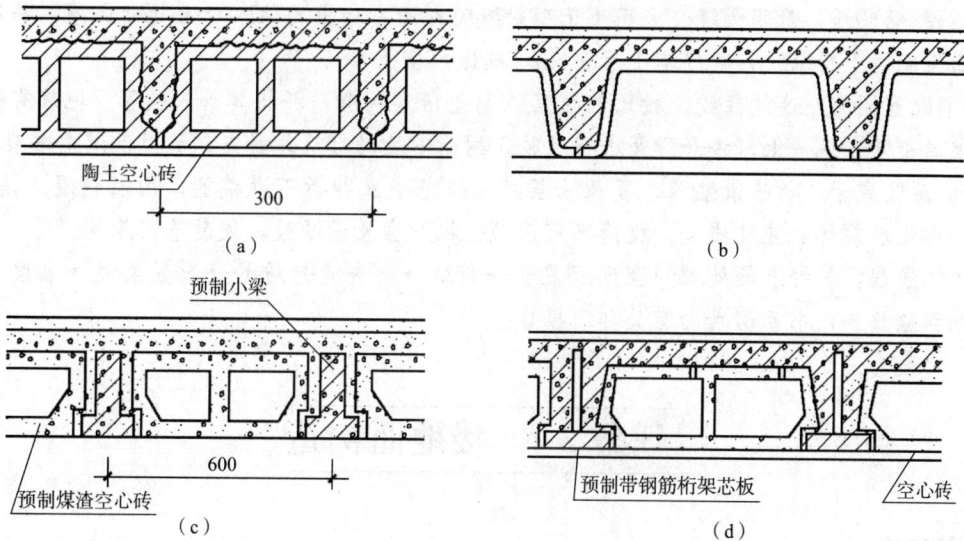

图 4-12 密肋填充块楼板
（a）空心砖现浇；（b）玻璃钢壳现浇；（c）预制小梁填充块；（d）带骨架芯板填充块

2. 叠合楼板

叠合楼板是由预制板和现浇钢筋混凝土层叠合而成的装配整体式楼板。它是以预制钢筋混凝土薄板作为永久模板来承受施工荷载的。现浇钢筋混凝土叠合层强度为 C20，内部可敷设水平设备管线。这种楼板具有良好的整体性且板的上、下表面平整，便于饰面层装修，适用于对整体刚度要求较高的高层建筑和大开间建筑。预制薄板叠合楼板的预制板部分，通常采用预应力或非预应力薄板，板的跨度一般为 4～6 m，预应力薄板跨度最大可达 9 m，板的宽度一般为 1.1～1.8 m，板厚通常为 50～70 mm。叠合楼板的总厚度一般为 150～250 mm。为使预制薄板与现浇叠合层牢固地结合在一起，可对预制薄板的板面做适当处理，如板面刻槽、板面露出结合钢筋等，如图 4-13(a)、(b)所示。叠合楼板的预制板部分也可采用钢筋混凝土空心板，现浇叠合层的厚度较小，一般为 30～50 mm，如图 4-13(c)所示。

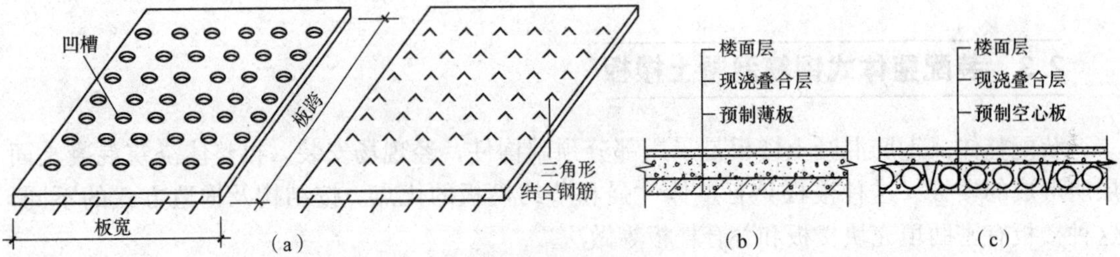

图 4-13 叠合楼板

(a)预制薄板的板面处理；(b)预制薄板叠合楼板；(c)预制空心板叠合楼板

任务解决

修补施工加固工艺如下。

(1)基层处理，确定注入口。清凿去除装饰层，使楼板结构外露(视情况也可不清凿)。清理裂缝表面灰尘，确保干燥牢固。按 15~20 cm 间距标出注入口，尽量使注入口位于裂缝较宽、开口通畅的部位。

(2)粘贴底座，封闭裂缝。采用快干型封缝胶在预先标出的注入口上粘贴底座，并沿裂缝表面涂刷快干封缝胶，宽度不小于 5 cm，确保严密。

(3)配置树脂，连续注胶。按比例配置 A-B 型灌浆树脂，并将其加入软管。把装有树脂的灌浆器旋紧在底座上，松开弹簧进行注胶。树脂不足时可反复补充，直至注满全部裂缝。

(4)注胶完毕，拆除灌浆器，复原基层。注胶完毕立即拆下灌浆器，用酒精浸泡清洗。待树脂固化后敲掉底座及堵头，视情况可用砂轮机打磨表面缝胶，恢复基层原状。

工艺流程：裂缝表面处理→埋设灌浆嘴→封缝→检查缝封质量→配置浆液→灌浆→养护→组织验收→以书面形式向有关部门报告。

任务 3 楼地面构造

任务描述

某教学楼实验室为地砖楼地面，教学楼地面为水泥砂浆，那么，楼地面有哪些做法呢？

相关内容

楼地面是建筑物底层与土壤相接的构件，和楼板层一样，它承受着底层地面上的荷载，并将荷载均匀地传给地基。

3.1 楼地面的设计要求

1. 具有足够的坚固性

要求楼地面在荷载作用下不易被磨损、破坏，表面能保持平整和光洁，不易起灰，便于清洁。

2. 具有一定的弹性和保温性能

考虑到降低噪声和行走舒适度的要求，要求楼地面具有一定的弹性和保温性能。楼地面应选用一些弹性好和导热系数小的材料。

3. 满足某些特殊要求

对于不同房间而言，楼地面还应满足一些不同的特殊要求。例如，对使用中有水作用的房间，楼地面应满足防水要求；对有火源的房间，楼地面应具有一定的防火能力；对有腐蚀性介质的房间，楼地面应具有一定的防腐蚀能力。

3.2　常见楼地面的构造

1. 水泥砂浆楼地面

水泥砂浆楼地面构造简单、坚固耐磨、防潮防水、造价低，是广为采用的经济型地面，需要进行二次装修的毛坯房就普遍使用水泥砂浆地面。不过它导热系数大，冬季在不采暖的建筑中容易让人感觉寒冷。另外，它还存在吸水性差、易返潮、易起灰、不易清洁等问题。

水泥砂浆楼地面中水泥应采用硅酸盐水泥或普通硅酸盐水泥，其强度等级不应小于 42.5 级。水泥砂浆的体积比应为 1：2.5，强度等级不应低于 M15，面层厚度不应小于 20 mm（图 4-14）。

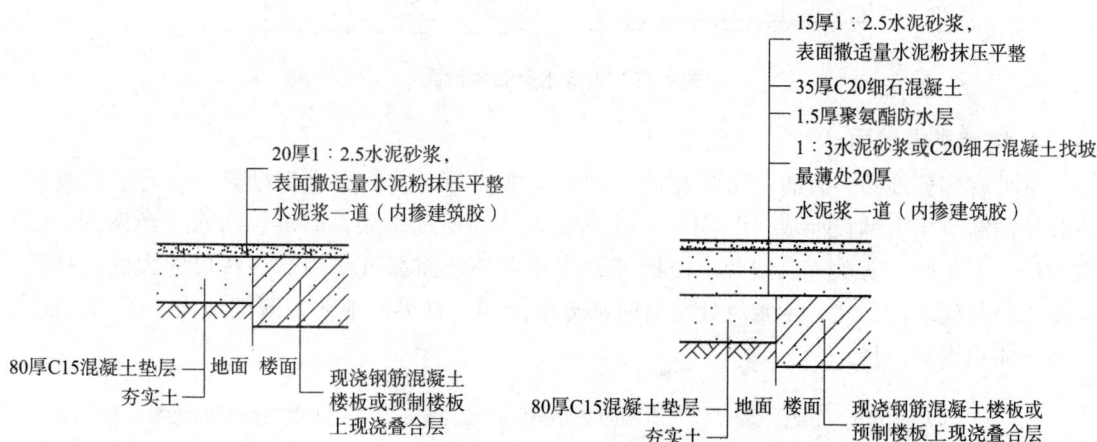

图 4-14　水泥砂浆楼地面

2. 混凝土地面

与水泥砂浆楼地面相比，混凝土地面的强度更高，整体性、耐磨性、抗裂性更好，而且同样具有施工简便、造价低的优点。细石混凝土地面是最为常见的混凝土地面。

混凝土地面中石子粗集料最大粒径不应大于面层厚度的 2/3，细石混凝土面层采用的石子粒径不应大于 15 mm；混凝土面层的强度等级不应小于 C20，地坪层中的混凝土垫层若同时兼作面层，其强度等级也不应小于 C20，厚度则不应小于 80 mm；细石混凝土面层厚度不应小于 40 mm。

小提示： 混凝土地面施工时必须做好面层的抹平和压光工作，在混凝土初凝前，应完成面层抹平、揉搓均匀，待混凝土开始凝结即分遍抹压面层，压光时间应控制在终凝前完成。

3. 现浇水磨石楼地面

现浇水磨石楼地面如图 4-15 所示。现浇水磨石楼地面一般分两层施工。在刚性垫层或结构层上用 10～20 mm 厚 1∶3 水泥砂浆找平，上面铺 10～15 mm 厚 1∶(1.5～2) 水泥白石子。在做好的找平层上按设计好的方格用 1∶1 水泥砂浆嵌固 10 mm 高的分格条(铜条、铝条、玻璃条、塑料条)，铺入拌和好的水泥石屑，压实，浇水养护 6～7 d，待面层达到一定强度后，加水养护并用磨光机打磨，再用草酸溶液清洗，最后上蜡保护。现浇水磨石楼地面具有良好的耐磨性、耐久性、防水性、防火性。

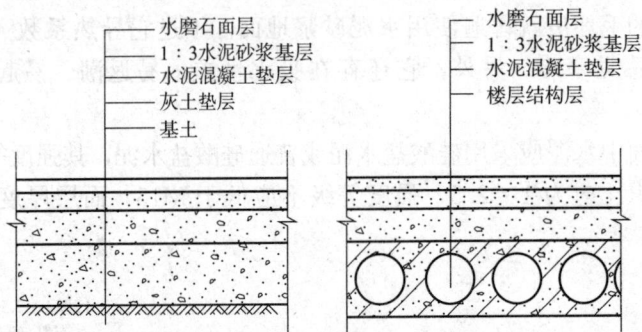

左图标注（自上而下）：
水磨石面层
1∶3 水泥砂浆基层
水泥混凝土垫层
灰土垫层
基土

右图标注（自上而下）：
水磨石面层
1∶3 水泥砂浆基层
水泥混凝土垫层
楼层结构层

图 4-15　现浇水磨石楼地面

4. 地砖类楼地面

常见有陶瓷地砖、缸砖、水泥花砖、陶瓷马赛克等，它们在水泥砂浆、沥青胶结材料或胶粘剂结合层上铺设而成(图 4-16)。这类铺装地面质地坚硬、耐磨、防水、耐腐蚀，一般厨房、卫生间、实验室、阳台、楼梯等部位及室外地面都可使用，一些尺寸大的地砖还常用于公共建筑的门厅、走廊等处。有时甚至选择同一种类的地砖，既铺地面，又贴墙面，浑然一体，别具一格。

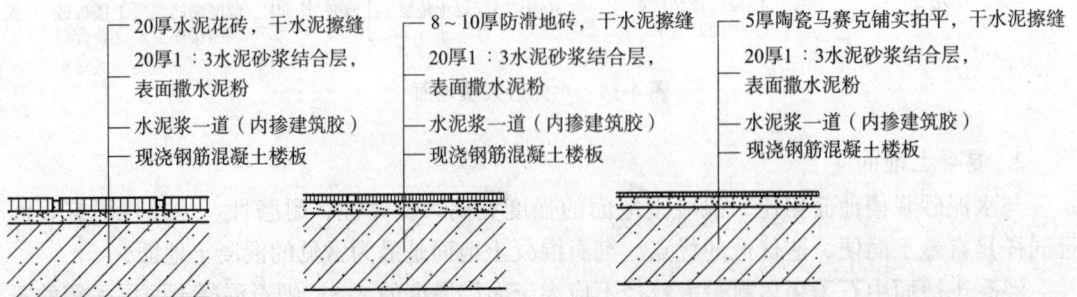

左图标注：
20厚水泥花砖，干水泥擦缝
20厚1∶3水泥砂浆结合层，表面撒水泥粉
水泥浆一道（内掺建筑胶）
现浇钢筋混凝土楼板

中图标注：
8～10厚防滑地砖，干水泥擦缝
20厚1∶3水泥砂浆结合层，表面撒水泥粉
水泥浆一道（内掺建筑胶）
现浇钢筋混凝土楼板

右图标注：
5厚陶瓷马赛克铺实拍平，干水泥擦缝
20厚1∶3水泥砂浆结合层，表面撒水泥粉
水泥浆一道（内掺建筑胶）
现浇钢筋混凝土楼板

图 4-16　地砖面层做法

陶瓷地砖以陶土或瓷土为原料，可分为有釉和无釉两种，其外观区别就是表面有光或亚光；缸砖是一种以陶土焙烧而成的无釉地砖，致密、坚硬；水泥花砖造价较低，密度较

大，坚实耐磨，产品常见有单色、二至三色、四至五色等种类；陶瓷马赛克，工厂生产时为方便施工考虑，将小片马赛克拼贴在牛皮纸上，所以又称为纸皮砖。

对于陶瓷地砖、缸砖和水泥花砖地面的施工，需要在铺贴前先浸水湿润，晾干待用。勾缝和压缝应采用同品种、同强度等级、同颜色的水泥，并做养护和保护。出现宽缝时要用 1∶1 水泥砂浆勾平缝。

5. 石板类楼地面

石板材料分为天然石材和人造石材两大类，铺贴花岗石、大理石、人造大理石时，应先将基层浇水湿润，再刷素水泥浆一道，随刷随铺结合层砂浆。由于一般水泥砂浆在未干硬前难以支撑石板质量从而保持表面平整，故结合层采用硬性水泥砂浆，以手握成团不出浆为准(图 4-17)。

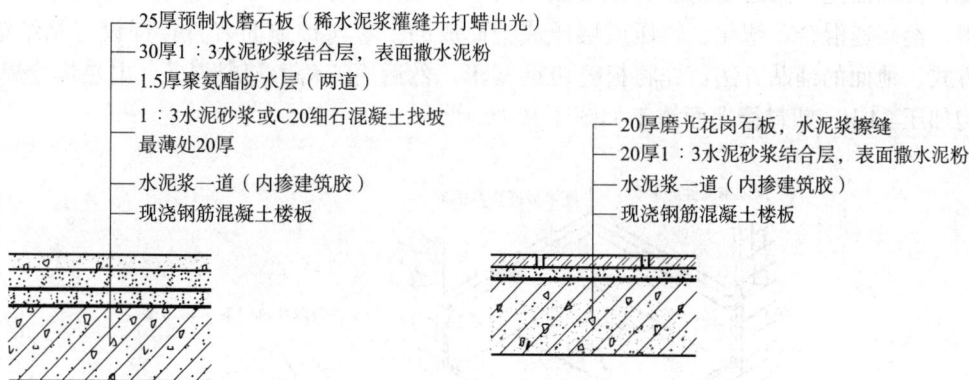

- 25厚预制水磨石板（稀水泥浆灌缝并打蜡出光）
- 30厚1∶3水泥砂浆结合层，表面撒水泥粉
- 1.5厚聚氨酯防水层（两道）
- 1∶3水泥砂浆或C20细石混凝土找坡 最薄处20厚
- 水泥浆一道（内掺建筑胶）
- 现浇钢筋混凝土楼板

- 20厚磨光花岗石板，水泥浆擦缝
- 20厚1∶3水泥砂浆结合层，表面撒水泥粉
- 水泥浆一道（内掺建筑胶）
- 现浇钢筋混凝土楼板

图 4-17　石板面层做法

除非设计有特殊要求，通常规整铺设的石板，特别是表面做镜面处理的石板之间的缝隙宽度不应大于 1 mm。

6. 木楼地面

木楼地面是一种高级楼地面类型，具有弹性好、不起尘、易清洁和导热系数小的特点，但是造价较高，故应用不广泛。木楼地面按构造方式分为空铺式和实铺式两种。

(1)空铺式木楼地面。空铺式木楼地面的构造比较复杂，一般是将木楼地面进行架空铺设，使板下有足够的空间，以便于通风，保持干燥。空铺式木楼地面耗费木材量较多，造价较高，多不采用，主要用于要求环境干燥且对楼地面有较高的弹性要求的房间。

(2)实铺式木楼地面。实铺式木楼地面有铺钉式和粘贴式两种做法。当在地坪层上采用实铺式木楼地面时，必须在混凝土垫层上设置防潮层。

1)铺钉式木楼地面是在混凝土垫层或楼板上固定小断面的木格栅(木格栅的断面尺寸一般为 50 mm×50 mm 或 50 mm×70 mm，其间距为 400～500 mm)，然后在木格栅上铺钉木板材。木板材可采用单层和双层做法，铺钉式拼花木楼地面如图 4-18(a)所示。

2)粘贴式木楼地面是在混凝土垫层或楼板上先用 20 mm 厚 1∶2.5 水泥砂浆找平，干燥后使用专用胶粘剂粘贴木板材，其构造如图 4-18(b)所示。由于省去了格栅，粘贴式木楼地面比铺钉式木楼地面节约木材，且施工简便、造价低，故应用广泛。

图 4-18 拼花木楼地面

(a)铺钉式；(b)粘贴式

7. 塑料楼地面

塑料楼地面是以聚乙烯树脂为主要胶结材料，配以增塑剂、填充料、稳定剂、润滑剂和颜料，经高速混合、塑化、辊压或层压成型而成的。塑料楼地面有直接铺设与粘结铺贴两种方式。地面的铺贴方法：先将板缝切成 V 形，然后用三角形塑料焊条、电热焊枪焊接，并均匀加压 24 h。塑料楼地面施工如图 4-19 所示。

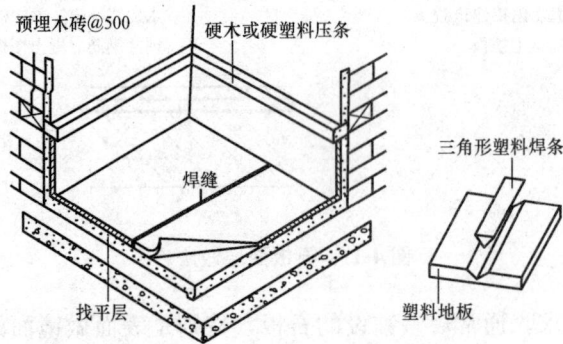

图 4-19 塑料楼地面施工

8. 涂料楼地面

涂料的主要功能是装饰和保护室内地面，使地面清洁美观，为人们创造一种优雅的室内环境。地面涂料应该具有以下特点：耐碱性良好，因为地面涂料主要涂刷在带碱性的水泥砂浆基层上；与水泥砂浆有较好的粘结性能；有良好的耐水性、耐擦洗性、耐磨性、抗冲击性；涂刷施工方便；价格合理。

按照地面涂料的主要成膜物质来分，地面涂料产品主要有以下几种：环氧树脂地面涂料、聚氨酯树脂地面涂料、不饱和聚酯树脂地面涂料等。以下主要介绍前两种。

(1)环氧树脂地面涂料。环氧树脂地面涂料是一种高强度、耐磨损、美观的地面涂料，具有无接缝、质地坚实、防腐、防尘、保养方便、维护费用低等优点。

(2)聚氨酯树脂地面涂料。聚氨酯树脂地面涂料属于高固体厚质涂料，它具有优良的防腐蚀性和绝缘性能，特别是有较全面的耐酸碱盐的性能，有较大的强度和弹性，对金属和非金属混凝土的基层表面有较好的粘结力。涂铺的地面光洁不滑，弹性好，耐磨、耐压、耐水，美观大方，行走舒适，不起尘、易清扫，不需要打蜡，可代替地毯使用。它适用于会议室、放映厅、图书馆等人流较多的场合的弹性装饰地面，工业厂房、车间和精密机房的耐磨、耐油、耐腐蚀地面及地下室、卫生间的防水装饰地面。

楼地面细部构造

1. 踢脚线构造

踢脚线又称踢脚板，是对楼地面与墙面相交处的构造处理，它所用的材料一般与地面材料相同，与地面一起施工。踢脚线的作用是保护墙脚，防止脏污或碰坏墙面，踢脚线的高度为 100~150 mm。其所用材料有水泥砂浆、水磨石、木材、石材等。

2. 地面变形缝构造

地面变形缝包括楼板层变形缝与地坪层变形缝。对于一般民用建筑，楼板层、地坪层变形缝的位置和大小应与墙体及屋面变形缝一致。在构造上，地面变形缝的宽度不应小于 10 mm，混凝土垫层的缝宽不小于 20 mm，楼板结构层的缝宽同墙体变形缝，缝内填塞有弹性的松软材料，如沥青麻丝，上铺活动盖板或橡皮条等，以防灰尘下落；地面面层也可以用沥青胶嵌缝。

3. 防水构造

用水频繁的房间，如卫生间、浴室等地面容易积水且易发生渗漏水现象，应注意做好排水和防水。

(1)楼地面排水。楼地面排水的通常做法是将面层按需要设置 1‰~1.5% 的坡度，并配置地漏。为防止用水房间积水外溢，用水房间地面应比相邻房间或走道等地面低 20~30 mm，也可用门槛挡水，如图 4-20 所示。

(2)楼地面防水。现浇钢筋混凝土楼板是用水房间防水的常用做法。

当房间有较高的防水要求时，还需在现浇楼板上设置一道防水层，再做地面面层。常用材料有卷材、防水砂浆、防水涂料等。

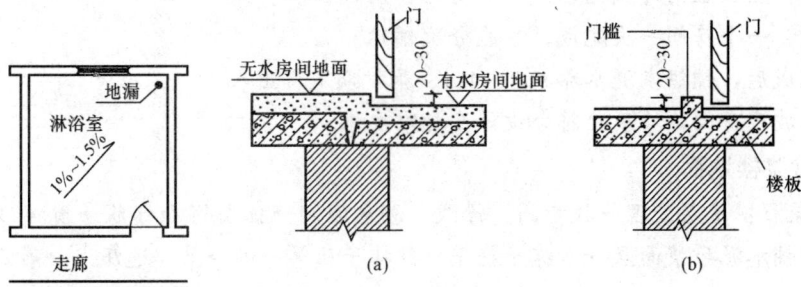

图 4-20　楼地面排水
(a)地面降低；(b)设置门槛

(3)管道穿过楼板的防水构造。

1)对冷水管道的做法：将管道穿过的楼板孔洞用 C20 干硬性细石混凝土填实，再用涂料或卷材做密封处理，如图 4-21(a)所示。

2)当热力管道穿过楼板时，需增设防止温度变化引起混凝土开裂的热力套管，保证热力管自由伸缩，套管应高出楼地面面层30 mm，如图4-21(b)所示。

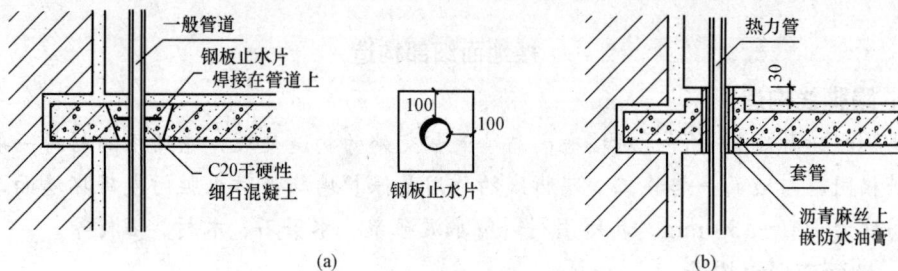

图 4-21 管道穿过楼板的防水构造

(a)冷水管道的处理；(b)热力管道的处理

任务解决

1. 地砖楼地面

(1)施工工艺：清理基层→抹底层砂浆→弹线分格→铺地砖→别缝→白水泥擦缝→清洗表面→养护。

(2)注意事项。

1)清理基层并浇水湿润，在抹底层砂浆之前应于基层上刷一道水泥素浆。

2)找平层、防水层、找坡层等施工完毕，并经验收合格后，才能铺设地砖。防水层应做好隐检记录及闭水试验记录。

3)地砖应在埋地管安装完毕，各专业检查无误后，方可进行施工，以免造成返工。

4)铺贴时，应从里向外铺贴，先小间房后公用部位。

5)铺贴时，一个房间一次完成，不能分次铺贴。

6)铺贴完成后，铺锯末浇水养护3～4 d，养护期不得上人。

7)有泛水坡度房间，坡度应符合设计及标准要求。

2. 水泥砂浆楼地面

(1)工艺流程：基层处理→找标高、弹线→洒水湿润→抹灰饼和标筋→搅拌砂浆→刷水泥浆结合层→铺水泥砂浆面层→木抹子搓平→铁抹子压第一遍→第二遍压光→第三遍压光→养护。

(2)施工工艺。

1)基层处理：先将基层上的灰尘扫掉，用钢丝刷和錾子刷净、别掉灰尘皮和灰渣层，用10%的火碱水溶液刷掉基层上的油污，并用清水及时将碱液冲净。

2)找标高弹线：根据墙上的+50 cm水平线，往下量测出面层标高，并弹在墙上。

3)洒水湿润：用喷壶将地面基层均匀洒水一遍。

4)抹灰饼和标筋(或称冲筋)：根据房间四周墙上弹的面层标高水平线确定面层抹灰厚度(不应小于20 mm)，然后拉水平线开始抹灰饼(5 cm×5 cm)，横竖间距为1.5～2.00 m，灰饼上平面即为地面面层标高。如果房间较大，为保证整体面层平整度，还须抹标筋(或称冲筋)，将水泥砂浆铺在灰饼之间，宽度与灰饼宽相同，用木抹子拍抹成与灰饼上表面相平一致。

5）搅拌砂浆：水泥砂浆的体积比宜为1∶2（水泥∶砂），其稠度不应大于35 mm，强度等级不应低于M15。为了控制加水量，应使用搅拌机搅拌均匀，颜色一致。

6）刷水泥浆结合层：在铺设水泥砂浆之前，应涂刷水泥浆一层，其水胶比为0.4～0.5（涂刷之前要将抹灰饼的余灰清扫干净，再洒水湿润），不要涂刷面积过大，随刷随铺面层砂浆。

7）铺水泥砂浆面层：涂刷水泥浆之后紧跟着铺25 mm厚水泥砂浆，在灰饼之间（或标筋之间）将砂浆铺均匀，然后用木刮杠按灰饼（或标筋）高度刮平。铺砂浆时如果灰饼（或标筋）已硬化，木刮杠刮平后，同时将利用过的灰饼（或标筋）敲掉，并用砂浆填平。

8）木抹子搓平：木刮杠刮平后，立即用木抹子搓平，从里向外退着操作，并随时用2 m靠尺检查其平整度。

9）铁抹子压第一遍：木抹子抹平后，立即用铁抹子压第一遍，直到出浆为止，如果砂浆过稀表面有泌水现象时，可均匀撒一遍干水泥和砂（1∶1）的拌合料（砂子要过3 mm筛），再用木抹子用力抹压，使干拌料与砂浆紧密结合为一体，吸水后用铁抹子压平。如有分格要求的地面，在面层上弹分格线，用劈缝溜子开缝，再用溜子将分缝压至平、直、光。上述操作均在水泥砂浆初凝之前完成。

10）二遍压光：面层砂浆初凝后，人踩上去有脚印但不下陷时，用铁抹子压第二遍，边抹压边把坑凹处填平，要求不漏压，表面压平、压光。有分格的地面压过后，应用溜子溜压，做到缝边光直、缝隙清晰、缝光滑顺直。

11）三遍压光：在水泥砂浆终凝前进行第三遍压光（人踩上去稍有脚印），铁抹子抹上去不再有抹纹时，用铁抹子把第二遍抹压留下的全部抹纹压平、压实、压光（必须在终凝前完成）。

12）养护：地面压光完工后24 h，铺锯末或其他材料覆盖洒水养护，保持湿润，养护时间不少于7 d。当抗压强度达5 MPa才能上人。

13）冬期施工时，室内温度不得低于5 ℃。

14）抹踢脚板：根据设计图规定，基体有抹灰时，踢脚板的底层砂浆和面层砂浆分两次抹成。墙基体不抹灰时，踢脚板只抹面层砂浆。

任务4　顶棚构造

任务描述

在现代建筑中，随着人们生活水平的提高，无论是公共建筑还是住宅，顶棚装修成为现代建筑装修中不能缺少的一部分。通过观察讨论悬吊式顶棚构造要求。

相关内容

顶棚又称为天棚或望板，是楼板层或屋顶下的装修层，是室内主要饰面之一。按其构造方式可分为直接式顶棚和悬吊式顶棚两种。

4.1 直接式顶棚

直接式顶棚是指直接在钢筋混凝土楼板、屋面板下表面喷刷涂料、抹灰裱糊、粘贴或钉结饰面材料的构造做法。直接式顶棚具有构造简单、施工方便等特点，多用于装修要求不高的大量性民用建筑，常有以下几种做法：

(1)直接喷刷涂料的顶棚。当板底面平整、室内装修要求不高时，可直接或稍加修补刮平后在其上喷刷涂料。

(2)抹灰顶棚。当板底面不够平整或室内装修要求较高时，可在板底先抹灰后再喷刷各种涂料。抹灰顶棚可采用水泥砂浆、混合砂浆、纸筋灰等，抹灰厚度一般控制为 10～15 mm，如图 4-22(a)所示。

(3)贴面顶棚。对一些装修要求较高或有保温、隔热、吸声等要求的房间，在板底粘贴壁纸、墙布或装饰吸声板，如矿棉板、石膏板等，如图 4-22(b)所示。

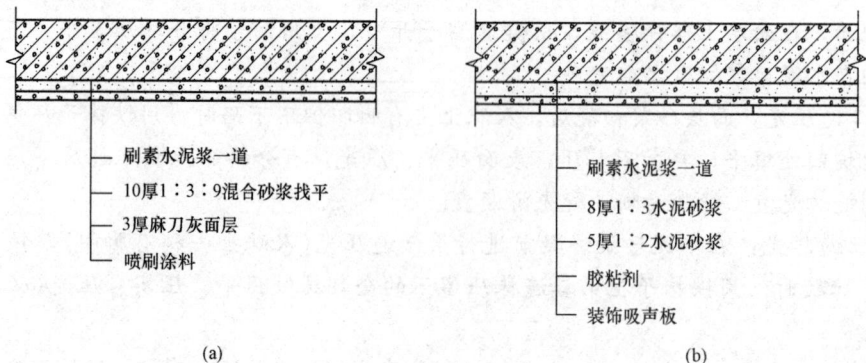

- 刷素水泥浆一道
- 10厚1:3:9混合砂浆找平
- 3厚麻刀灰面层
- 喷刷涂料

(a)

- 刷素水泥浆一道
- 8厚1:3水泥砂浆
- 5厚1:2水泥砂浆
- 胶粘剂
- 装饰吸声板

(b)

图 4-22　直接式顶棚构造
(a)抹灰顶棚；(b)贴面顶棚

4.2 悬吊式顶棚

悬吊式顶棚又称吊顶，它离屋顶或楼板的下表面有一定的距离，通过悬挂物与主体结构连接在一起。吊顶可形成丰富的造型变化，与灯光及其他装修部件结合，能够有效提升室内空间效果。吊顶需要与建筑设备形成良好配合，建筑中的空调管道、灭火喷淋水管、火灾报警器、广播设备等管线及装置，经常结合吊顶安装。

1. 吊顶的组成

吊顶一般由吊筋、基层和面层三个部分组成。

(1)吊筋。吊筋又称吊杆，是连接楼板层和屋顶的结构层与顶棚骨架的杆件，其形式和材料的选用与顶棚的质量、骨架的类型有关，一般有φ6～φ8 的钢筋、8 号钢丝或φ8 的螺栓，也可采用型钢、轻钢型材或木枋等加工制作。

(2)基层。基层即骨架层，一般是指由主龙骨、次龙骨组成的网格骨架体系，按材料分为木基层和金属基层两大类。基层的主要作用是承受顶棚荷载并将荷载通过吊筋传给楼板或屋面板。

(3)面层。面层一般分为抹灰类、板材类和格栅类，其作用是装饰美化室内空间。面层应结合灯具、风口等的布置进行设计。面层与基层的连接根据其材料的不同而不同，有的用连接件、紧固件连接，如圆钉、螺栓、卡具等；有的则直接将面层搁置或挂扣在龙骨上，不需连接件。

2. 常见的吊顶构造

(1)抹灰类顶棚。抹灰类顶棚又称为整体性吊顶，常见的有板条抹灰顶棚、板条钢板网抹灰顶棚、钢板网抹灰顶棚。

板条抹灰顶棚一般采用木龙骨。其特点是构造简单、造价低，但防火性能差。另外，抹灰层容易脱落，故适用于防火要求和装修要求不高的建筑，其构造如图 4-23 所示。

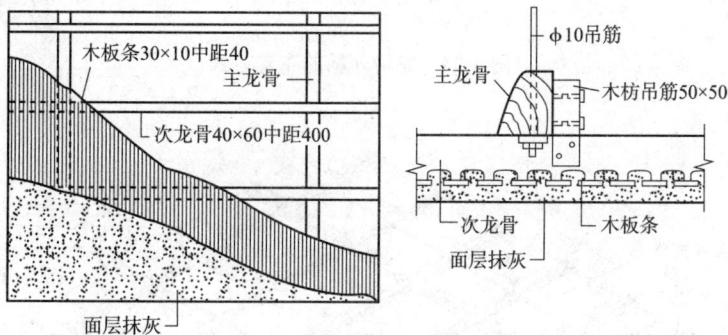

图 4-23　板条抹灰顶棚构造

为了改善板条抹灰顶棚的性能，使它具有更好的防火能力，同时使抹灰层与基层连接更好，可以在板条上加钉一层钢板网，就形成了板条钢板网抹灰顶棚，可用于更高防火要求和装修标准的建筑。

(2)矿物板材顶棚。矿物板材顶棚具有自重轻、防火性能好、不会发生吸湿变形、施工安装方便等特点，又容易与灯具等设施结合，因此，其比植物板材顶棚应用更广泛。

常用的矿物板材有纸面石膏板、无纸面石膏板、矿棉板等。矿物板材顶棚通常的做法是用吊件将龙骨与吊筋连接在一起，将板材固定在次龙骨上，固定的方法有三种：挂接方式，板材周边做成企口形，板材挂在倒 T 形或 I 形次龙骨上；卡接方式，板材直接搁置在次龙骨翼缘上，并用弹簧卡子固定；钉接方式，板材直接钉在次龙骨上。龙骨一般采用轻钢或铝合金等金属龙骨。龙骨一般有龙骨外露(图 4-24)和不露龙骨(图 4-25)两种布置方式。

金属板材有铝板、铝合金板、彩色涂层薄钢板等。板材有条形、方形、长方形等形状，龙骨常用 0.5 mm 的铝板、铝合金板等材料，吊筋采用螺纹钢丝套接，以便调节顶棚距离楼板底部的高度。吊顶没有吸声要求时，板和板之间不留缝隙，采用密铺方式，如图 4-26 所示。吊顶有吸声要求时，板上加铺一层吸声材料，板和板之间留出缝隙，以便声音能够被吸声材料所吸收。

图 4-24　龙骨外露的布置方式

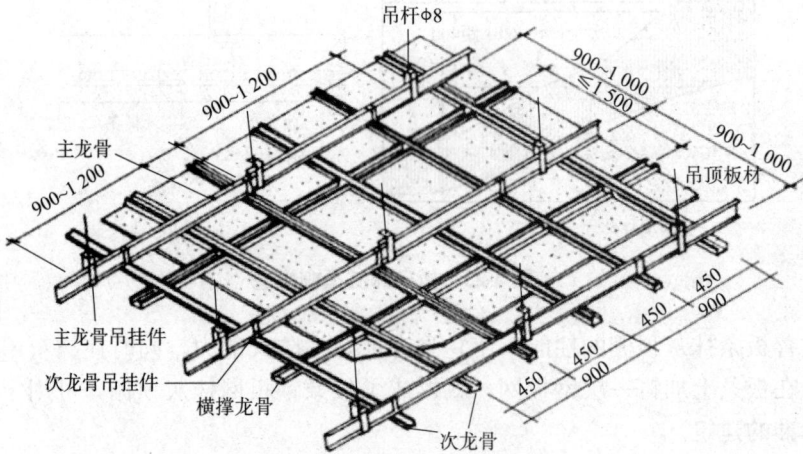

图 4-25　不露龙骨吊顶示意

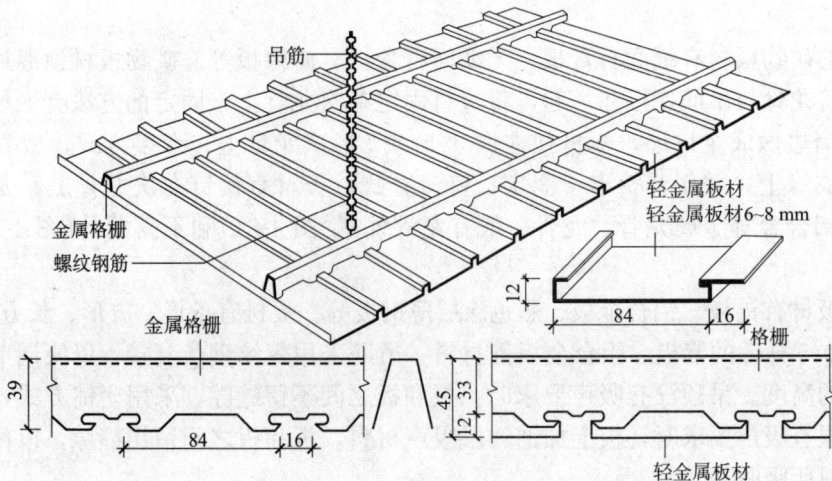

图 4-26　金属板材顶棚

以常用的轻钢龙骨为例进行说明。

(1)吊点与吊杆(吊筋)。

1)吊点：吊杆与楼板或屋面板连接的节点称为吊点。

2)吊点的固定：与预埋吊筋(图4-27)或预埋件连接(焊接或缠绕挂接)或现场打膨胀螺钉固定。

3)吊杆：承重传力构件，钢筋吊杆直径一般为6～8 mm。

4)吊杆的设置：一般间距在900～1 500 mm。

(2)龙骨(轻钢龙骨)(图4-28)。

1)龙骨的型号。

①以断面分：U形、C形、T形、L形等。

②以承载重力分：主要分38、50、60系列或承载上人龙骨(60系列以上)和不上人龙骨。

图4-27　吊筋

图4-28　龙骨

2)龙骨的布置与连接。

①龙骨的布置：主龙骨间距一般为900～1 500 mm，次龙骨间距一般为不大于600 mm。

②龙骨的连接：绑、卡、挂、钉等方法。

(3)面层(图4-29)。

1)面层与龙骨的连接通常采用钉接、粘接、挂接等方法。

2)面层饰面板的拼接。

①对缝：也称密缝，是板与板在龙骨处的对接，适用于裱糊、涂饰的面板。

②凹缝：是利用面板的形状或厚度所形成的拼接缝。

③压缝：是利用装饰压条将接缝盖起来。

图4-29　面层

任务5　阳台和雨篷构造

任务描述

很多业主在进行室内家居设计时对于阳台地梁的构造不太满意，想将阳台的地梁砸掉，但是邻居担心这样会影响整个房子的承重。那么阳台地梁可以拆除吗？

相关内容

5.1　阳台

阳台是指供居住者进行室外活动、晾晒衣物等的空间，在居住建筑中较为常见，一般每套住宅都应设阳台或平台。

1. 阳台的类型

(1)按阳台与建筑外墙的相对位置，可分为凸阳台(挑阳台)、凹阳台、半凹半凸阳台，如图 4-30 所示。

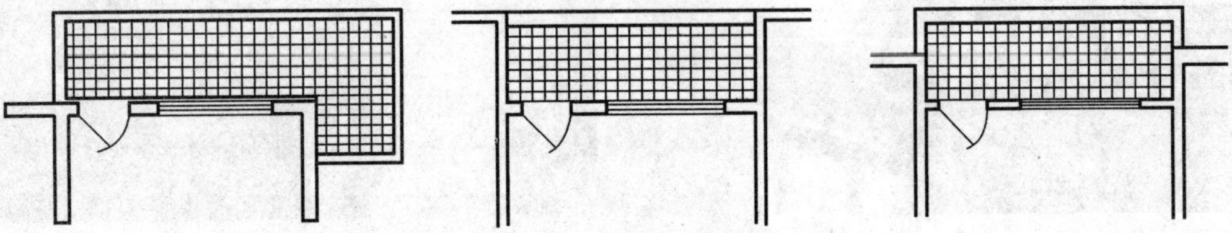

图 4-30　阳台的类型

(a)凸阳台(挑阳台)；(b)凹阳台；(c)半凹半凸阳台

(2)按阳台在建筑物外墙上所处的位置，可分为中间阳台和转角阳台。

(3)按阳台在建筑物中所起的作用不同，可分为生活阳台(与宾馆的客房、住宅的卧室、起居室等相连，供人们纳凉、观景的阳台)和服务阳台(与住宅厨房、卫生间相连，供人们储存物品、晾晒衣物的阳台)。

2. 阳台承重结构的布置

阳台承重结构通常是楼板的一部分，因此，阳台承重结构应与楼板的结构布置统一考虑，主要采用钢筋混凝土阳台板。钢筋混凝土阳台板可采用现浇式、装配式或现浇与装配相结合的方式。

凹阳台实为楼板层的一部分，所以，它的承重结构布置可按楼板层的受力分析进行，采用搁板式布板方法；而凸阳台的受力构件为悬挑构件，涉及结构受力、倾覆等问题，构造上要特别重视。凸阳台的承重方案大体可分为挑梁式和挑板式两种类型。当出挑长度不超过 1.5 m 时宜采用挑梁式。

(1)挑梁式。挑梁式即从横墙内向外伸挑梁，其上搁置预制楼板，这种结构布置简单、

100

传力直接明确、阳台长度与房间开间一致，挑梁根部截面高度 H 为 $(1/5\sim1/6)L$，L 为悬挑净长，截面宽度为 $(1/2\sim1/3)H$。为美观起见，可在挑梁端头设置面梁，既可以遮挡挑梁头，又可以承受阳台栏杆的质量，还可以加强阳台的整体性，如图 4-31 所示。

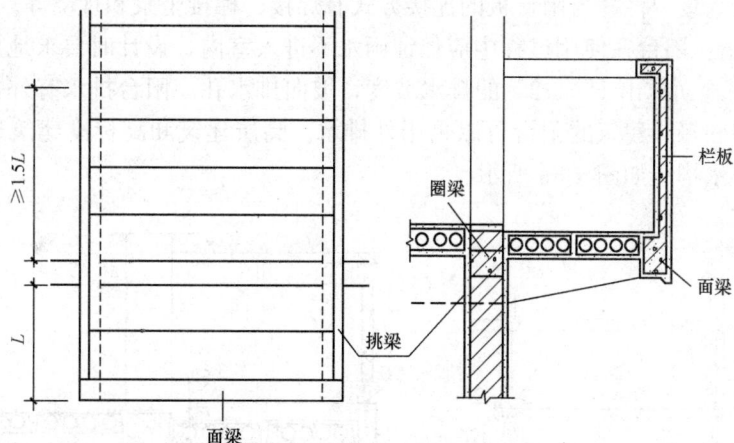

图 4-31 挑梁式

(2)挑板式。挑板式是利用阳台板的楼板向外悬挑一部分。当楼板为现浇楼板时，可选择挑板式，悬挑长度一般为 1.2 m 左右，即从楼板外延挑出平板，板底平整美观而且阳台平面形式可做成半圆形、弧形、梯形、斜三角等各种形状。挑板厚度不小于挑出长度的 1/12。这种阳台构造简单，造型轻巧。但阳台与室内楼板在同一标高，雨水易进入室内，如图 4-32 所示。

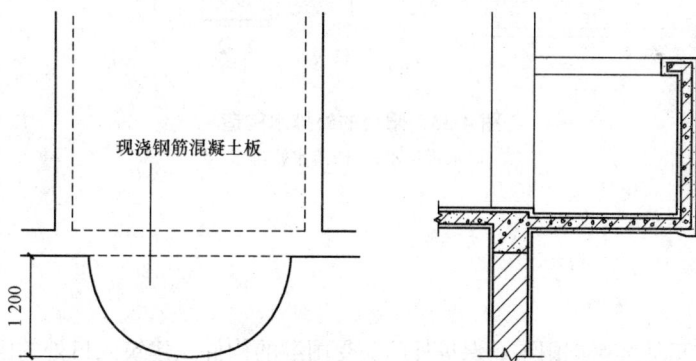

图 4-32 挑板式

3. 阳台细部构造

(1)栏杆和扶手形式。阳台栏杆按材料分类，有砖砌栏板、金属栏杆和钢筋混凝土栏杆。阳台栏杆按形式分类，有实心栏杆、空花栏杆、混合式栏杆三种。栏杆一方面供人倚扶；另一方面对建筑物起装饰作用。阳台栏杆的设计必须采用防止儿童攀爬的构造，栏杆的垂直杆件间净距不应大于 0.11 m，一般也不设置水平杆，防止儿童攀爬。根据《住宅设计规范》(GB 50096—2011)的规定，阳台栏板或栏杆净高，六层及六层以下不应低于 1.05 m；七层及七层以上不应低于 1.10 m；封闭阳台栏板或栏杆也应满足阳台栏板或栏杆净高要求。七层及七层以上住宅和寒冷、严寒地区住宅宜采用实体栏板。扶手有金属扶手和混凝土扶手，金属杆件和扶手表面要进行防锈处理。

（2）连接构造。连接构造包括栏杆与扶手的连接、栏杆与阳台板的连接、扶手与墙体的连接。栏杆与扶手的连接方式有现浇和焊接。当栏杆和扶手都采用钢筋混凝土时，从栏杆或栏板伸出钢筋，与扶手内钢筋相连，再支模现浇扶手。焊接方式是在扶手和栏杆上预埋铁件安装时进行焊接。栏杆与阳台板的连接方式有焊接、榫接坐浆和现浇等。

（3）排水构造。阳台在使用过程中应保证雨水不进入室内，设计时要求地面比房间地面低 30～50 mm，地面抹出 1‰～2‰ 的排水坡度，坡向排水孔。阳台排水有外排水和内排水两种方式。低层和多层建筑的阳台可以采用外排水。高层建筑和高标准建筑适宜采用内排水。阳台的外排水构造如图 4-33 所示。

图 4-33 阳台的外排水构造
(a)水舌排水；(b)落水管排水

5.2 雨篷

雨篷是建筑入口处为遮挡雨雪、保护外门免受雨淋的构件。建筑入口处的雨篷还具有标识、引导作用，同时，也代表着建筑物本身的规模，空间文化的理性精神，主入口处雨篷的设计和施工尤为重要。当前建筑的雨篷形式多样，按材料和结构可分为钢筋混凝土雨篷、钢结构悬挑雨篷、玻璃采光雨篷等。

1. 钢筋混凝土雨篷

挑出长度较大的雨篷由梁、板、柱组成，其构造与楼板相同。挑出长度较小的雨篷与凸阳台一样做成悬臂构件，一般由雨篷梁和雨篷板组成，如图 4-34 所示。雨篷梁为雨篷板的支撑，可兼作门过梁，高度一般不小于 300 mm，宽度

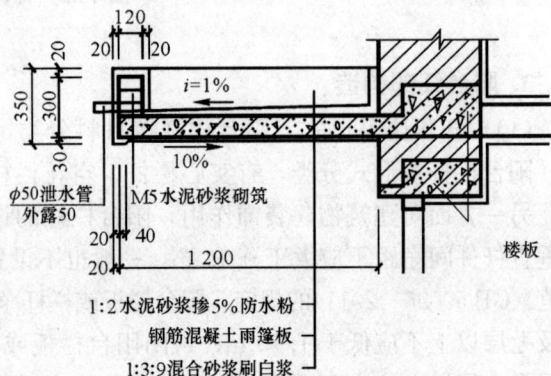

图 4-34 钢筋混凝土雨篷构造

同墙厚，雨篷板的悬挑长度一般为 900～1 500 mm，宽度不小于 500 mm。

雨篷在构造上应解决好两个问题：一是抗倾覆，保证使用安全；二是板面要有利于排水。通常沿板边砌砖或现浇混凝土形成向上的翻口，高度不小于 60 mm，并留出排水口。板间应用防水水泥砂浆抹面，并向排水口做出 1‰ 的坡度。防水砂浆抹面应顺墙面向上至少 250 mm 形成泛水。

2. 钢结构悬挑雨篷

钢结构悬挑雨篷由支撑系统、骨架系统和板面系统三部分组成。这种雨篷具有结构与造型简练、轻巧、施工便捷、灵活的特点，同时富有现代感，在现代建筑中使用越来越广泛。

3. 玻璃采光雨篷

玻璃采光雨篷是用阳光板、钢化玻璃做雨篷面板的新型透光雨篷。其特点是结构轻巧、造型美观、透明新颖、富有现代感，也是现代建筑中广泛采用的一种雨篷。

任务解决

阳台地梁可以拆除吗？

(1)要看地梁内有无钢筋。有的地梁里面有钢筋的嵌入，有的没有，需要视不同的情况具体分析，如果地梁里面没有钢筋是可以拆掉的，如果地梁里面有钢筋还是要慎重考虑，这是会影响墙体结构还有承重的事情，会有相应的安全隐患。

(2)止水作用的梁不可拆。有些阳台的梁开发商在布局的时候就是上翻的用来止水的，相当于一个活动截面，能将外面的雨水有效阻挡住不让它进入室内，如果破坏了这个横截面就没有止水的效果了。

(3)有框架结构的不能砸。很多阳台的地梁都有一个框架结构，这个框架结构里面是包含钢筋的，砖块起到了分隔的作用，如果框架结构拆除的区域错误是会影响整个区域的平衡性效果的，有家居安全隐患不能拆除。

(4)小区域拆改。如果业主只是拆改小部分区域后续有补充是可以改动的，不建议全部拆除，施工之前可以咨询专业人士的意见，看哪块区域是可以改动的，哪块区域是不能改动的，无论是否需要拆改都要符合安全性的要素。

实 训　　参观施工现场

一、实训目的

本次实训地点选在建筑工程施工现场。目的是有工作人员陪同，在保证安全的前提下，通过实地参观正在施工的建筑工程，进行一次实地参观实训学习。在实训过程中，结合课本介绍的有关建筑设计及技术知识，通过工作人员的讲解，对基础、墙体(柱)、楼地层、楼梯、屋顶及门窗等常用建筑构造有较深的理解，懂得从安全、经济、适用的原则出发，运用建筑构造设计的基本理论和方法，选择建筑构造方案，确定构件的形式、基本尺寸和材料做法，初步掌握其设计方法和步骤。

二、实训内容

本次实训是参观正在施工的建筑工程，主要学习内容如下。

(1)掌握建筑物的地基及基础类型、构造形式及施工方法；

(2)掌握建筑物的结构形式、构造特点、建筑作法、承重方式、施工方式、抗震等级等；

(3)掌握建筑物的楼地面类型、细部构造及施工特点；

通过实地参观配合对课本相关建筑构造类型的学习，加深对楼地面构造的认识。

项目小结

楼板层、地坪层作为建筑中的水平构件，需要承受人及家具、设备施加的使用荷载。楼板层将其上的使用荷载连同自重一起传递到墙、梁、柱、基础，最后传递到地基，地坪层上的荷载则不经过其他构件，直接传递到下部土壤。同时楼板层、地坪层又兼有维护和分隔建筑空间的作用，必须具有一定的隔声、防火、防水、防潮等性能。本项目主要介绍了楼板层概述、钢筋混凝土构造、楼地层构造、顶棚构造、阳台和雨篷构造。

思考与练习

一、填空题

1. 楼地面是楼房建筑中水平方向的承重构件，包括_____和_____。

2. 当房间的跨度不大时，楼板内不设梁，板直接支撑在四周的墙上，荷载由板直接传给墙体，这种楼板称为_____。

3. 无梁楼板为等厚的平板直接支承在柱上，分为_____和_____两种。

4. 按结构及构造方式的不同，装配整体式钢筋混凝土楼板分为_____和_____等做法。

5. 顶棚按其构造方式可分为_____和_____两种。

6. 吊顶一般由_____、_____和_____三个部分组成。

二、选择题

1. 楼板层通常由(   )组成。

    A. 面层、楼板、地坪   B. 面层、楼板、顶棚

    C. 支撑、楼板、顶棚   D. 垫层、梁、楼板

2. 地坪层由(   )构成。

    A. 面层、结构层、垫层、素土夯实层

    B. 面层、找平层、垫层、素土夯实层

    C. 面层、结构层、垫层、结合层

    D. 构造层、结构层、垫层、素土夯实层

3. 现浇肋梁楼板由(　　)现浇而成。

    A. 混凝土、砂浆、钢筋   B. 柱、次梁、主梁

    C. 板、次梁、主梁   D. 墙、次梁、主梁

4. 根据受力状况的不同，现浇肋梁楼板可分为(　　)。

    A. 单向板肋梁楼板、多向板肋梁楼板   B. 单向板肋梁楼板、双向板肋梁楼板

    C. 双向板肋梁楼板、三向板肋梁楼板   D. 有梁楼板、无梁楼板

5. 阳台按使用要求不同可分为(　　)。

    A. 凹阳台、凸阳台   B. 生活阳台、服务阳台

    C. 封闭阳台、开敞阳台   D. 生活阳台、工作阳台

6. 阳台是由(　　)组成。

    A. 栏杆、扶手   B. 挑梁、扶手

    C. 栏杆、承重结构   D. 栏杆、栏板

7. 挑阳台的结构布置可采用(　　)方式。

    A. 挑梁搭板   B. 砖墙承重   C. 梁板结构   D. 框架承重

三、简答题

1. 为保证楼板的结构安全和正常使用，对楼板设计哪些要求？

2. 楼板根据其结构使用的材料不同分为哪些类型？

3. 板式楼板分为哪两类？

4. 常用的预制钢筋混凝土板有哪几种？

5. 常见楼地面的构造有哪些？

6. 雨篷按结构可分为哪些？

项目5　屋　顶

任务1　屋顶概述

任务描述

　　我国传统的建筑屋顶形式很多，现代钢筋混凝土结构采用了大量的平屋面形式。随着科学技术的不断发展和人们对物质精神生活要求的不断提高，屋顶构造采用了哪些新形式呢？

相关内容

　　屋顶又称屋盖，是建筑物顶部的外围护构件和承重构件。屋顶抵抗着雨雪、日晒等自然界变化对建筑物的影响，同时也起着保温、隔热和稳定墙身等作用。

1.1　屋顶的类型

屋顶主要由面层、承重结构、保温或隔热层和顶棚等部分组成。承重结构可以是平面结构，如屋架、刚架、梁板等；也可以是空间结构，如薄壳、网架、悬索等。由于承重结构形式及建筑平面的不同，屋顶的外形也有所不同，常见的有平屋顶、坡屋顶、曲面屋顶及其他形式屋顶等。

(1)平屋顶。平屋顶是指坡度小于3%的屋面。平屋顶易于协调统一建筑与结构的关系，节约材料，如图5-1所示。

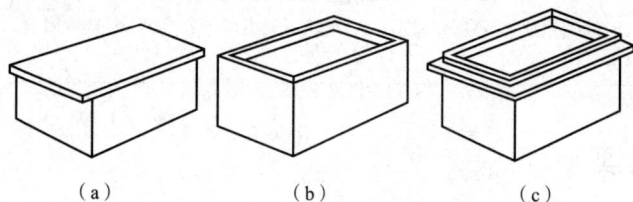

图5-1 常见平屋顶的形式
(a)带挑檐；(b)带女儿墙；(c)带挑檐及女儿墙

(2)坡屋顶。《坡屋面工程技术规范》(GB 50693—2011)规定，坡屋面是指坡度大于等于3%的屋面。

坡屋顶按其坡面的数目可分为单坡顶、双坡顶和四坡顶等。坡屋顶在我国传统建筑中应用很广泛。近年来，因为可满足城市景观要求及自身具有良好的排水性能，坡屋顶在民用建筑中得到了广泛的应用，如图5-2所示。

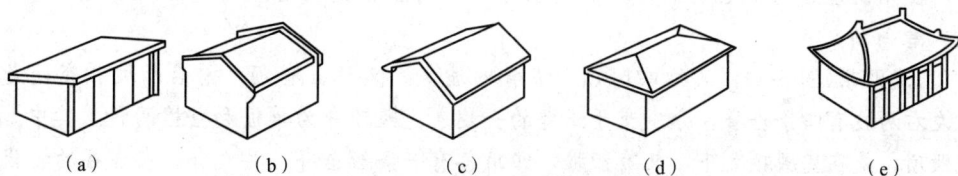

图5-2 常见坡屋顶的形式
(a)单坡顶；(b)硬山两坡顶；(c)悬山两坡顶；(d)四坡顶；(e)歇山顶

(3)曲面屋顶及其他形式屋顶。曲面屋顶(图5-3)通常由各种网架、拱体、薄壳及悬索结构等构成。其他形式屋顶如折板等。这类屋顶结构的内力分布均匀，节约材料，适用于大空间和造型特殊的建筑。

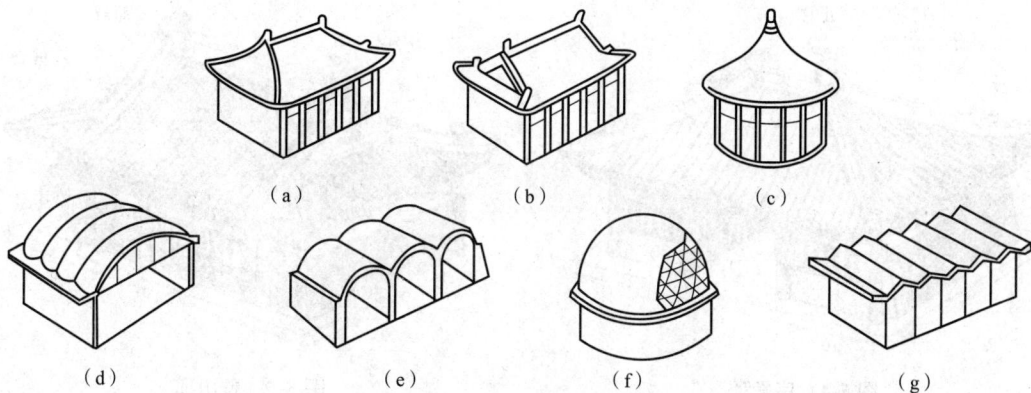

图5-3 常见曲面屋顶的形式
(a)、(b)庑殿顶；(c)圆攒尖顶；(d)卷棚顶；(e)双曲拱屋顶；(f)球形网壳屋顶；(g)V形网壳屋顶

图 5-3 常见曲面屋顶的形式(续)

(h)筒壳屋顶；(i)扁壳屋顶；(j)车轮形悬索屋顶；(k)鞍形悬索屋顶

💡 **拓展阅读**

中国古建筑屋顶形式

中国传统建筑主要由屋顶、屋身和台基三大部分组成，有"三段式"之称。屋顶则是这三段式中外形尺度最大、最富有特色的部分，是中国传统建筑中最突出、最醒目的主要构成元素，具有沉稳大方而又精巧秀美的形态特征。同时，屋顶往往也能从它的形式上表现出封建社会的等级制度。中国古建筑屋顶形式的形成受到古代建筑礼制封建等级制度的影响。房屋建筑的产生是人类生存斗争的产物、趋利避害的工具。中国古代建筑的屋顶形式非常丰富，变化多端，并且与古代等级森严的君王制度息息相关，对不同等级者所使用的屋顶形式也有着严格的要求。等级高者有庑殿顶、歇山顶，等级低者有硬山顶、悬山顶。

(1)庑殿顶(图 5-4)：又称四阿顶，五脊四坡式，又称五脊顶，前后两坡相交处是正脊，左右两坡有四条垂脊，分别交于正脊的一端。庑殿顶分为单檐和重檐两种。其中，重檐庑殿顶，是在庑殿顶之下，又有短檐，四角各有一条短垂脊，共九脊，在现存的古代建筑中，太和殿为此种形式。重檐庑殿顶是清代所有殿顶中的最高等级，只有皇帝可以使用。

(2)歇山顶(图 5-5)：又称九脊顶，除一条正脊，四条垂脊外，还有四条戗脊，正脊的前后两坡是整坡，左右两坡是半坡。歇山顶主要分为单檐和重檐两种。其中，重檐歇山顶的第二檐与庑殿顶的第二檐基本相同。在等级上仅次于重檐庑殿顶，目前的古代建筑中如天安门、太和门、保和殿等均为此种形式，五品以上官吏的住宅正堂才可以使用歇山顶。

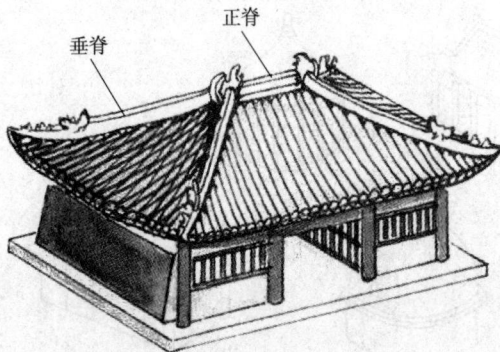

图 5-4 庑殿顶

图 5-5 歇山顶

（3）硬山顶（图5-6）：又称五脊二坡，与悬山顶不同之处在于，两侧山墙从下到上把檩头全部封住。硬山顶出现最晚，是随着明清时期房屋墙壁广泛使用砖砌以后才大量使用的，六品以下官吏及平民住宅的正堂只能用悬山顶或硬山顶。硬山顶防风火，悬山顶防雨，因此，南方居民多用悬山顶，北方居民多用硬山顶。

（4）攒尖顶（图5-7）：是圆形和正多边形建筑的屋顶造型，除圆形攒尖顶屋脊以外，屋脊自屋面和各角中心屋顶汇聚，脊间坡面略呈弧形。江南格式屋顶的屋檐和屋角的起翘都大于北方，然后攒尖顶最为悬殊，有"飞檐"之称。这种形式即宜雨水的排泄，又有轻盈欲飞的美感。

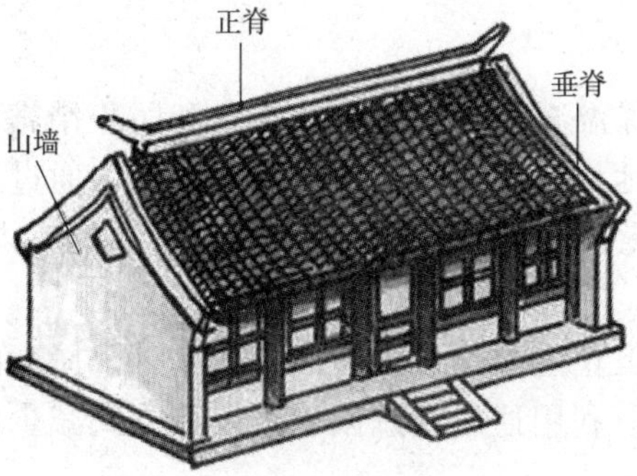

图5-6 硬山顶

图5-7 攒尖顶

（5）卷棚顶（图5-8）：整体外貌与硬山顶、悬山顶相同，唯一的区别是没有明显的正脊，屋面前坡与脊背呈弧形滚向后坡，如果说前述屋面棱角分明，显出一种阳刚之气，那么卷棚顶就颇具一种曲线所独有的阴柔之美。

中国古代建筑造型优美，尤其以屋顶造型最为突出，屋顶中直线和曲线巧妙结合，形成向上微翘的飞檐，不但扩大了采光面，有利于排水，而且还增添了建筑物飞动轻快的美感。

图5-8 卷棚顶

屋顶是我国传统建筑造型艺术中非常重要的构成因素。总的来说，从古至今中国的建筑都突出屋顶的造型作用，只是在不同的历史时期呈现出不同的形态，或是说成熟与不成熟形态罢了，从我国古代建筑的整体外观上看，屋顶是其中最富特色的部分。

1.2 屋面的设计要求

屋面是屋顶上部防水、保温隔热等构造层的总称。屋面设计应考虑其防水、保温隔热、结构、建筑艺术等方面的要求。

1. 防水要求

在屋面设计中，防止屋面漏水是构造做法必须解决的首要问题，也是保证建筑室内空间正常使用的先决条件。为此，需要做好两方面的工作：首先采用不透水的防水材料以及合理的构造处理来达到防水的目的；其次，做好屋面的排水组织设计，将雨水迅速排除，不在屋面产生积水现象。《屋面工程技术规范》(GB 50345—2012)规定：屋面防水工程应根据建筑物类别、重要程度、使用功能要求确定防水等级，并应按相应等级进行防水设计，对于有特殊要求的建筑屋面，应进行专项防水设计。屋面防水等级和设防要求应符合表 5-1 的规定。

表 5-1　屋面防水等级和设防要求

防水等级	建筑类别	设防要求
Ⅰ级	重要建筑和高层建筑	两道防水设防
Ⅱ级	一般建筑	一道防水设防

2. 保温隔热要求

屋面还应能抵御气温变化的影响，即冬季保温减少建筑物的热损失和防止结露，夏季隔热降低建筑物对太阳能辐射热的吸收。我国地域辽阔，南北气候相差悬殊，通过采取适当的保温隔热措施，使屋面具有良好的热工性能，以便给顶层房间提供更舒适的室内环境，节约建筑能耗。

屋面的保温通常采用导热系数小的材料，阻止室内热量由屋面流向室外。屋面的隔热则通常采用设置通风间层、蓄水、种植等方法，利用通风、遮阳、蒸发等方式减少由屋面传入室内的热量。

3. 结构要求

屋面结构设计一般应考虑其自重及风、雨、雪、施工等荷载，上人屋面还要承受人和设备等荷载。因此，屋面作为建筑的承重构件，应具有足够的强度和刚度，保证在风、雪等荷载作用下不产生破坏。

另外，为了防止在结构荷载和变形荷载作用下引起屋面防水主体的开裂、渗水，屋面还应具有适应主体结构受力变形和温差变形的能力。

4. 建筑艺术要求

屋面是建筑外部形体的重要组成部分。其形式对建筑物的性格特征具有很大的影响。屋面设计还应满足建筑艺术的要求。

🔅 拓展阅读

屋面的"导""堵"排水

屋顶必须具有良好的排水功能，以及阻止水侵入建筑物内的作用。为此需要选择适合的屋面防水材料和相应的排水坡度，进行合理的构造设计和精心施工。其基本原理可以从"导"和"堵"两个方面来概括。

"导"——排水策略。利用水流特性，根据屋面防水层材料的不同要求，设置合理的排水坡度，配合相应的构造措施，使得降落在屋面上的雨水不在防水层上积滞，因势利导，尽快排离。

"堵"——防水策略。防水材料上下左右相互搭接,利用其致密性、憎水性,形成一个封闭的防水覆盖层,隔绝水的渗透。

在屋面防排水构造设计中,"导"和"堵"总是相辅相成、相互关联的。"导"可以减轻"堵"的压力,"堵"又为"导"提供了充裕的时间。由于防水层的材料特点和铺设条件不同,防排水也就有不同的处理方式。

以瓦屋面为例,瓦自身的密实性及其相互搭接体现了"堵"的概念,而屋面的排水坡度体现了"导"的概念。为避免水从小块面瓦片间的缝隙渗透进建筑,排水坡度必须足够大。这时是以"导"为主,以"堵"为辅,用"导"来弥补"堵"的不足。

与之对照的是平屋面,以大面积防水材料的覆盖来达到"堵"的目的,辅以较小的排水坡度,就是采取了以"堵"为主,以"导"为辅的处理方式。

任务解决

1. 墨尔本凤凰屋顶花园

墨尔本凤凰屋顶花园是一个绿色的"避难所",位于墨尔本繁华市中心一栋高楼(30 层)的屋顶上。这座空中花园给予了人们在从郊区过渡到城市的同时保留了户外生活的乐趣(图 5-9)。

图 5-9 墨尔本凤凰屋顶花园

2. 日本大阪森之宫 QS MALL

作为全球第一个可以跑步的购物中心,森之宫 QS MALL 博得了很多业内关注。拥有 22 900 m² 的占地面积,三层分布有 40 多个店铺,其中有 4 个以运动为主力的店铺,打造了一座集购物、运动、休闲于一体的综合性购物中心。

屋顶三条不同的空中走廊,最醒目的屋顶标志是一条全长 300 m 的跑道,同时购物中心还有两个五人制小型足球场、游泳池、健身房等设施。空中跑道免费对外开放,即使不购物也能享受到刺激的"空中慢跑"(图 5-10)。

3. 亚历山大屋顶花园

亚历山大屋顶花园占地 2 万平方英尺(约 1 858 m²),为科技行业客户提供了多种户外空间。该项目和铺路系统的设计灵感来自 Gee's Bend 的棉被,以其色彩斑斓、几何形松散的棉被而闻名。

图 5-10　日本大阪森之宫 QS MALL

　　亚历山大屋顶花园划分成了一系列不同的区域：一个有多肉植物和仙人掌的活雕塑花园；一个根据屋顶条件而设计的有机草本花园的授粉者花园；一个充满活力的千变花园。大型中央种植园也有一个沿着线性人工草坪延伸的圆形剧场空间（图 5-11）。

图 5-11　亚历山大屋顶花园

任务 2　屋面排水设计

任务描述

　　某教学楼为四层钢筋混凝土构造，四层平面图如图 5-12 所示。底层地面标高为±0.000，室外标高为−0.750 m，顶层地面标高为 11.700 m，屋面标高为 15.600 m。所有墙体厚度为 200 mm，定位轴线与墙体中线相重合。下部各层门窗及入口的洞口平面位置与顶层门窗洞口的平面位置一样。屋面为不上人屋面，无特殊的使用要求，防水层采用卷材防水。教学楼所在地年降雨量为 1 003.8 mm，日最大降雨量为 153.3 mm。

设计此教学楼的屋面排水。

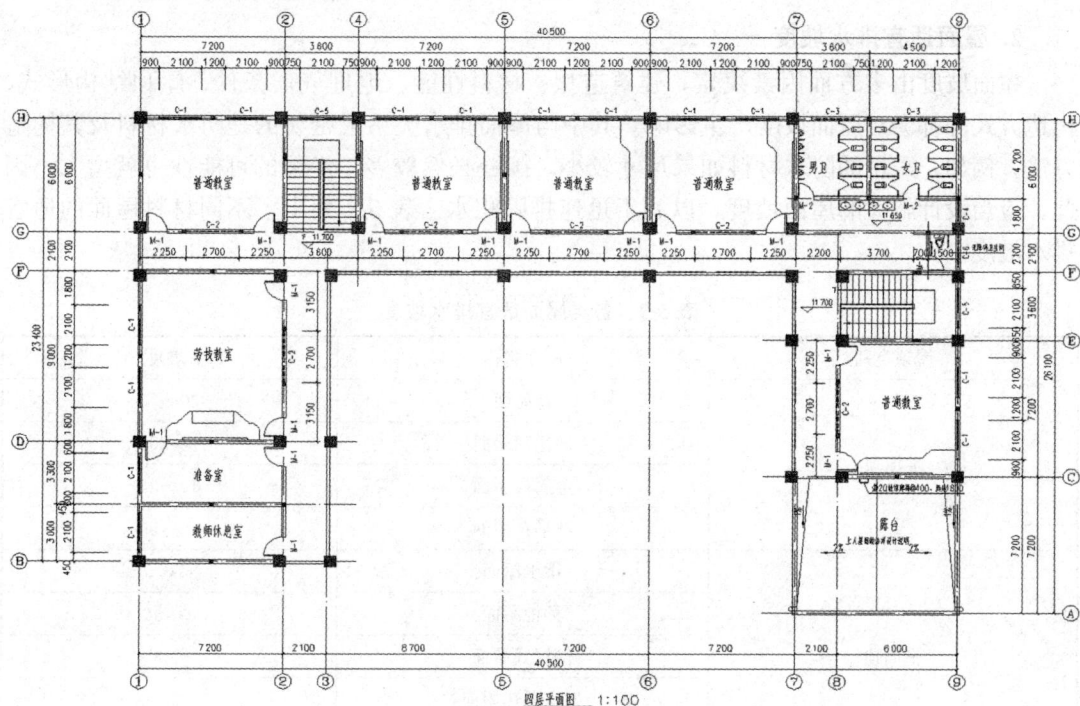

图 5-12　四层平面图

▶ 相关内容 ◀

　　屋面排水主要是利用水向下流的特性，不使水在防水层上积滞，并尽快排除，从而减轻屋面防水层的负担，减少屋面渗漏的可能。为了迅速排除屋面雨水，需要进行周密的排水设计，其内容包括选择屋面排水坡度、确定排水方式、屋面排水组织设计。

2.1　屋面排水坡度

1. 坡度表达方法

　　常用的屋面坡度表达方法有角度法、斜率法和百分比法三种，如图 5-13 所示。角度法以屋顶倾斜面与水平面所成夹角的大小来表示；斜率法以倾斜面的垂直投影长度与水平投影长度之比来表示；百分比法以屋顶倾斜面的垂直投影长度与水平投影长度之比的百分比值来表示。

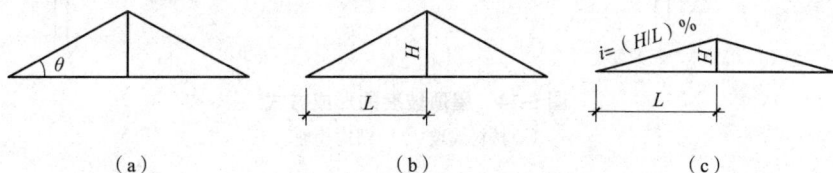

（a）　　　　　　　　　　（b）　　　　　　　　　　（c）

图 5-13　屋面坡度常用表达方法
（a）角度法；（b）斜率法；（c）百分比法

2. 屋面适宜排水坡度

屋面坡度由多方面因素决定，建筑造型、材料性能、地理气候条件、屋顶结构形式、构造方式等都会对屋面坡度产生影响。其中与屋面排水关系最密切的是防水材料及其构造方法，例如，采用的防水材料如果尺寸较小，接缝必然较多，渗漏的可能性也就增大。因此，应当设计较大的屋面坡度，以利于迅速排除积水。表 5-2 列出了不同材料屋面的适宜排水坡度。

表 5-2　各类屋面适宜排水坡度

屋顶类别	屋面名称	适宜坡度/%
坡屋顶	瓦屋面	20～50
	油毡瓦屋面	≥20
	金属板屋面	10～35
	波形瓦屋面	10～50
平面顶	蓄水屋面	≤0.5
	种植屋面	≤3
	倒置式屋面	≤3
	架空隔热屋面	≤5
	卷材防水、涂膜防水的平屋面	2～5
其他屋顶	网架、悬索结构金属板屋面	≥4

注：1. 本表选自《建筑设计资料集》(第三版)第 1 分册。

2. 当卷材屋面坡度大于 25％时。应采取防止下滑措施。

3. 有平瓦屋面坡度大于 50％时。应采取固定加强措施。

4. 当油毡瓦屋面坡度大于 50％时，应采取固定加强措施

3. 排水坡度的形成

屋面排水坡度的形成有材料找坡和结构找坡两种做法，如图 5-14 所示。

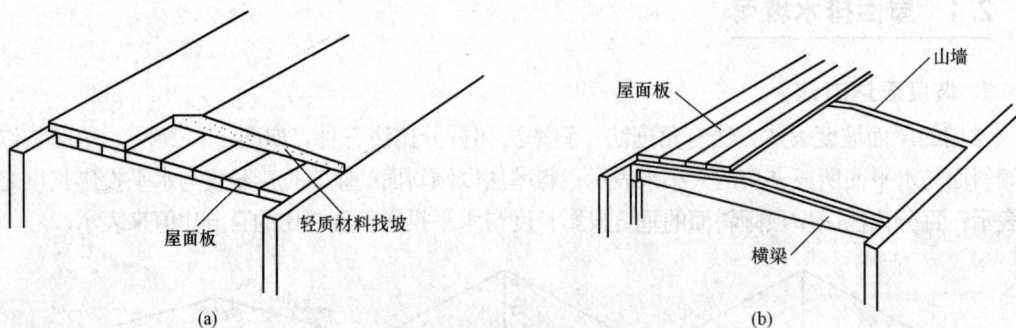

图 5-14　屋顶坡度的形成方式

(a)材料找坡；(b)结构找坡

(1)材料找坡。材料找坡是指屋顶坡度由垫坡材料形成，一般用于坡向长度较小的屋面。为了减轻屋面荷载，应选用轻质材料找坡，如水泥炉渣、石灰炉渣等。找坡层的厚度

最薄处不小于 20 mm，平屋顶材料找坡的坡度宜为 2%。

（2）结构找坡。结构找坡是屋顶结构自身带有排水坡度，平屋顶结构找坡的坡度宜为 3%。

材料找坡的屋面板可以水平放置，顶棚面平整，但材料找坡增加屋面荷载，材料和人工消耗较多；结构找坡无须在屋面上另加找坡材料，构造简单，不增加荷载，但顶棚倾斜，室内空间不够规整。这两种方法在工程实践中均有广泛的运用。

2.2 屋面的排水方式

屋面的排水方式可分为无组织排水和有组织排水两类。

1. 无组织排水

无组织排水又称自由落水，是指屋面雨水直接从檐口滴落至地面的一种排水方式（图 5-15）。自由落水构造简单，造价低，但自由下落的雨水会溅湿墙面。这种方法适用于低层建筑或檐高小于 10 m 的屋面，对于屋面汇水面积较大的多跨建筑或高层建筑都不应采用。

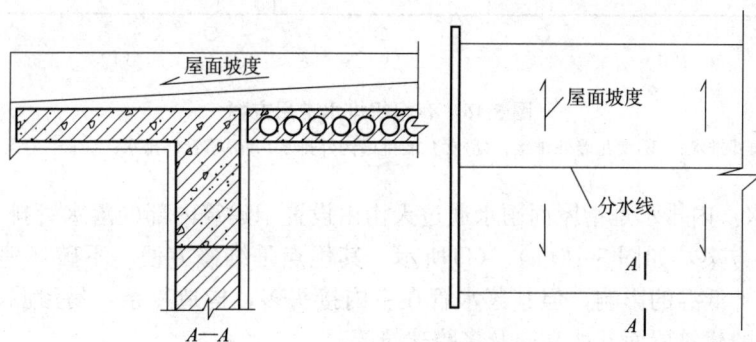

图 5-15 无组织排水

2. 有组织排水

有组织排水是指屋面雨水有组织地流经天沟、檐沟、落水口、落水管等排水装置，系统地将屋面雨水排至地面或地下管沟的一种排水方式。其优缺点与无组织排水正好相反，由于优点较多，在建筑工程中得到广泛应用。在有条件的情况下，宜采用雨水收集系统。

在工程实践中，由于具体条件的不同，有多种有组织排水方案，现按照外排水、内排水、内外排水三种情况归纳成几种不同的排水方案。

（1）外排水。外排水是指屋面雨水通过檐沟、落水口由设置于建筑外部的落水管直接排到室外地面上的一种排水方案。其优点是构造简单，落水管不进入室内，不影响室内空间的使用和美观。外排水方案可以归纳为以下四种。

1）挑檐沟外排水。屋面雨水汇集到悬挑在墙外的檐沟内，再由落水管排下，如图 5-16（a）所示。此种方案排水通畅，设计时挑檐沟的高度可视建筑体型而定。

2）女儿墙外排水。当由于建筑造型所需不出现挑檐时，通常将外墙升起封住屋面，高于屋面的这部分外墙称为女儿墙。此方案的特点是屋面雨水需穿过女儿墙流入室外的落水管，如图 5-16（b）所示。

3)女儿墙挑檐沟外排水。图 5-16(c)所示为女儿墙挑檐沟外排水，其特点是在屋檐部位既有女儿墙，又有挑檐沟。蓄水屋面常采用这种形式，利用挑檐沟汇集从蓄水池中溢出的多余雨水。

4)暗管外排水。明装落水管对建筑立面的美观有所影响，故在一些重要的公共建筑中，常采用暗装落水管的方式，将落水管隐藏在假柱或空心墙中，如图 5-16(d)所示。假柱可处理成建筑立面上的竖向线条。

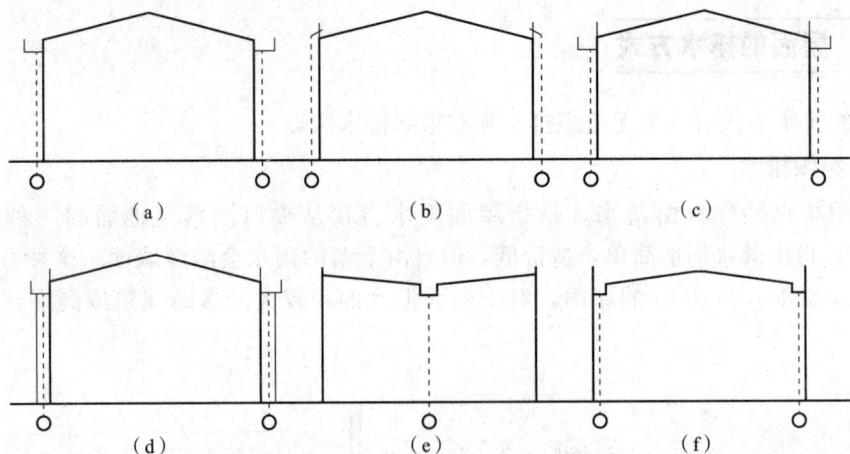

图 5-16 有组织排水常用方案

(a)挑檐沟外排水；(b)女儿墙外排水；(c)女儿墙挑檐沟外排水；(d)暗管外排水；(e)、(f)天沟内排水

(2)内排水。内排水是指屋面雨水通过天沟由设置于建筑内部的落水管排入地下雨水管网的一种排水方案，如图 5-16(e)、(f)所示。其优点是维修方便，不破坏建筑立面造型，不易受冬季室外低温的影响，但其落水管在室内接头多，构造复杂，易渗漏，主要用于不易采用外排水的建筑屋面，如高层及多跨建筑等。

另外，还可以根据具体条件，采用内、外排水相结合的方式。如多跨厂房因相邻两坡屋面相交，故只能采用天沟内排水的方式排出屋面雨水。而位于两端的天沟宜采用外排水的方式将屋面雨水排出室外。

💡 **拓展阅读**

排水方式的选择

目前，在屋面工程中大部分采用重力流排水，但是随着建筑技术的不断发展，一些超大型建筑不断涌现，常规的重力流排水方式就难以满足屋面排水的要求，为了解决这一问题，目前国家正在推广使用虹吸式屋面排水系统。

虹吸式排水的原理是利用建筑屋面的高度和雨水所具有的势能，产生虹吸现象，通过雨水管道变径，在该管道处形成负压，屋面雨水在管道内负压的抽吸作用下，以较高的流速迅速排出屋面雨水，如图 5-17 所示。

相对于普通重力流排水，虹吸式屋面排水系统的排水管道均按满流有压状态设计，悬吊横管可以无坡度铺设。由于产生虹吸作用时，管道内水流流速很高，相对于同管径的重力流排水量大，故可减少排水立管的数量，同时可减小屋面的雨水负荷，最大限度地满足建筑使用功能要求。

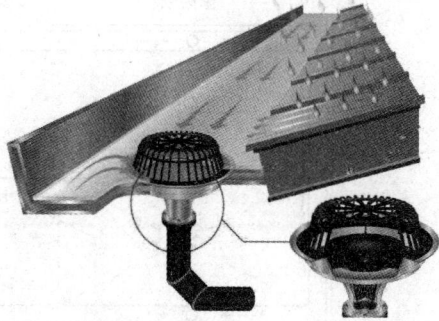

图 5-17　虹吸式排水示意

2.3　屋面排水组织设计

屋面排水组织设计的主要任务是将屋面划分为若干排水区，分别将雨水引向雨水管，屋面排水组织设计线路简捷，则雨水口负荷均匀、排水顺畅、避免屋面积水引起渗漏。屋面排水组织设计一般按以下步骤进行。

1. 确定排水坡面的数目

进深不超过 12 m 的房屋和临街建筑常采用单坡排水，进深超过 12 m 时宜采用双坡排水。坡屋面则应结合造型要求选择单坡、双坡或四坡排水。

2. 划分排水分区

划分排水分区的目的在于合理地布置雨水管。排水分区的面积是指屋面水平投影的面积，每一个雨水口的汇水面积一般为 150～200 m^2。

3. 确定天沟断面大小和天沟纵坡的坡度

天沟即屋面上的排水沟，位于檐口部位时称为檐沟。天沟的功能是汇集和迅速排除屋面雨水，故应具有合适的断面大小。在沟底沿长度方向应设置纵向排水坡度，简称为天沟纵坡。

天沟根据屋面类型的不同有多种做法。如坡屋面中可用钢筋混凝土、镀锌薄钢板、石棉瓦等材料做成槽形或三角形天沟。钢筋混凝土檐沟、天沟净宽不应小于 300 mm，分水线处最小深度不应小于 100 mm；沟内纵向坡度不应小于 1%，沟底水落差不得超过 200 mm，金属檐沟、天沟的纵向坡度宜为 0.5%。

4. 确定雨水管的规格和雨水口间距

雨水管按材料分为铸铁、镀锌薄钢板、塑料、石棉水泥和陶土等。外排水时可采用 UPVC 管、玻璃钢管、金属管等，内排水时可采用铸铁管、镀锌钢管、UPVC 管等。雨水管的直径有 50 mm、75 mm、100 mm、125 mm、150 mm、200 mm 等规格。一般民用建筑雨水管常采用的直径为 100 mm，面积较小的阳台或露台可采用直径为 75 mm 的雨水管。

雨水口的间距过大可引起沟内垫坡材料过厚，使天沟容积减小，大雨时雨水溢向屋面引起渗漏。两个雨水口的间距，一般不宜大于下列数值：有外檐天沟 24 m，如图 5-18 所示；无外檐天沟内排水 15 m，雨水口中心距端部女儿墙内边不宜小于 0.5 m。

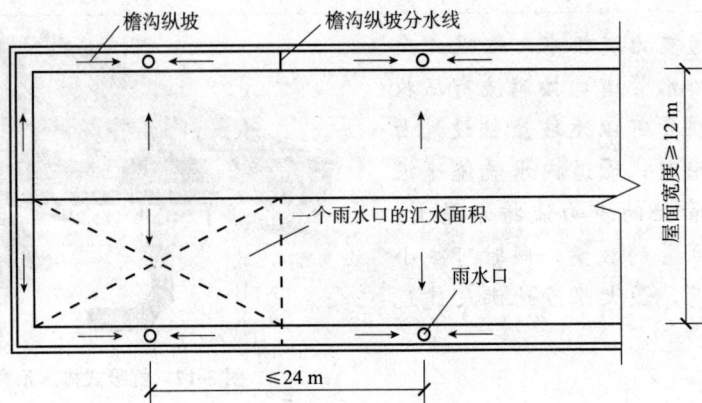

图 5-18　屋面雨水口间距示意

任务解决

(1)确定屋面坡度的形成方式、坡面数和坡度大小。

坡度形成方式：材料找坡、结构找坡。

屋面为不上人的防水卷材屋面，无特殊使用要求，故采用构造找坡。

根据屋面宽度大小，为了便于排水，减少屋面积水，采用双坡排水。

屋面为不上人的防水卷材屋面，坡度确定为2%。

(2)确定排水方式、划分排水区域。

1)确定排水方式。排水方式一般根据年降雨量和房屋檐口高度确定(有组织排水、无组织排水)。

本例年降雨量为 1 003.8 mm>900 mm，檐口高度16.35 m>8 m;

故采用有组织女儿墙檐沟外排水。

2)划分排水区域。根据落水口负荷面积及雨水口控制间距划分排水区域。

雨水口间距一般为18～24 m，而房屋纵向(横向)尺寸为40.50 m(23.40 m)，所以，每边至少需要设置3(2个)雨水口，考虑纵向檐沟坡度及建筑立面效果，每边设置5(2)个雨水口。

区域划分为12块(A_1～A_{12})。

汇水面积计算：

$A_1 = (6.3 + 4.5) \times (7.2 + 2.1) \div 2 = 50.22(\text{m}^2)$

$A_5 = [(7.2 + 8.1) + (7.2 + 4.05)] \times 4.05 \div 2 = 53.76(\text{m}^2)$

落水口负荷面积一般按每个落水口排除150～200 m² 屋面积水面积的雨水量计算。

(3)确定檐沟的断面形式、尺寸及檐沟的坡度。

檐沟断面形式：三角形、槽形。

檐沟尺寸要求：檐沟净宽不小于200 mm，分水线处最小深度不小于120 mm，沟底水落差不得超过200 mm。

檐沟坡度：檐沟纵向坡度一般为0.5%～1%，用石灰炉渣等轻质材料垫置起坡。

有组织女儿墙檐口外排水，采用三角形檐沟，檐沟纵向坡度取为1%。

(4)绘制屋顶平面图如图5-19所示。

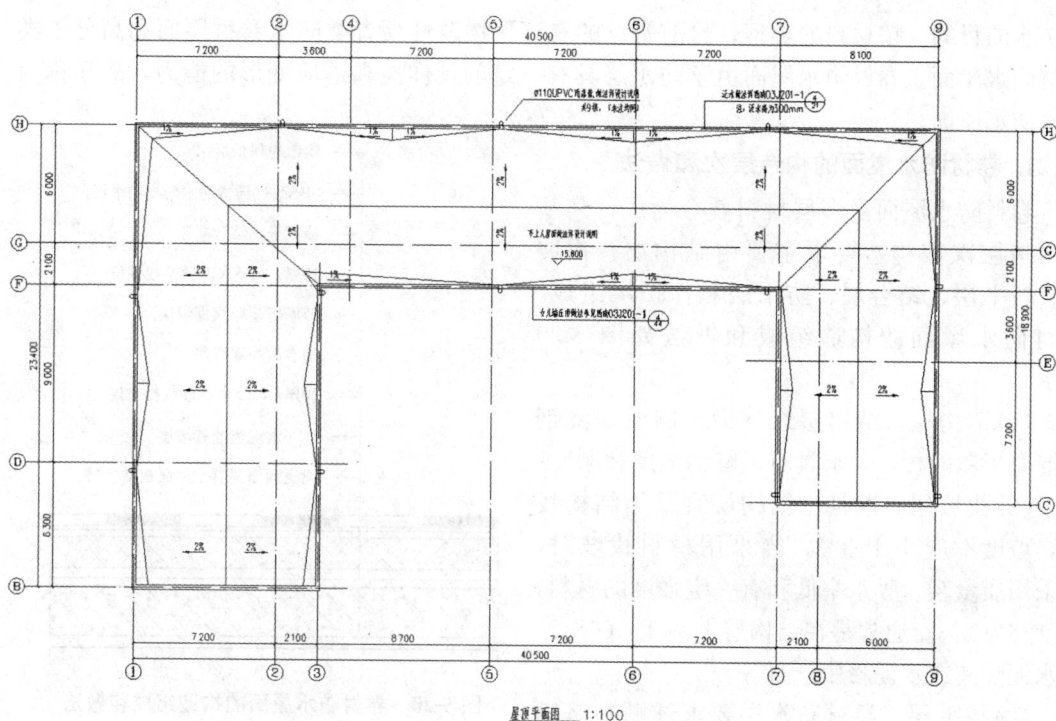

图 5-19　屋顶平面图

任务 3　　平屋面防水构造

任务描述

某餐厅大楼屋面及三楼露台漏水，经过现场多次勘察确定原餐饮大楼室内出现大面积渗漏的主要原因是屋面及露台部分防水卷材已经老化断裂，局部已被掀起，防水保护层已起砂、开裂、空鼓，起不到保护层的作用，女儿墙砂灰开裂起鼓，管井口交接处防水层破损开裂，部分外墙空鼓开裂等原因引起。因渗漏位置较多、原因较复杂且面积较广，若只采用局部点补堵漏的方法进行治理，难以解决破损防水层下面由于窜水导致的渗漏现象，屋面及露台的渗漏现象势必得不到根本的解决，而且原屋面找坡层设置的不合理造成大面积屋面存水现象。

分析：渗漏维修方案。

相关内容

3.1　卷材防水屋面

卷材防水屋面是用防水卷材与胶粘剂结合在一起的，形成连续致密的构造层，从而达到防水的目的。按材料的类型，目前常见的有高聚物改性沥青类防水卷材屋面和高分子类卷材防水屋面。卷材防水屋面由于防水层具有一定的延伸性和适应变形的能力，故又称为柔性防水屋面。

1. 卷材防水屋面的构造层次和做法

卷材防水屋面由多层材料叠合而成，其基本构造层次按构造要求主要由结构层、找坡层、找平层、结合层、防水层和保护层组成。卷材防水屋面的构造组成和做法如图 5-20 所示。

(1)结构层。结构层通常为预制或现浇钢筋混凝土屋面板，要求具有足够的强度和刚度。

(2)找坡层。混凝土结构层宜采用结构找坡，坡度不应小于 3%，当采用材料找坡时，宜采用质量轻、吸水率低和有一定强度的材料，坡度宜为 2%。通常是在结构层上铺 1∶(6～8) 的水泥焦渣或水泥膨胀蛭石等。

(3)找平层。卷材防水层要求铺贴在坚固

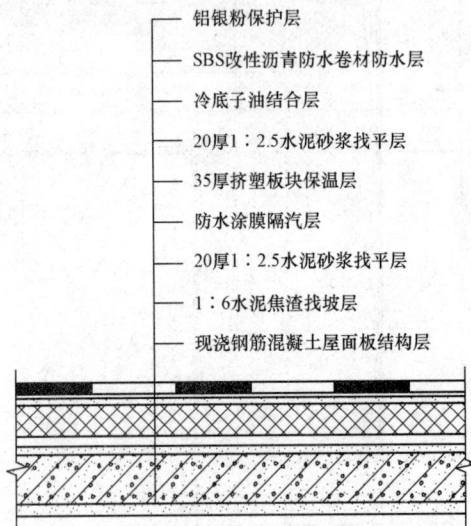

铝银粉保护层
SBS改性沥青防水卷材防水层
冷底子油结合层
20厚1∶2.5水泥砂浆找平层
35厚挤塑板块保温层
防水涂膜隔汽层
20厚1∶2.5水泥砂浆找平层
1∶6水泥焦渣找坡层
现浇钢筋混凝土屋面板结构层

图 5-20 卷材防水屋面的构造组成和做法

而平整的基层上，以防止卷材凹陷或断裂，因而在松软材料及预制屋面板上铺设卷材以前，都须先做找平层。找平层一般采用水泥砂浆或细石混凝土，找平层的厚度和技术要求见表 5-3。

表 5-3 找平层的厚度和技术要求

找平层分类	适用的基层	厚度/mm	技术要求
水泥砂浆	整体现浇混凝土板	15～20	1∶2.5 水泥砂浆
	整体材料保温层	20～25	
细石混凝土	装配式混凝土板	30～35	C20 混凝土，宜加钢筋网片
	板状材料保温层		C20 混凝土

为防止找平层变形开裂而波及卷材防水层，宜在找平层中留设分格(仓)缝。分格缝的宽度一般为 5～20 mm，纵横间距不大于 6 m。屋面板为预制装配式时，分格缝应设在预制板的端缝处。分格缝上面可覆盖一层 200～300 mm 宽的附加卷材，用胶粘剂单边点粘，如图 5-21 所示，以使分格缝处的卷材有较大的伸缩余地，避免开裂。

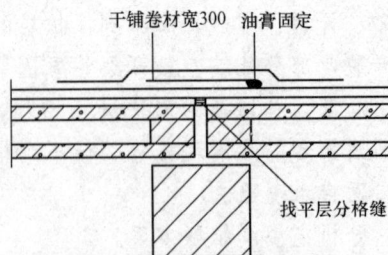

干铺卷材宽300 油膏固定
找平层分格缝

图 5-21 卷材防水屋面的分格缝

(4)结合层。结合层的作用是使卷材防水层与基层粘结牢固。结合层所用材料应根据卷材防水层材料的不同来选择，如沥青防水卷材、聚氯乙烯卷材及自粘型彩色三元乙丙复合卷用冷底子油在水泥砂浆找平层上喷涂一至二道；三元乙丙橡胶卷材则采用聚氨酯底胶；氯化聚乙烯橡胶卷材需用氯丁胶等。冷底子油用沥青加入汽油或煤油等溶剂稀释而成，喷涂时不用加热，在常温下进行即可，故称冷底子油。

(5)防水层。

1)高聚物改性沥青防水层。高聚物改性沥青防水卷材的铺贴方法有冷粘法和热熔法两种。冷粘法是用胶粘剂将卷材粘贴在找平层上，或利用某些卷材的自粘性进行铺贴。冷粘法铺贴卷材时应注意平整、顺直，搭接尺寸准确，不扭曲，卷材下面的空气应予排除并将卷材辊压黏结牢固。热熔法是用火焰加热器将卷材均匀加热至表面光亮发黑，然后立即滚铺卷材，使之平展并辊压牢固。

当屋面坡度小于3%时，卷材宜平行于屋脊，从檐口到屋脊层向上铺贴，如图5-22(a)所示；当屋面坡度为3%~15%时，卷材可平行或垂直于屋脊铺贴；当屋面坡度大于15%或屋面受振动时，卷材应垂直于屋脊铺贴[图5-22(b)]。铺贴卷材应采用搭接方法，各层卷材的搭接宽度长边不小于70 mm，短边不小于100 mm，铺贴时接头应顺主导风向，以免卷材被风掀开。

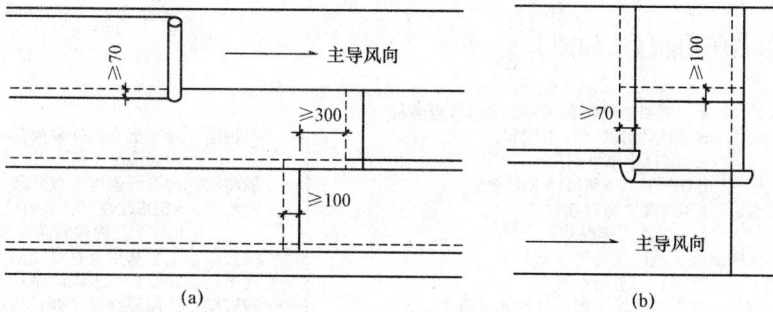

图5-22　防水层铺贴
(a)卷材平行于屋脊铺贴；(b)卷材垂直于屋脊铺贴

> **小提示：** 目前所用的新型防水卷材，主要有三元乙丙橡胶防水卷材、自粘型彩色三元乙丙复合防水卷材、聚氯乙烯防水卷材、氯化聚乙烯防水卷材、氯丁橡胶防水卷材及改性沥青油毡防水卷材等，这些材料一般为单层卷材防水构造，防水要求较高时可采用双层卷材防水构造。这些防水材料的共同优点是自重轻，适用温度范围广，耐气候性好，使用寿命长，抗拉强度高，延伸率大，冷作业施工，操作简便，大大改善劳动条件，减少环境污染。

2)高分子卷材防水层(以三元乙丙卷材防水层为例)。三元乙丙卷材是一种常用的高分子橡胶防水卷材，其构造做法：先在找平层(基层)上涂刮基层处理剂(如CXG404胶等)，要求薄而均匀，待处理剂干燥、不粘手后即可铺贴卷材。卷材一般应由屋面低处向高处铺贴。

卷材可平行或垂直于屋脊方向铺贴，并按水流方向搭接。铺贴时卷材应保持自然松弛状态，不能接得过紧。卷材的长边应保持搭接不小于50 mm，短边保持搭接不小于70 mm。

> **小提示：** 卷材铺好后立即用工具辊压密实，搭接部位用胶粘剂均匀涂刷粘全。

(6)保护层。设置保护层的目的是保护防水层，使卷材在阳光和大气的作用下不致迅速老化，同时保护层还可以防止沥青类卷材中的沥青过热流淌，并防止暴雨对沥青的冲刷。保护层的构造做法应视屋面的利用情况而定。

不上人时，改性沥青卷材防水屋面一般在防水层上撒不透明的矿物粒料或铺设铝箔作为保护层；高分子卷材如三元乙丙橡胶防水屋面等通常是在卷材面上涂刷水溶型或溶剂型浅色涂料或水泥砂浆等，如图 5-23 所示。

上人屋面的保护层有着双重作用，既保护防水层又是屋面面层，因而要求保护层平整、耐磨。做法通常是在防水层上先铺设 10 mm 厚低强度等级砂浆隔离层，其上再用现浇 40 mm 厚 C20 细石混凝土或用 20 mm 厚聚合物砂浆铺贴缸砖、大阶砖、混凝土板等块材。块材保护层或整体保护层均应设分隔缝，该分隔缝的位置：屋顶坡面的转折处，屋面与凸出屋面的女儿墙、烟囱等的交接处。保护层分隔缝应尽量与找平层分隔缝错开，缝内用油膏嵌封。上人屋面用作屋顶花园时，水池、花台等构造均在屋面保护层上设置。

上人屋面保护层的做法如图 5-24 所示。

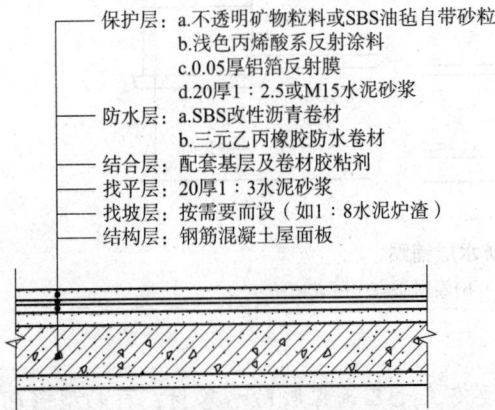

保护层：a.不透明矿物粒料或SBS油毡自带砂粒 b.浅色丙烯酸系反射涂料 c.0.05厚铝箔反射膜 d.20厚1：2.5或M15水泥砂浆	保护层：20厚聚合物砂浆铺贴490×490×40 预制混凝土板
防水层：a.SBS改性沥青卷材 b.三元乙丙橡胶防水卷材	隔离层：10厚低强度等级砂浆 防水层：a.SBS改性沥青卷材 b.三元乙丙橡胶防水卷材
结合层：配套基层及卷材胶粘剂	结合层：配套基层及卷材胶粘剂
找平层：20厚1：3水泥砂浆	找平层：20厚1：3水泥砂浆
找坡层：按需要而设（如1：8水泥炉渣）	找坡层：按需要而设（如1：8水泥炉渣）
结构层：钢筋混凝土屋面板	结构层：钢筋混凝土屋面板

图 5-23　不上人卷材防水屋面保护层做法　　　　图 5-24　上人卷材防水屋面保护层做法

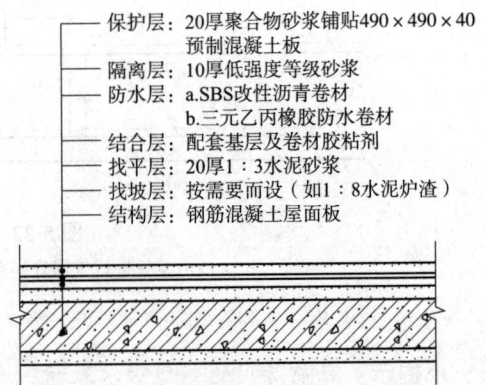

（7）辅助构造层。辅助构造层是为了满足房屋的使用要求，或提高屋面性能而补充设置的构造层，如保温层、隔热层、隔汽层、找坡层、隔离层等。

其中，找坡层是采用找坡屋面，为形成所需排水坡度而设；保温层是为防止夏季或冬季气候使建筑顶部室内过热或过冷而设；隔汽层是为防止潮气侵入屋面保温层，使其保温功能失效而设；隔离层是为消除相邻两种材料之间的粘结力、机械咬合力、化学反应等不利影响而设。

2. 细部构造

防水层的转折和结束部位是防水层被切断的地方或边缘部位，是防水的薄弱环节，应特别加以处理和完善其防水。这些部位的构造处理称为细部构造。

（1）泛水。泛水是指屋面与垂直面交接处的防水构造处理，是水平防水层在垂直面上的延伸。泛水的构造处理要点如下。

1）泛水高度不小于 250 mm，一般为 300 mm。

2）立墙与屋面相交处应做成圆弧形，由于合成高分子防水卷材比高聚物改性沥青防水卷材的柔性好且卷材薄，因此，找平层圆弧半径可以减小，高聚物改性沥青防水卷材的圆弧半径为 50 mm，合成高分子防水卷材的圆弧半径为 20 mm，使卷材紧贴于找平层上，不致出现空鼓现象。

3) 将屋面的卷材防水层继续铺设至垂直面上，形成卷材防水，并在其下加铺附加卷材一层。

4) 做好泛水上口的卷材收头固定处理，防止卷材在垂直墙面上滑落。高女儿墙泛水处的防水层泛水高度大于 250 mm，泛水上部的墙体做防水处理；低女儿墙泛水处的防水层可直接铺贴或涂刷至压顶下，卷材收头应用金属压条钉压固定，并应用密封材料封严。泛水构造如图 5-25 所示。

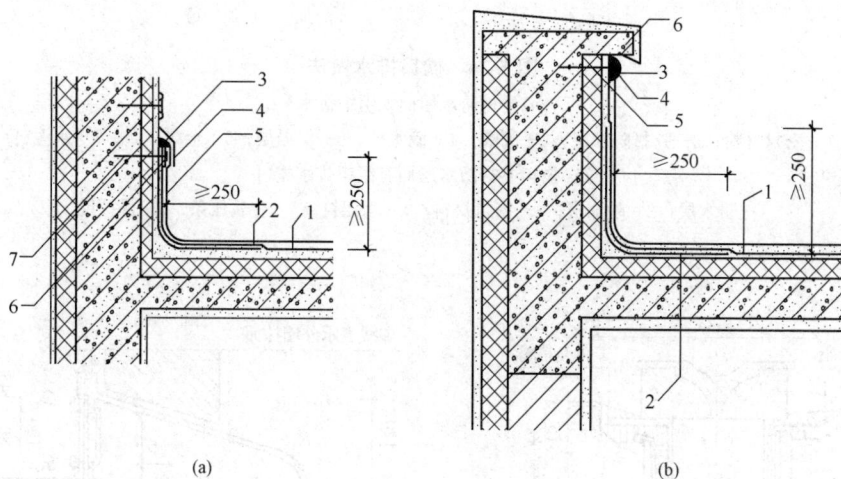

图 5-25 女儿墙泛水处理

(a)高女儿墙泛水

1—防水层；2—附加层；3—密封材料；4—金属盖板钉；5—保护层；6—金属压条；7—水泥钉

(b)低女儿墙泛水

1—防水层；2—附加层；3—密封材料；4—水泥钉；5—金属压条；6—保护层

(2)檐口。檐口无组织排水构造的要点是檐口 800 mm 范围内卷材应采取满贴法，在混凝土檐口上用细石混凝土或水泥砂浆先做一凹槽，然后将卷材贴在槽内，将卷材收头用水泥钉钉牢，上面用防水油膏嵌填，下端做滴水处理，如图 5-26(a)所示。

有组织排水沟内转角部位找平层应做成圆弧形或 45°斜坡；檐沟和天沟的防水层下应增设附加层，附加层伸入屋面的宽度不应小于 250 mm；檐沟防水层和附加层应由沟底翻上至外侧顶部，卷材收头应用金属压条钉压，并应用密封材料封严；檐沟外侧下端应做滴水槽；檐沟外侧高于屋面结构板时，应设置溢水口，如图 5-26(b)所示。

(3)雨水口。雨水口的类型有用于檐沟排水的直管式雨水口和女儿墙外排水的弯管式雨水口两种。

雨水口在构造上要求排水通畅、不易渗漏及堵塞。对直管式雨水口，为防止其周边漏水，应加铺一层卷材并贴入连接管内 100 mm，雨水口上用定型铸铁罩或钢丝球盖住，用油膏嵌缝，如图 5-27(a)所示。对弯管式雨水口，因其穿过女儿墙预留孔洞，故屋面防水层应铺入雨水口内壁四周不小于 100 mm，并安装铸铁算子以防杂物流入造成堵塞，如图 5-27(b)所示。

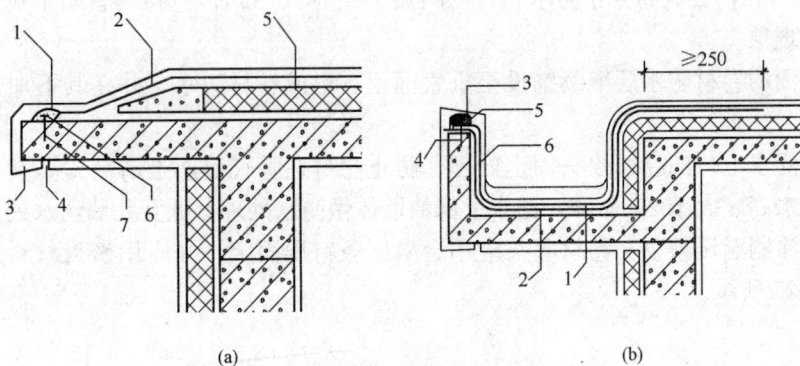

图 5-26　檐口排水做法

(a)卷材防水屋面无组织排水

1—密封材料；2—卷材防水层；3—鹰嘴；4—滴水槽；5—保温层；6—金属压条；7—水泥钉

(b)檐口卷材防水屋面有组织排水檐口

1—防水层；2—附加层；3—密封材料；4—水泥钉；5—金属压条；6—保护层

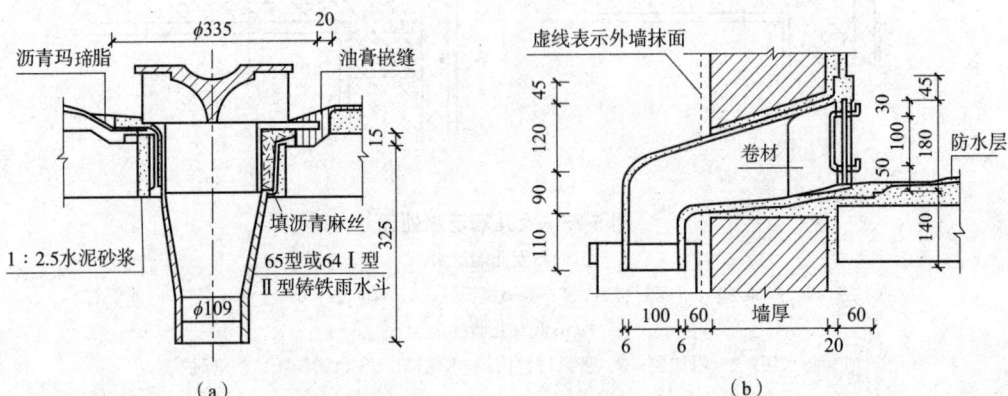

图 5-27　雨水口的构造

(4)上人孔。不上人屋面需设屋面上人孔，以便对屋面进行检修和设备安装。上人孔的平面尺寸不小于 600 mm×700 mm，且应位于靠墙处，以方便设置爬梯。上人孔的孔壁一般应高出屋面至少 250 mm，孔壁与屋面之间做成泛水，孔口用木板上加钉 0.6 mm 厚的镀锌钢板进行盖孔。屋面上人孔如图 5-28 所示。

(5)水平出入口。屋面是建筑的重要组成部分，有出入口的，是上人屋面，不上人屋面也有检修口，即上人孔。出入口主要起人员和材料的交通作用，火灾时有重要的疏散作用，一般位于步行楼梯顶端楼顶出口处。屋面水平出入口泛水处应增设附加层和护墙，附加层在平面上的宽度不应小于 250 mm；防水层收头应压在混凝土踏步下，如图 5-29 所示。

(6)屋面变形缝构造。屋面变形缝的构造处理原则是既要保证屋面有自由变形的可能，又能防止雨水经由变形缝渗入室内。

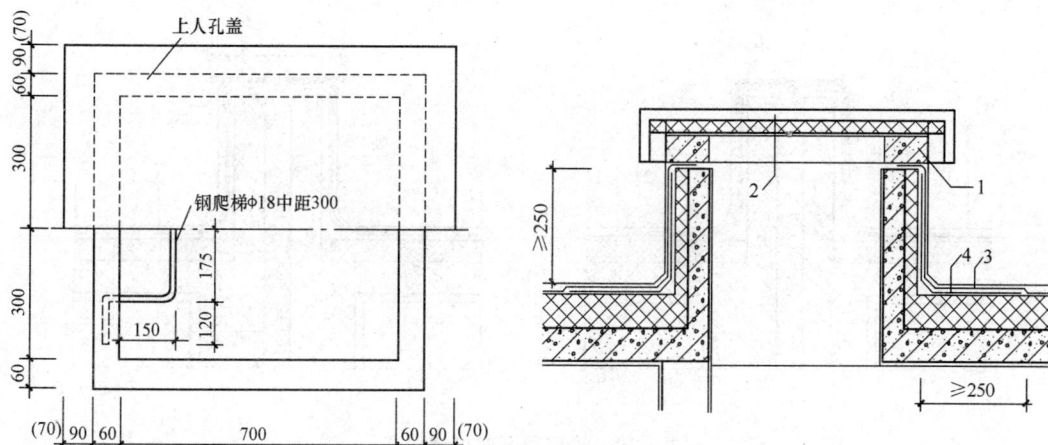

图 5-28　屋面上人孔
1—混凝土压顶圈；2—上人孔盖；3—防水层；4—附加层

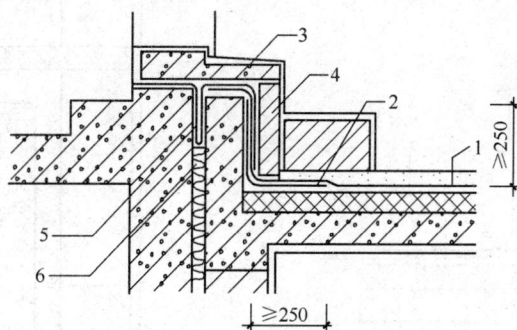

图 5-29　水平出入口踏步防水构造
1—防水层；2—附加层；3—踏步；4—护墙；5—防水卷材封盖；6—不燃保温材料

> **小提示**：屋面变形缝按照建筑设计可设置在同层等高屋面上，也可设置在高低屋面的交接处。

　　等高屋面的变形缝的做法：在缝两边的屋面板上砌筑或现浇矮墙，在防水层下增设附加层，附加层在平面和立面的宽度不应小于 250 mm，且铺贴至泛水墙的顶部；变形缝内应预填不燃保温材料，上部应采用防水卷材封盖，并放置衬垫材料，再在其上干铺一层卷材。变形缝顶部宜加扣镀锌薄钢板盖板，或采用混凝土盖板压顶，如图 5-30 所示。

　　高低屋面的变形缝则是在低侧屋面板上砌筑或现浇矮墙。当变形缝宽度较小时，可用镀锌薄钢板盖缝并固定在高侧墙上，做法同泛水构造，也可从高侧墙上悬挑钢筋混凝土板盖缝，如图 5-31 所示。

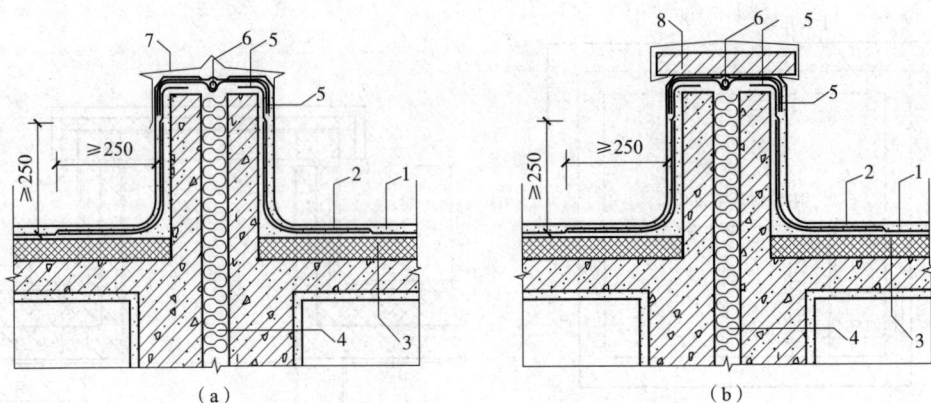

图 5-30　等高屋面变形缝构造

1—防水层；2—附加层；3—保温层；4—不燃保温材料；5—卷材盖缝；

6—衬垫材料；7—金属盖板；8—混凝土盖板

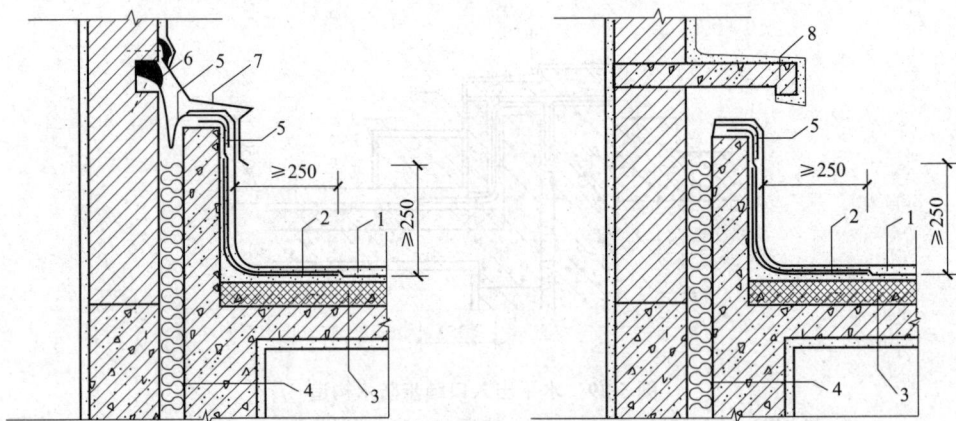

图 5-31　高低屋面变形缝构造

1—防水层；2—附加层；3—保温层；4—不燃保温材料；5—卷材盖缝；

6—密封材料；7—金属盖板；8—混凝土盖板

3.2　涂膜防水屋面

　　涂膜防水屋面是将防水材料涂刷在屋面基层上，利用涂料干燥或固化后的不透水性来达到防水的目的。随着材料和施工工艺的不断改进，现在的涂膜防水屋面具有防水、抗渗、粘结力强、耐腐蚀、耐老化、延伸率大、弹性好、不延燃、无毒、施工方便等诸多优点，已广泛用于建筑各部位的防水工程。

　　小提示： 涂膜防水屋面主要适用于防水等级为Ⅱ级的屋面防水，也可用作Ⅰ级屋面多道防水设防中的一道防水。

1. 涂膜防水屋面的材料

涂膜防水屋面主要有涂料和胎体增强材料两大类。

(1)涂料。防水涂料的种类很多，按其溶剂或稀释剂的类型可分为溶剂型、水溶性、乳液型等；按施工时涂料液化方法的不同则可分为热熔型、常温型等；按成膜的方式则有反应固化型、挥发固化型等。目前常用的防水涂料有合成高分子防水涂料、聚合物水泥防水涂料、高聚物改性沥青防水涂料。防水涂料的选择应根据当地历年最高气温、最低气温、屋面坡度和使用条件等因素，选择耐热性、低温柔性相适应的涂料；根据地基变形程度、结构形式、当地年温差、日温差和振动等因素，选择拉伸性能相适应的涂料；根据屋面涂膜的暴露程度，选择耐紫外线、耐老化相适应的涂料；当屋面坡度大于 25％时，应选择成膜时间较短的涂料。

(2)胎体增强材料。某些防水涂料(如氯丁胶乳沥青涂料)需要与胎体增强材料(所谓的布)配合，以增强涂层的贴附覆盖能力和抗变形能力。目前，使用较多的胎体增强材料为 0.1 mm×6 mm×4 mm 或 0.1 mm× 7 mm×7 mm 的中性玻璃纤维网格布或中碱玻璃布、聚酯无纺布等。

2. 涂膜防水屋面的构造

涂膜防水屋面的基本构造层次(自下而上)按其作用分为结构层、找平层、基层处理剂、保护层、涂膜防水层。

(1)结构层。结构层可以是常见的钢筋混凝土屋面板，也可以是各种构件式的轻型屋面，如钢丝网水泥瓦、预应力 V 形折板等。当采用预制钢筋混凝土板时，板缝须使用嵌缝材料嵌严，嵌缝油膏深度应大于 20 mm，下部使用 C20 细石混凝土灌实。

(2)找平层。与卷材防水屋面相同，涂膜防水屋面的基层宜设找平层，且找平层上也宜留分格缝。找平层的厚度和技术要求、分格缝的构造处理也与卷材防水屋面相同。

与卷材防水屋面相比，涂膜防水屋面对找平层的平整度要求更为严格，否则涂膜防水屋面的厚度得不到保证，容易降低涂膜防水屋面的防水可靠性和耐久性。同时，由于涂膜防水屋面是满粘于找平层的，找平层开裂或强度不足也易引起防水层的开裂。因此，涂膜防水屋面的找平层还应有足够的强度和尽可能避免裂缝的要求。涂膜防水屋面的找平层宜采用掺膨胀剂的细石混凝土，强度等级不低于 C20，厚度不少于 30 mm，宜为 40 mm。

(3)基层处理剂。基层处理剂是指在涂膜防水屋面施工前，预先涂刷在基层上的涂料。涂刷基层处理剂的目的：①堵塞基层毛细孔，使基层的潮湿水蒸气不易向上渗透至防水层，减少防水层起鼓；②增强基层与防水层的粘结力；③将基层表面的尘土清洗干净，以便于粘结。

(4)保护层。在涂膜防水屋面上应设置保护层，以避免太阳直射导致的防水膜过早老化；同时还可以提高涂膜防水层的耐穿刺、耐外力损伤的能力，从而提高涂膜防水层的耐久性。

小提示：基层处理剂的选择应与涂膜防水涂料的材性相容，使用前调制配合并搅拌均匀。涂刷时应用刷子用力薄涂，使其渗入基层表面的毛细孔。特别在较为干燥的屋面上进行溶剂型防水涂料施工时，使用基层处理剂打底后再进行防水涂料涂刷效果更好。

(5)涂膜防水层。涂膜防水屋面应设置保护层。保护层材料可采用细砂、云母、蛭石、浅色涂料、水泥砂浆、块体材料或细石混凝土等。细砂、云母、蛭石可在涂刷最后一遍涂料时边涂边撒布，使其与涂料粘结牢固。采用水泥砂浆、块体材料或细石混凝土时，为避免此类材料的变形把防水层拉裂，应在涂膜与保护层之间设置隔离层，做法同卷材防水屋面。

在防水层厚度的选用上，需要根据屋面的防水等级、防水涂料的类型来确定，每道涂膜防水层的最小厚度应满足 5-4 的要求。

表 5-4　每道涂膜防水层最小厚度

防水等级	设防要求	合成高分子防水涂膜/mm	聚合物水泥防水涂膜/mm	高聚物改性沥青防水涂膜/mm
Ⅰ级	二道防水设防	1.5	1.5	2.0
Ⅱ级	二道防水设防	2.0	2.0	3.0

3. 细部构造

与卷材防水屋面一样，涂膜防水屋面也需要处理好泛水、天沟、檐沟、落水口等细部构造。涂膜防水屋面的细部构造要求及做法基本类同于卷材防水屋面，不同之处在于，涂膜防水屋面檐口、泛水等细部构造的涂膜收头，应采用防水涂料多遍涂刷，且细部节点部位的附加层通常采用带有胎体增强材料的附加涂膜防水层。

涂膜防水屋面的檐口、泛水等细部构造如图 5-32、图 5-33 所示。其余节点的细部构造可参考卷材防水屋面。

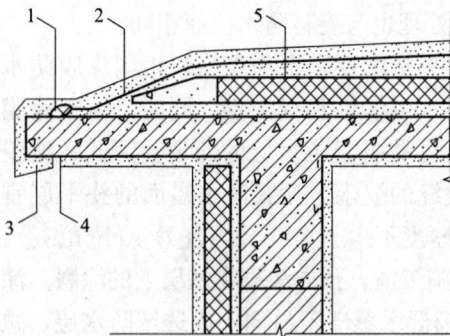

图 5-32　涂膜防水屋面挑檐口构造
1—防水涂料多遍涂刷；2—涂膜防水层；
3—鹰嘴；4—滴水槽；5—保温层

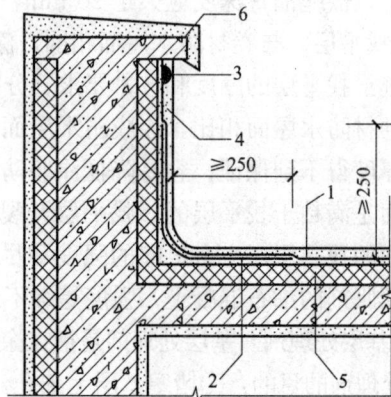

图 5-33　涂膜防水屋面泛水构造
1—涂膜防水层；2—带胎体增强材料的附加涂膜防水层；
3—防水涂料多遍涂刷；4—保护层；5—保温层；6—压顶

3.3　平屋顶的保温、隔热

1. 平屋顶的保温

(1)保温材料的类型。保温材料多为轻质多孔材料，一般可分为以下三种类型。

1)散料类。散料类常用炉渣、矿渣、膨胀蛭石、膨胀珍珠岩等。

2)整体类。整体类是指以散料做集料，掺入一定量的胶结材料，现场浇筑而成，如水泥炉渣、水泥膨胀蛭石、水泥膨胀珍珠岩及沥青膨胀蛭石和沥青膨胀珍珠岩等。

3)板块类。板块类是指利用集料和胶结材料由工厂制作而成的板块状材料，如加气混凝土、泡沫混凝土、膨胀蛭石、膨胀珍珠岩、泡沫塑料等块材或板材等。

> **小提示：** 保温材料的选择应根据建筑物的使用性质、构造方案、材料来源、经济指标等因素综合考虑确定。

(2)保温层的设置。平屋顶因屋面坡度平缓，适合将保温层放在屋面结构层上（刚性防水屋面不适宜设置保温层）。

保温层通常设置在结构层之上、防水层之下，称为正铺法（图5-34）。保温卷材防水屋面与非保温卷材防水屋面的区别是增设了保温层，构造需要相应增加找平层、结合层和隔汽层。设置隔汽层的目的是防止室内水蒸气渗入保温层，使保温层受潮而降低保温效果。

隔汽层的一般做法是在 20 mm 厚 1∶3 水泥砂浆找平层上刷冷底子油两道作为结合层，结合层上做一布二油或两道热沥青隔汽层。

保温层位于结构层与防水层之间的这种做法符合热工学原理，保温层位于低温一侧，也符合保温层搁置在结构层上的力学要求。同时，上面的防水层避免了雨水向保温层渗透，有利于维持保温层的保温效果，而且构造简单、施工方便。

保温层位于防水层之上的做法与传统保温层的铺设顺序相反，所以又称为倒铺法（图5-35）。它的优点是防水层不受太阳辐射和剧烈气候变化的直接影响，不受外来作用力的破坏；其缺点是选择保温材料时受限制，只能选用吸湿性低、耐气候性强的保温材料，并且一般还应进行日晒、雨雪、风荷载及温度变化和冻融循环的试验。经多年实践证明，聚氨酯和聚苯乙烯泡沫塑料板可作为倒铺屋面的保温层，但上面要用较重的覆盖物做保护层，如混凝土板、水泥砂浆或卵石。卵石保护层与保温层之间应铺设纤维织物，板块保护层可干铺，也可用水泥砂浆铺砌。

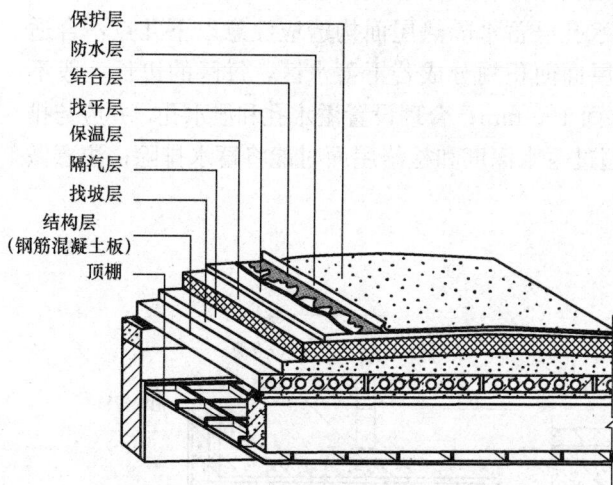

图5-34　保温层位于结构层与防水层之间

保护层
防水层
结合层
找平层
保温层
隔汽层
找坡层
结构层
（钢筋混凝土板）
顶棚

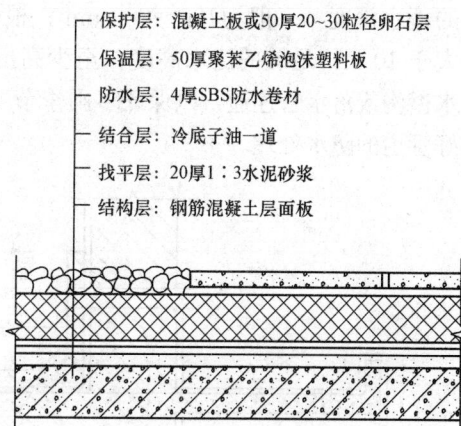

图5-35　倒铺保温卷材屋面

保护层：混凝土板或50厚20~30粒径卵石层
保温层：50厚聚苯乙烯泡沫塑料板
防水层：4厚SBS防水卷材
结合层：冷底子油一道
找平层：20厚1∶3水泥砂浆
结构层：钢筋混凝土层面板

2. 平屋顶的隔热

(1)通风隔热屋面。通风隔热屋面是指在屋顶中设置通风间层，使上层表面起遮挡阳光的作用，利用风压和热压作用，将间层中的热空气不断带走，以减少传到室内的热量，从而达到隔热降温的目的。通风隔热屋面一般有架空通风隔热屋面和顶棚通风隔热屋面两种做法。

1)架空通风隔热屋面：通风层设置在防水层之上，其做法很多，图 5-36 所示为架空通风隔热屋面构造，其中以架空预制板或大阶砖最为常见。架空通风隔热屋面的设计应满足以下要求：架空层应有适当的净高，一般以 180～240 mm 为宜；距离女儿墙 500 mm 的范围内不铺架空板；隔热板的支点可做成砖垄墙或砖墩，间距视隔热板的尺寸而定。

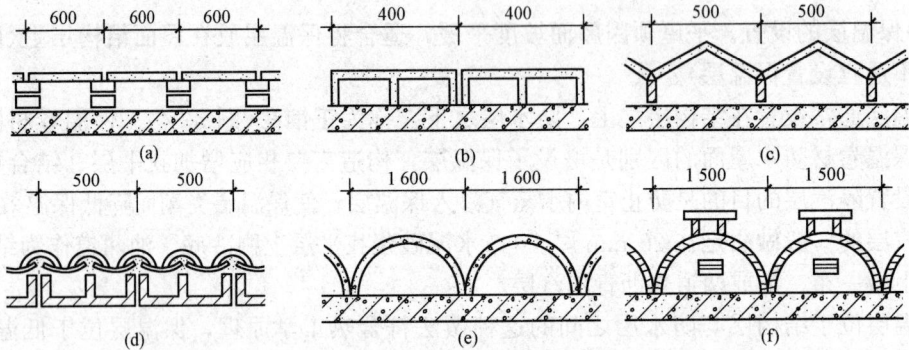

图 5-36　架空通风隔热屋面构造

(a)架空预制板(或大阶砖)；(b)架空混凝土山形板；(c)架空钢丝网水泥折板；
(d)倒槽板上铺小青瓦；(e)钢筋混凝土半圆拱；(f)1/4 厚砖拱

2)顶棚通风隔热屋面：这种做法是利用顶棚与屋顶之间的空间做隔热层。顶棚通风隔热屋面的设计应满足以下要求：顶棚通风层应有足够的净空高度，一般为 500 mm 左右；需设置一定数量的通风孔，以利于空气对流；通风孔应考虑防飘雨措施。

(2)蓄水隔热屋面。蓄水隔热屋面是指在屋顶蓄积一层水，利用水蒸发时需要大量的汽化热，从而大量消耗晒到屋面的太阳辐射热，以减少屋顶吸收的热能，从而达到降温隔热的目的(图 5-37)。蓄水隔热屋面构造与刚性防水屋面基本相同，主要区别是增加了一壁三孔，即蓄水分仓壁、溢水孔、泄水孔和过水孔。蓄水隔热屋面构造应注意以下几点：合适的蓄水深度，一般为150～200 mm；根据屋面面积划分成若干蓄水区，每区的边长一般不大于 10 m；足够的泛水高度，至少高出水面 100 mm；合理设置溢水孔和泄水孔，并应与排水檐沟或落水管连通，以保证多雨季节不超过蓄水深度和检修屋面时能将蓄水排除；注意做好管道的防水处理。

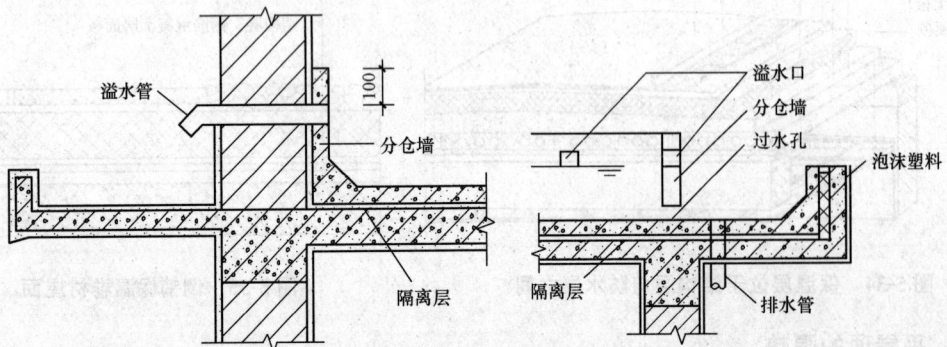

图 5-37　蓄水隔热屋面构造

(3)种植隔热屋面。种植隔热屋面是在屋顶上种植植物，利用植被的蒸腾和光合作用，吸收太阳辐射热，从而达到降温、隔热的目的(图 5-38)。

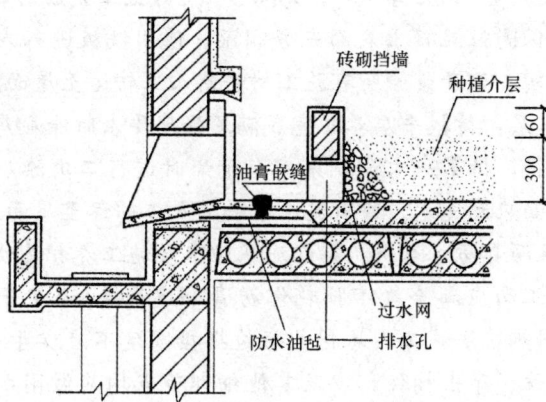

图 5-38 种植隔热屋面构造

任务解决

建议将原屋面的找坡层及防水层进行全部剔打并清除，同时对基层进行固化处理后施工找坡层、防水层、保温层及保护层；对屋面女儿墙饰面砂灰及旧防水层进行全部剔除，重新进行抹灰处理并施工防水层及保护层；将管道口及烟道排气口的旧防水体系全部拆除，重新抹灰并进行防水加强处理；外墙开裂位置需要对墙面砖进行剔除，对墙面裂缝进行防水处理并对外墙砖进行恢复。

屋面、楼梯间帽厅及三楼露台地面施工工序：

屋面杂物清运→原结构层凿出并清运→基层清理并固化处理→陶粒混凝土找坡层→砂浆找平层→水泥基渗透防水层→SBS 弹性体改性沥青防水卷材→挤塑聚苯板保温层→砂浆保护层(内压耐碱网格布)→钢筋混凝土保护层(内配φ6 冷拔钢筋)。

各分项工程施工工艺如下。

(1)屋面杂物清运：因屋面废弃时间较长杂物较多，需对屋面杂物进行清理。楼梯间帽厅上有一座中央空调冷却塔需要先进行吊装拆除并清运，冷却塔位于楼梯间帽厅上，拆除需要搭设施工满堂脚手架，并使用起重机配合施工。杂物及拆除后的冷却塔需要使用人工转运至一楼室外，人工装载上车(目测杂物超过 5 车)，运至渣场倒渣，渣距 30 km。

(2)原结构层凿出并清运：使用空压机及风镐对旧屋面、帽厅及露台地面进行凿出，凿出开始前先使用切割机对屋面刚性层进行切割。原屋面结构层凿出平均厚度为 30 cm，为避免屋面集中荷载过大采用边凿出边转运的方式施工，楼梯间帽厅上的建筑垃圾因高度较高需要搭设满堂脚手架转运至屋面堆码。建筑垃圾需要人工转运至一楼室外，人工装载上车，运至渣场倒渣，渣距 30 km。凿出后的建筑垃圾较松散，应充分考虑松散系数。

(3)基层清理并固化处理：对原混凝土结构基层进行清理，并用水进行冲洗，确保基层清洁。使用混凝土密封固化剂对原钢筋混凝土基层进行固化处理。

(4)陶粒混凝土找坡层：陶粒混凝土使用页岩陶粒进行施工，粒径应控制在 5～15 mm，密度为 500～700 kg/m³，水泥应选用 42.5 级普通硅酸盐水泥，施工时应按配合比进行搅拌施工，找坡层施工应确保屋面雨水顺利排除，陶粒混凝土找坡层的平均厚度为 25 cm，找坡坡度不小于2%，且落水管最薄处不少于30 mm。所有施工材料需人工转运至屋面。

（5）砂浆找平层：使用20 mm厚1：2.5水泥砂浆对施工完成后的陶粒混凝土表面进行找平处理，施工时应确保陶粒混凝土表面充分润湿，使用铁板进行表面压光处理并及时养护，确保表面平整、密实、无开裂。所有施工材料需人工转运至屋面。

（6）水泥基渗透防水层：待找平层养护完成满足强度要求时涂刷厚水泥基渗透结晶型防水涂料，涂刷分两次进行，待第一次涂刷未完全干燥时进行二次涂刷，涂刷施工时应确保均匀且无流聚产生，表面应无气泡。所有施工材料需人工转运至屋面。

（7）SBS弹性体改性沥青防水卷材：待水泥基防水层施工养护完成，基面基本干燥后进行施工时，防水卷材施工面应满涂氯丁胶乳化沥青冷底子油（冷底子油应涂刷均匀且无漏涂）。卷材与基层均采用热熔法施工，卷材长短边搭接宽度不应少于100 mm，在屋面及女儿墙转角处、阴阳角部位、穿出构件，以及其他细部节点均应做附加卷材加强层处理，附加层宽度为300 mm。所有施工材料需人工转运至屋面。

（8）挤塑聚苯板保温层：为满足建筑物使用的节能要求，保温层使用45 mm厚挤塑聚苯板（XPS）进行施工，要求板材导热系数为0.03 W/(m·K)，重度为40 kg/m³。挤塑板铺贴方式采用水泥砂浆进行粘结，板材应错缝搭接并挤紧，不得有缝隙。所有施工材料需人工转运至屋面。

（9）砂浆保护层（内压耐碱网格布）：在铺设完成的挤塑板表面进行聚合物水泥砂浆底层的施工，施工时聚合物砂浆应搅拌均匀，厚度为20 mm左右。抹聚合物砂浆后立即压入耐碱网格布。耐碱网格布应按工作面长度进行裁剪，并留出搭接长度。所有施工材料需人工转运至屋面。

（10）钢筋混凝土刚性层（内配φ6冷拔钢筋）：待砂浆强度达到要求后进行刚性层的施工，钢筋采用φ6@150×150钢筋网（钢筋网横纵各4 m断开）绑扎，钢筋底部需设置垫块。混凝土采用C20细石混凝土进行浇筑，在浇筑时纵横6 m应设置膨胀缝，缝内钢筋应断开，膨胀缝宽度为20 mm，采用内卡泡沫板方式预留，在混凝土终凝前取出，缝内填筑防水油膏密封材料。混凝土浇筑厚度为40 mm，浇筑完成后应铺设草袋进行润湿养护，养护时间不少于7 d。所有施工材料需人工转运至屋面。

任务4　坡屋面构造

任务描述

20世纪60—80年代，上海建设了一批平屋顶的老式公房，它们曾对缓解当时的居住困难起到了积极作用。但由于年代较久，建设标准偏低，这批老式公房屋顶渗漏频频发生，加之保温、隔热性能较差，夏季高温时，屋内热浪逼人，严重影响了居民日常生活。

1999年6月，上海市委、市政府主要领导提出了将平屋顶改为坡屋顶（简称"平改坡"）的设想，上海市住宅发展局组织的首批13幢"平改坡"的试点工程取得成功。由此，上海开始了大规模的"成线、成片、成规模"的"平改坡"试点工程。

4.1 坡屋面的承重结构

坡屋面的承重结构类型有横墙承重、屋架承重、梁架承重等。

1. 横墙承重

将横墙顶部按屋面坡度大小砌成三角形，直接搁置檩条以承受屋顶荷载，这种承重方式称为横墙承重，又称硬山搁檩，如图5-39所示。

2. 屋架承重

一般建筑屋顶屋架承重常采用三角形屋架，上面搁置檩条以承受屋面荷载，如图5-40所示。

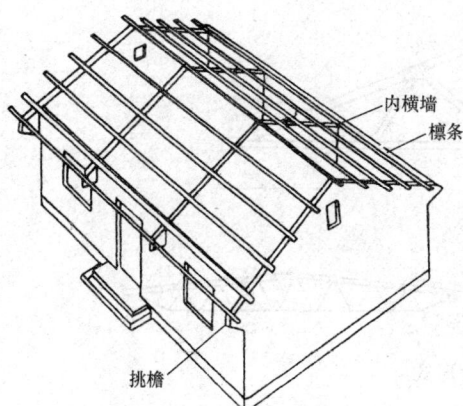

图5-39 横墙承重

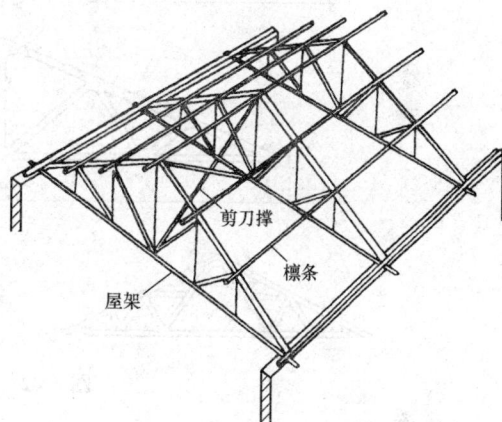

图5-40 屋架承重

3. 梁架承重

梁架承重是我国传统建筑屋顶的结构形式，一般由立柱和横梁组成屋顶和墙身部分的承重骨架，并利用檩条和连系梁将整个建筑形成一个整体骨架，如图5-41所示。

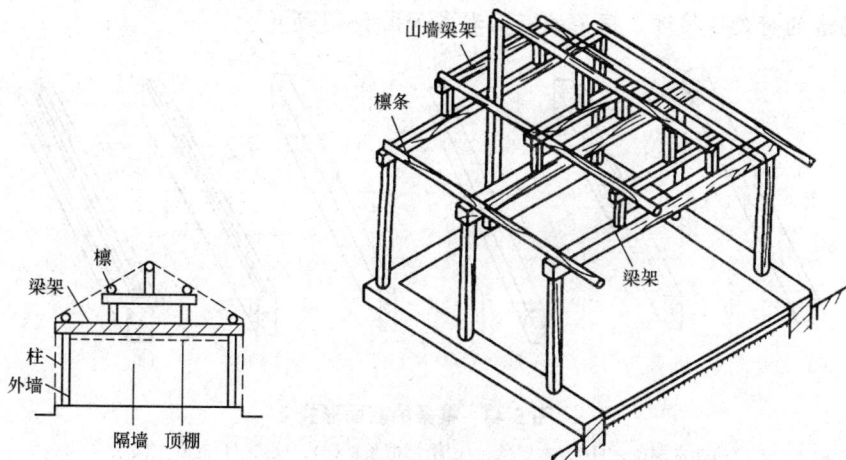

图5-41 梁架承重

拓展阅读

坡屋面的承重结构构件

1. 屋架

屋架形式常为三角形，由上弦、下弦及腹杆组成。所用材料有木材、钢材及钢筋混凝土等，如图 5-42 所示。

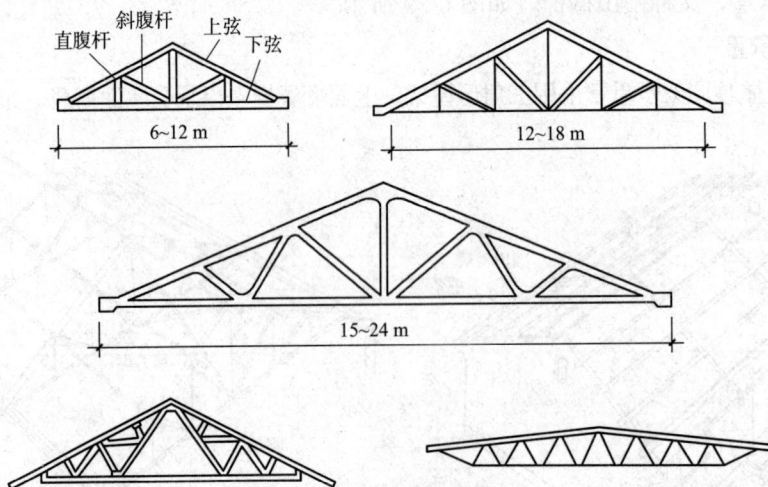

图 5-42 屋架形式

木屋架一般用于跨度不超过 12 m 的建筑。将木屋架中受拉力的下弦及直腹杆用钢筋或型钢代替，这种屋架称为钢木屋架。钢木屋架一般用于跨度不超过 18 m 的建筑，当跨度更大时需采用预应力钢筋混凝土屋架或钢屋架。

2. 檩条

檩条所用材料有木材、钢材及钢筋混凝土，檩条材料的选用一般与屋架所用材料相同，使两者的耐久性接近。檩条的断面形式如图 5-43 所示。

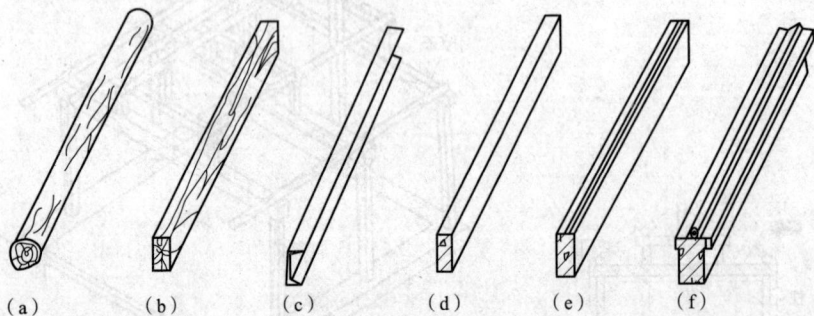

图 5-43 檩条的断面形式

(a)圆木檩条；(b)方木檩条；(c)槽钢檩条；(d)、(e)、(f)混凝土檩条

4.2 坡屋面的基本构造

1. 屋面坡度和防水垫层

我国传统坡屋面的构造防水,一般是靠屋面瓦片的构造形式及挂瓦的构造工艺来实现的。现代建筑的坡屋面向以材料防水和构造方式相结合及多种工艺并进的方向发展。

根据《坡屋面工程技术规范》(GB 50693—2011)规定,坡屋面工程设计根据建筑物的性质、重要程度、地域环境、使用功能要求,以及依据屋面防水层设计使用年限,可分为一级防水和二级防水,见表5-5。

表5-5　坡屋面防水等级

项目	坡屋面防水等级	
	一级	二级
防水层设计使用年限	≥20年	≥10年

注：1. 大型公共建筑、医院、学校等重要建筑屋面的防水等级为一级,其他为二级;
　　2. 工业建筑屋面的防水等级按使用要求确定

根据表5-6确定屋面类型、坡度和防水垫层。在坡屋面中,将防水材料统一定义为防水垫层。防水垫层主要采用的材料有以下几种。

(1)沥青类防水垫层(自粘聚合物沥青防水垫层、聚合物改性沥青防水垫层、波形沥青通风防水垫层等);

(2)高分子类防水垫层(铝箔复合隔热防水垫层、塑料防水垫层、透汽防水垫层和聚乙烯丙纶防水垫层等);

(3)防水卷材和防水涂料。

表5-6　屋面类型、坡度和防水垫层

坡度与垫层	屋面类型						
	沥青瓦屋面	块瓦屋面	波形瓦屋面	金属板屋面		防水卷材屋面	装配式轻型坡屋面
				压型金属板屋面	夹芯板屋面		
适用坡度/%	≥20	≥30	≥20	≥5	≥5	≥3	≥20
防水垫层	应选	应选	应选	一级应选 二级应选	—	—	应选

2. 块瓦屋面

块瓦屋面根据基层的不同,有冷摊瓦屋面、木望板瓦屋面和钢筋混凝土板瓦屋面三种做法。

(1)冷摊瓦屋面。冷摊瓦屋面[图5-44(a)]是在檩条上钉固椽条,然后在椽条上钉挂瓦条并直接挂瓦。这种做法构造简单,但雨雪易从瓦缝中飘入室内,通常用于南方地区质量要求不高的建筑。

(2)木望板瓦屋面。木望板瓦屋面[图5-44(b)]是在檩条上铺钉15～20 mm 厚的木望板

（也称屋面板），木望板可采取密铺法(不留缝)或稀铺法(望板间留 20 mm 左右宽的缝)。首先，在木望板上平行于屋脊方向干铺一层油毡，在油毡上顺着屋面水流方向钉 10 mm×30 mm、中距 500 mm 的顺水条；然后，在顺水条上面平行于屋脊方向钉挂瓦条并挂瓦，挂瓦条的断面和间距与冷摊瓦屋面相同。

> **小提示**：这种做法比冷摊瓦屋面的防水、保温隔热效果更好，但耗用木材多、造价高，多用于质量要求较高的建筑物。

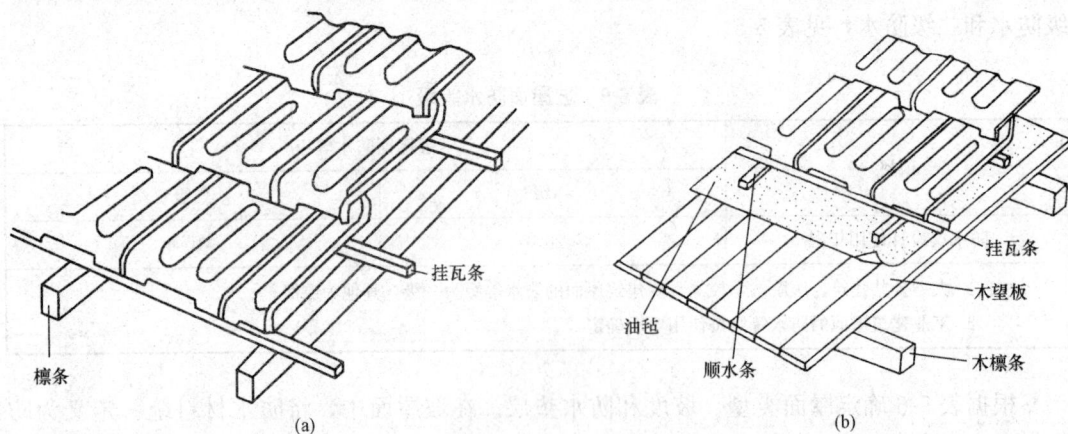

图 5-44　冷摊瓦屋面、木望板瓦屋面构造
(a)冷摊瓦屋面；(b)木望板瓦屋面

（3）钢筋混凝土板瓦屋面。瓦屋面由于保温、防火或造型等的需要，可将钢筋混凝土板作为瓦屋面的基层盖瓦。盖瓦的方式有两种：一种是在找平层上铺油毡一层，用压毡条钉嵌在板缝内的木楔上，再钉挂瓦条挂瓦；另一种是在屋面板上直接粉刷防水水泥砂浆并贴瓦或陶瓷面砖或平瓦。在仿古建筑中，也经常采用钢筋混凝土板瓦屋面。钢筋混凝土板瓦屋面构造如图 5-45 所示。

图 5-45　钢筋混凝土板瓦屋面构造
(a)木条挂瓦；(b)砂浆贴瓦；(c)砂浆贴面砖

3. 块瓦屋面细部构造

块瓦屋面应做好檐口、天沟等部位的细部处理。

(1)檐口构造。檐口分为纵墙檐口和山墙檐口。

1)纵墙檐口。纵墙檐口根据造型要求做成挑檐或封檐。纵墙檐口的构造方法如图 5-46 所示。

2)山墙檐口。山墙檐口按屋顶形式，分为硬山与悬山两种。

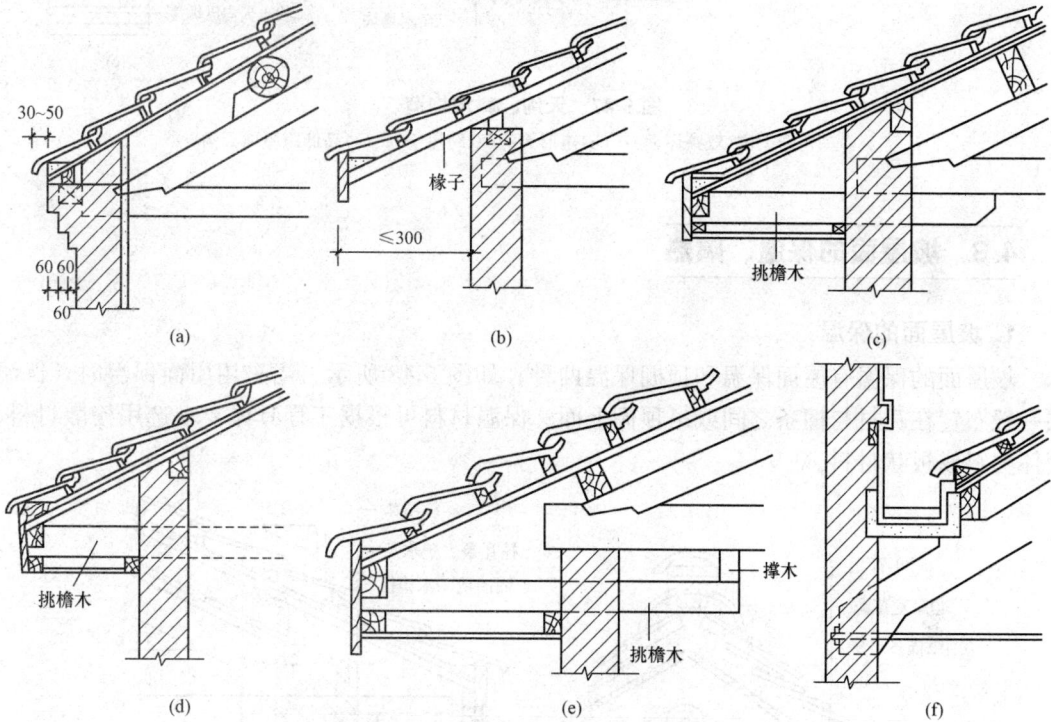

图 5-46　平瓦屋面纵墙檐口的构造

(a)砖砌挑檐；(b)椽条外挑；(c)挑檐木置于屋架下；

(d)挑檐木置于承重横墙中；(e)挑檐木下移；(f)女儿墙包檐口

①硬山檐口构造：将山墙升起包住檐口，女儿墙与屋面交接处应做泛水处理。女儿墙顶应做压顶板，以保护泛水。

②悬山檐口构造：先将檩条外挑形成悬山，檩条端部钉木封檐板，沿山墙挑檐的一行瓦，应用 1:2.5 的水泥砂浆做出披水线，将瓦封固。

(2)天沟和斜沟构造。在等高跨或高低跨相交处，常常出现天沟，而两个相互垂直的屋面相交处则形成斜沟。

沟应有足够的断面面积，上口宽度不宜小于 300～500 mm，一般用镀锌薄钢板铺于木基层上，镀锌薄钢板伸入瓦片下面至少 150 mm。高低跨和包檐天沟若采用镀锌薄钢板防水层时，应从天沟内延伸至立墙（女儿墙）上形成泛水。天沟、斜沟构造如图 5-47 所示。

图 5-47　天沟、斜沟构造

(a)三角形天沟(双跨屋面)；(b)矩形天沟(双跨屋面)；(c)高低跨屋面天沟

4.3　坡屋面的保温、隔热

1. 坡屋面的保温

坡屋面的保温有屋面保温和顶棚保温两种，如图 5-48 所示。当采用屋面保温时，保温层一般布置在瓦材与檩条之间或吊顶棚上面。保温材料可根据工程具体要求选用松散材料、块体材料或板状材料。

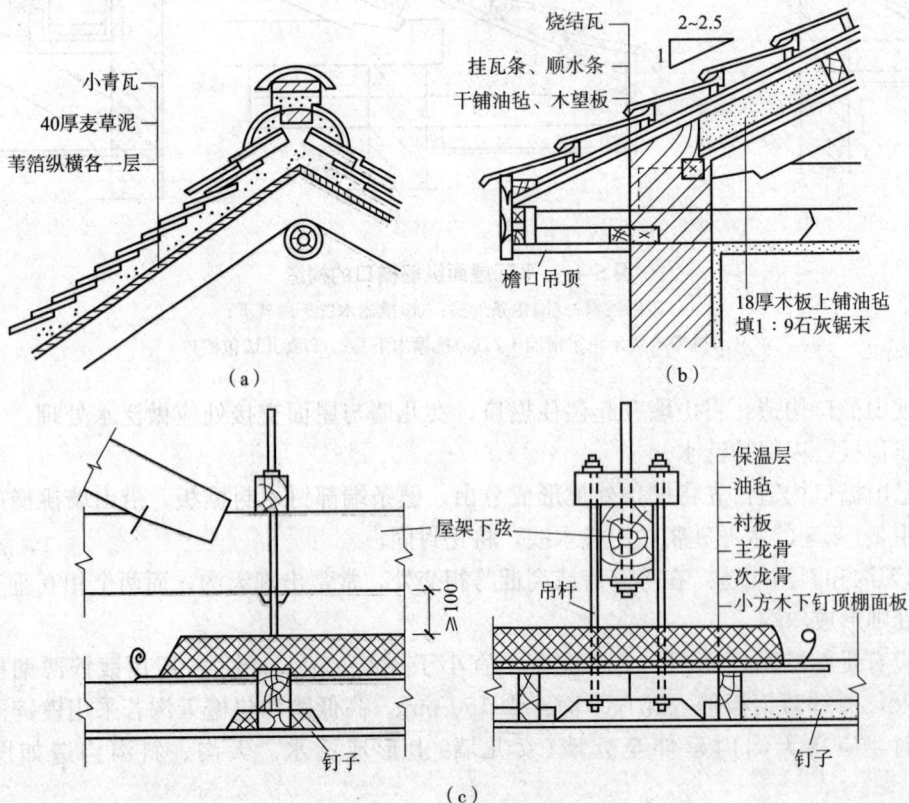

图 5-48　坡屋面保温构造

(a)小青瓦保温屋面；(b)平瓦保温屋面；(c)保温吊顶棚

2. 坡屋面的隔热

炎热地区坡屋面的隔热除采用实体材料隔热外，较为有效的措施是设置通风间层，在坡屋面中设进气口和排气口，如图5-49所示为几种通风屋面的示意。

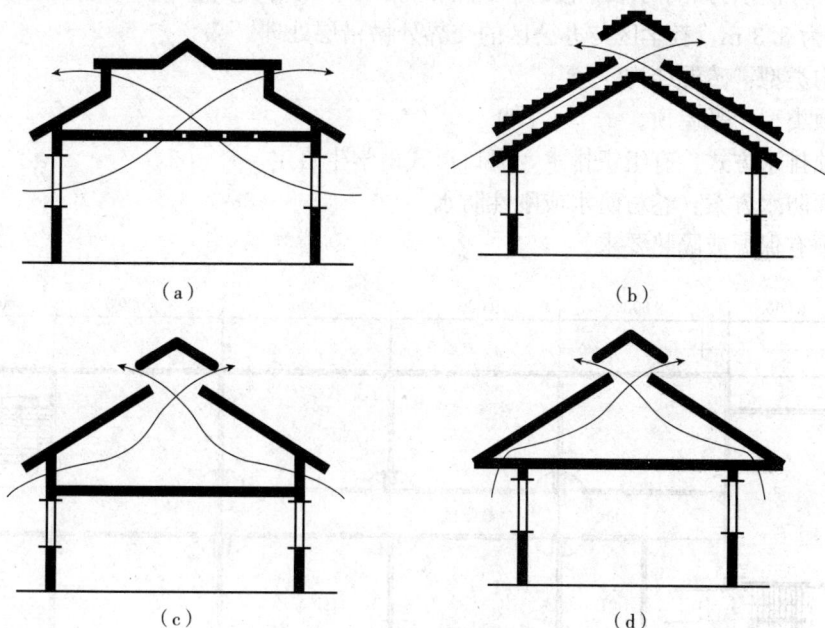

图 5-49　坡屋面通风示意

(a)在顶棚和天窗设通风孔；(b)在外墙和天窗设通风孔之一；(c)在外墙和天窗设通风孔之二；(d)在山墙及檐口设通风孔

任务解决

一项调查显示，在"平改坡"住宅中，改造前屋顶渗漏情况达到85%～90%，改造后，基本解决了屋顶渗漏的问题，经受住了梅雨季节、台风暴雨的考验。由于新技术和新材料的应用，居民反映，原来天气预报最高温度35 ℃，家中温度高达39 ℃，改造后，室温比原先明显降低了。

借鉴上海"平改坡"工程的经验，天津于2010年开始了住宅"平改坡"改造工程，温州于2011年实施"平改坡"给多层住宅"穿衣戴帽"，较好地解决了长期以来屋顶渗漏的问题。

实　训

一、实训目的

通过本次作业，学生掌握屋顶有组织排水的设计方法和屋顶构造节点详图设计，训练绘制和识读施工图的能力。

二、设计资料

（1）图 5-50 所示为某小学教学楼的平面图和剖面图。该教学楼为四层，教学区层高为 3.6 m，办公区层高为 3.3 m，教学区与办公区的交界处做错层处理。

（2）结构类型：砖混结构。

（3）屋顶类型：平屋顶。

（4）屋顶排水方式：有组织排水，檐口形式由学生自定。

（5）屋面防水方案：卷材防水或刚性防水。

（6）屋顶有保温或隔热要求。

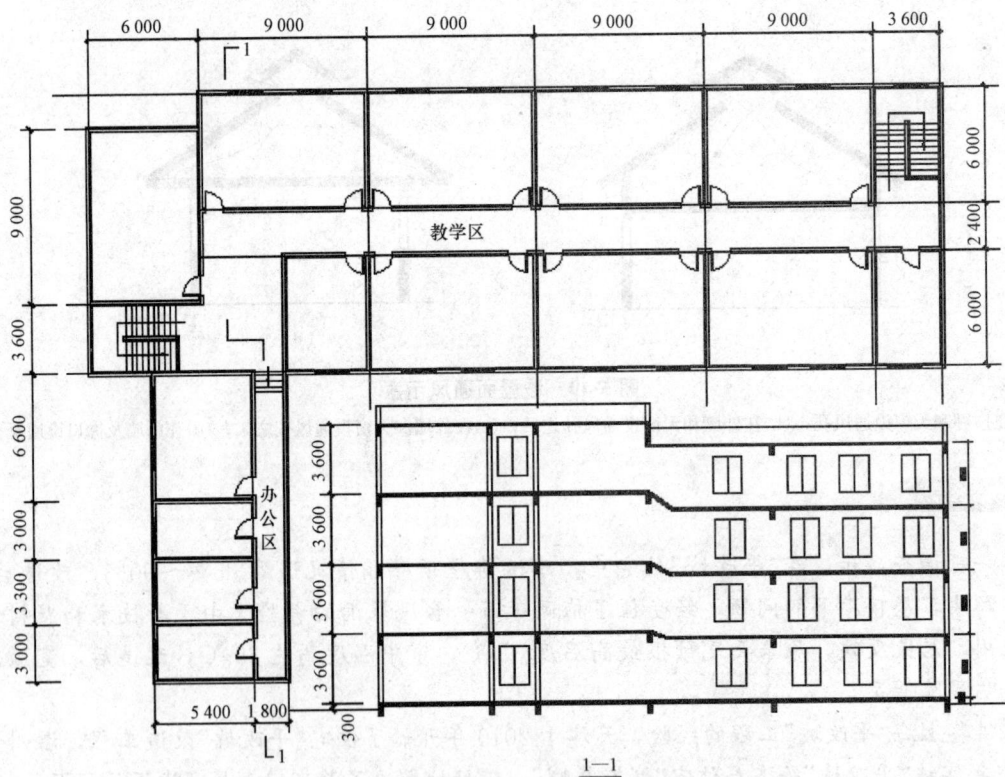

图 5-50　教学楼平面与剖面图

三、设计内容及图纸要求

用一张 A3 图纸，按建筑制图标准的规定，绘制该小学教学楼屋顶平面图和屋顶节点详图。

1. 屋顶平面图(比例 1∶200)

（1）画出各坡面交线、檐沟或女儿墙和天沟、雨水口和屋面上人孔等，刚性防水屋面还应画出纵横分格缝。

（2）标注屋面和檐沟或天沟内的排水方向和坡度大小，标注屋面上人孔等凸出屋面部分的有关尺寸，标注屋面标高(结构上表面标高)。

(3)标注各转角处的定位轴线和编号。

(4)外部标注两道尺寸(轴线尺寸和雨水口到邻近轴线的距离或雨水口的间距)。

(5)标注详图索引符号，并注明图名和比例。

2. 屋顶节点详图(比例 1∶10 或 1∶20)

(1)檐口构造。当采用檐沟外排水时，表示清楚檐沟板的形式、屋顶各层构造、檐口处的防水处理，以及檐沟板与圈梁、墙、屋面板之间的相互关系，标注檐沟尺寸，注明檐沟饰面层的做法和防水层的收头构造做法；当采用女儿墙外排水或内排水时，表示清楚女儿墙压顶构造、泛水构造、屋顶各层构造和天沟形式等，注明女儿墙压顶和泛水的构造做法，标注女儿墙的高度、泛水的高度等尺寸；当采用檐沟女儿墙外排水时要求同上。用多层构造引出线注明屋顶各层做法，标注屋面排水方向和坡度大小，标注详图符号和比例，剖切到的部分用材料图例表示。

(2)泛水构造。画出高低屋面之间的立墙与低屋面交接处的泛水构造，表示清楚泛水构造和屋面各层构造，注明泛水构造做法，标注有关尺寸、详图符号和比例。

(3)雨水口构造。表示清楚雨水口的形式、雨水口处的防水处理，注明细部做法，标注有关尺寸、详图符号和比例。

(4)刚性防水屋面分格缝构造。若选用刚性防水屋面，则应做分格缝，要表示清楚各部分的构造关系，标注细部尺寸、标高、详图符号和比例。

项目小结

屋顶是建筑物顶部的外围护构件和承重构件，屋顶抵抗着雨雪、日晒等自然界变化对建筑物的影响，同时也起着保温、隔热和稳定墙身等作用。本项目主要介绍了屋顶概述、屋面排水设计、平屋面防水构造、坡屋面构造。

思考与练习

一、填空题

1. 屋顶主要由_____、_____、_____和_____四部分组成。

2. 坡屋面按其坡面的数目，可分为_____、_____和_____等。

3. 屋面排水坡度的形成有_____和_____两种做法。

4. 按照_____、_____、_____三种情况，可归纳成几种不同的排水方案。

5. 卷材防水屋面由多层材料叠合而成，其基本构造层次按构造要求主要由_____、_____、_____、_____和_____组成。

6. 高聚物改性沥青防水卷材的铺贴方法有_____和_____两种。

7. _____是指屋面与垂直面交接处的防水构造处理，是水平防水层在垂直面上的延伸。

二、选择题

1. 平屋顶的排水坡度一般不超过 5％，最常用的坡度为（　　）。
    A. 5％   B. 1％   C. 4％   D. 2％～3％

2. 屋顶设计最核心的要求是（　　）。
    A. 美观   B. 承重   C. 防水   D. 保温

3. 坡屋顶多用斜率法来表示坡度，平屋顶常用（　　）来表示坡度。
    A. 百分比法   B. 角度法
    C. 斜率法   D. 角度法、百分比法

4. 屋顶的坡度形成中材料找坡是指（　　）来形成。
    A. 利用预制板的搁置   B. 选用轻质材料找坡
    C. 利用油毡的厚度   D. 利用结构层

5. 平屋顶坡度的形成方式有（　　）。
    A. 纵墙起坡、山墙起坡   B. 山墙起坡
    C. 材料找坡、结构找坡   D. 结构找坡

6. 下列不属于屋顶结构找坡特点的是（　　）。
    A. 经济性好   B. 减轻荷载   C. 室内顶棚平整   D. 排水坡度较大

7. 涂刷冷底子油的作用是（　　）。
    A. 防止油毡鼓泡   B. 防水
    C. 气密性、隔热性较好   D. 黏结防水层

8. 混凝土刚性防水屋面的防水层应采用不低于（　　）级的细石混凝土整体现浇。
    A. C15   B. C20   C. C25   D. C30

9. 混凝土刚性防水中，为减少结构变形对防水层的不利影响，常在防水层与结构层之间设置（　　）。
    A. 隔蒸汽层   B. 隔离层   C. 隔热层   D. 隔声层

10. 以下说法错误的是（　　）。
    A. 泛水应有足够的高度，一般不小于 250 mm
    B. 女儿墙与刚性防水层间留分格缝，可有效地防止其开裂
    C. 泛水应嵌入立墙上的凹槽内并用水泥钉固定
    D. 刚性防水层内的钢筋在分格缝处不应断开

11. 下列说法中正确的是（　　）。
    A. 刚性防水屋面的女儿墙泛水构造与卷材屋面构造是相同的
    B. 刚性防水屋面，女儿墙与防水层之间不应有缝，并附加卷材形成泛水
    C. 泛水应有足够的高度，一般不小于 250 mm
    D. 刚性防水层内的钢筋在分格缝处应连通，以保持防水层的整体性

三、简答题

1. 屋面的设计要求有哪些？
2. 屋盖排水方式有哪些？
3. 简述屋面排水组织设计的一般步骤。

项目6 楼 梯

知识目标

了解楼梯的组成、类型；熟悉楼梯的设计与尺寸、电梯及自动扶梯的类型、组成及构造；掌握现浇整体式钢筋混凝土楼梯构造、预制装配式钢筋混凝土楼梯构造、楼梯的细部构造、室外台阶及坡道构造。

能力目标

能够进行简单平行双跑楼梯的设计；能够识读楼梯详图、建筑施工图纸中有关楼梯部分的信息。

素养目标

1. 开展合作时注重礼节，在小组内开展团队协作，信任团队。
2. 认真倾听他人的意见，理解和包容他人。
3. 运用适当的技术进行有效的演示与表述。

任务 1　　楼梯概述

任务描述

住宅及学校的楼梯设计是建筑设计中的重要组成部分，那么住宅及学校的楼梯设计要满足什么要求呢？

相关内容

楼梯作为垂直交通设施，供人们上下楼层和紧急疏散之用。其设计要求包括坚固耐久、安全防火；有足够的通行宽度和疏散能力、美观。

1.1　楼梯的组成

楼梯一般由楼梯段、平台及栏杆(或栏板)扶手三部分组成，如图6-1所示。

1. 楼梯段

楼梯段又称楼梯跑，是联系两个不同标高平台的倾斜构件，通常为板式梯段，也可以由踏步板和梯斜梁组成梁板式梯段。为了减轻疲劳，梯段的踏步步数一般不宜超过18级，但也不宜少于3级，因梯段步数太多使人连续疲劳，步数太少则不易让人察觉。

2. 平台

平台按所处位置和标高不同，有中间平台和楼层平台之分。两楼层之间的平台称为中间平台，用来供人们行走时调节体力和改变行进方向。与楼层地面标高齐平的平台称为楼层平台，除起着与中间平台相同的作用外，还用来分配从楼梯到达各楼层的人流。

3. 栏杆扶手

为了保障在楼梯上行走的安全，在楼梯和平台的临空边缘应设栏杆（板）和扶手，一般设置在梯段的边缘和平台临空的一边。栏杆扶手要求必须坚固、可靠，并保证有足够的安全高度。

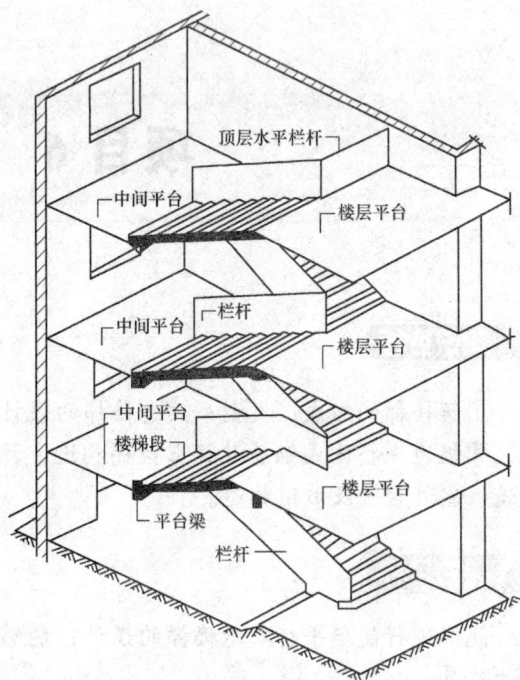

图 6-1　楼梯的组成

> **小提示：** 楼梯作为建筑空间竖向联系的主要部件，其位置应明显，起到提示、引导人流的作用，并要充分考虑人流通行顺畅、行走舒适、结构坚固、防火安全等问题，同时还应满足施工和经济条件的要求。因此，需要合理选择楼梯的形式、坡度、材料、构造做法，精心地处理好其细部构造。

1.2　楼梯的类型

楼梯类型（图6-2）的选择取决于所处位置、楼梯间的平面形状与大小、楼层高低与层数、人流多少与缓急等因素，设计时需综合权衡这些因素。

（1）直行单跑楼梯。如图6-2(a)所示，此种楼梯无中间平台，由于单跑楼段踏步数一般不超过18级，故仅用于层高较小的建筑。

（2）直行多跑楼梯。如图6-2(b)所示，此种楼梯是直行单跑楼梯的延伸，仅增设了中间平台，将单梯段变为多梯段。一般为双跑梯段，适用于层高较大的建筑。

> **小提示：** 直行多跑楼梯给人以直接、顺畅的感觉，导向性强，在公共建筑中常用于人流较多的大厅。但是，由于其缺乏方位上回转上升的连续性，当用于需上下多层楼面的建筑时，会增加交通面积并加长人流行走的距离。

（3）平行双跑楼梯。如图 6-2(c)所示，此种楼梯由于上完一层楼刚好回到原起步方位，与楼梯上升的空间回转往复性吻合，当上下多层楼面时，比直跑楼梯节约交通面积并缩短人流行走距离，是最常用的楼梯形式之一。

（4）平行双分、双合楼梯。如图 6-2(d)所示，平行双分楼梯是在平行双跑楼梯基础上演变产生的。其梯段平行而行走方向相反，且第一跑在中部上行，然后其中间平台处往两边以第一跑的 1/2 梯段宽，各上一跑到楼层面，通常在人流多、楼段宽度较大时采用。由于其造型的对称严谨性，常用作办公类建筑的主要楼梯。

平行双合楼梯如图 6-2(e)所示，此种楼梯与平行双分楼梯类似，区别仅在于楼层平台起步第一跑梯段前者在中而后者在两边。

（5）折行多跑楼梯。如图 6-2(f)所示，折行双跑楼梯的人流导向较自由，折角可变，可为 90°，也可大于或小于 90°。当折角大于 90°时，由于其行进方向性类似直行双跑梯，故常用于导向性强、仅上一层楼的影剧院、体育馆等建筑的门厅中；当折角小于 90°时，其行进方向回转延续性有所改观，形成三角形楼梯间。

如图 6-2(g)所示，折行三跑楼梯中部形成较大梯井。由于有三跑梯段，常用于层高较大的公共建筑中。因楼梯井较大，不安全，供少年儿童使用的建筑不能采用此种楼梯。过去有在楼梯井中加电梯井的做法，如图 6-2(h)所示，但现在已不使用。

（6）交叉跑（剪刀）楼梯。如图 6-2(i)所示，交叉跑（剪刀）楼梯，可认为由两个直行单跑楼梯交叉并列布置而成，通行的人流量较大，且为上下楼层的人流提供了两个方向，对于空间开敞、楼层人流多方向进入有利，但仅适合层高小的建筑。当层高较大时，设置中间平台，中间平台为人流变换行走方向提供了条件，适用于层高较大且有楼层人流多向性选择要求的建筑，如商场、多层食堂等。

如图 6-2(i)、(j)所示，在交叉跑（剪刀）楼梯中间加上防火分隔墙（图中虚线所示），在楼梯周边设防火墙并设防火门形成楼梯间，就成了防火交叉跑（剪刀）楼梯。其特点是两边梯段空间互不相通，形成两个各自独立的空间通道，在保证防火分隔安全的前提下，这种楼梯可以视为两部独立的疏散楼梯，满足双向疏散的要求。由于其水平投影面积小，节约了建筑空间，故常在有双向疏散要求的高层居住建筑中采用。

（7）螺旋形楼梯。如图 6-2(k)所示，螺旋形楼梯通常是围绕一根单柱布置，平面呈圆形。其平台和踏步均为扇形平面，踏步内侧宽度很小，并形成较陡的坡度，行走时不安全，且构造复杂。这种楼梯不能作为主要人流交通和疏散楼梯使用，但由于其流线形造型美观，故常作为建筑小品布置在庭院或室内。

小提示： 为了克服螺旋形楼梯内侧坡度过陡的缺点，在较大型的楼梯中，可将其中间的单柱变为群柱或筒体。

（8）弧形楼梯。如图 6-2(l)所示，弧形楼梯与螺旋形楼梯的不同之处在于它围绕一较大的轴心空间旋转，未构成水平投影圆，仅为一段弧环，并且曲率半径较大。其扇形踏步的内侧宽度也较大，使坡度不至于过陡，可以用来通行较多的人流。弧形楼梯也是折行楼梯的演变形式，当布置在公共建筑的门厅时，具有明显的导向性和优美轻盈的造型。但其结构和施工难度较大，通常采用现浇钢筋混凝土或钢结构。

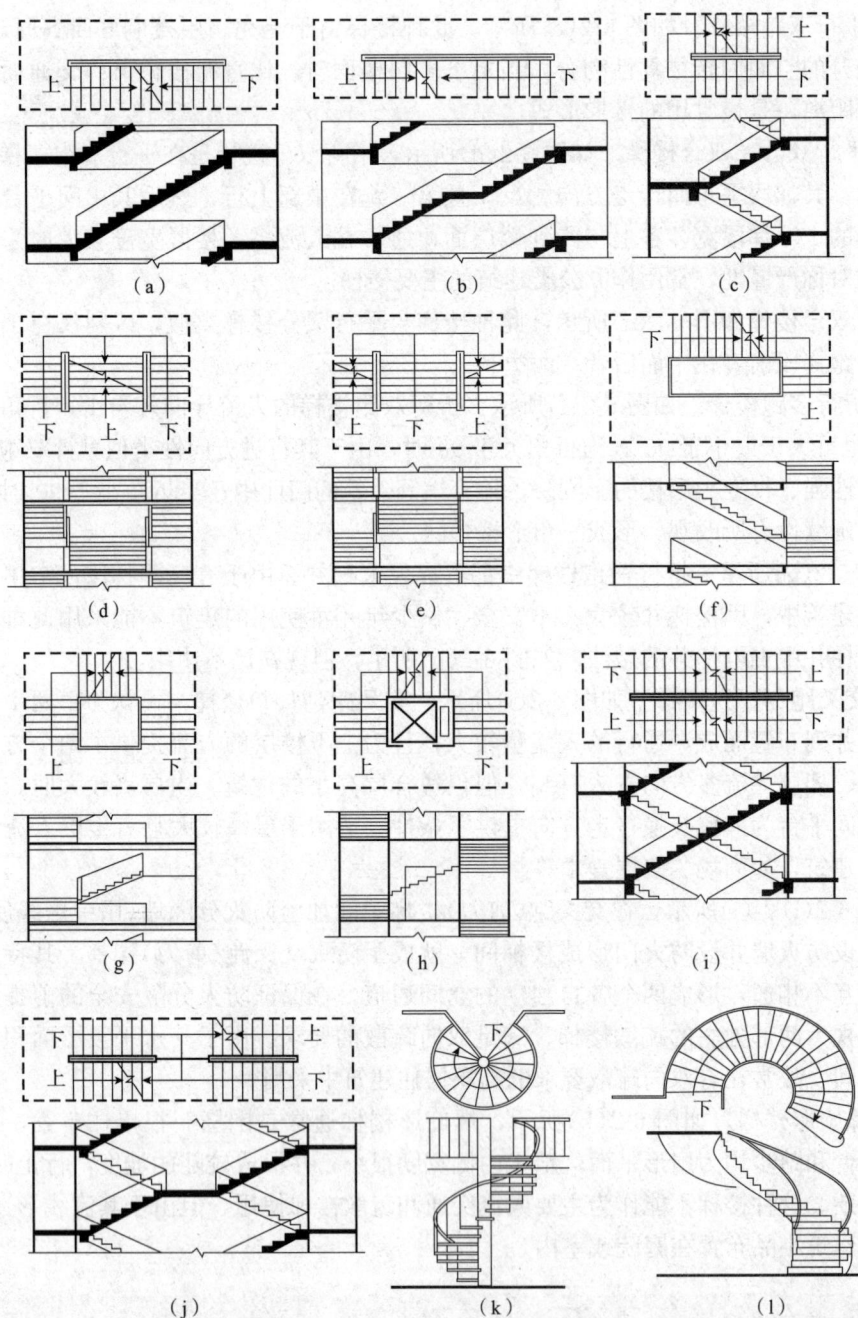

图 6-2　楼梯类型

(a)直行单跑楼梯；(b)直行多跑楼梯；(c)平行双跑楼梯；(d)平行双分楼梯；(e)平行双合楼梯；(f)折行双跑楼梯；
(g)折行三跑楼梯；(h)设电梯折行三跑楼梯；(i)、(j)交叉跑(剪刀)楼梯；(k)螺旋形楼梯；(l)弧形楼梯

1.3　楼梯的设计与尺寸

1. 楼梯坡度

楼梯坡度是指楼梯段沿水平面倾斜的角度。在确定楼梯坡度时，应综合考虑人行走的

舒适与方便、建筑物的使用性质与层高、经济等因素的影响。

楼梯坡度有两种表示方法：一种是角度法，即用楼梯段和水平面的夹角表示；另一种是比值法，即用楼梯段在水平面上的投影长度与在垂直面上的投影高度之比来表示（也可用楼梯踏步的踏面宽度与踢面高度的比值来表示）。由于踏步尺寸变化较大，用角度法表示比较麻烦，因此在实际工程中常常采用比值法。

一般楼梯的坡度为23°～45°，正常情况下应把楼梯的坡度控制在38°以内，一般认为30°左右较为适宜，坡度小于23°时，应设置坡道；坡度大于45°时，应设置爬梯，如图6-3所示。

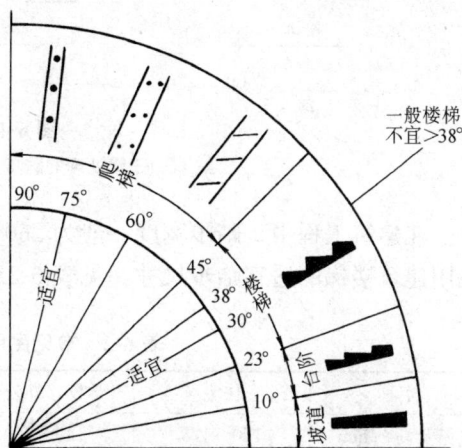

图6-3 坡道、台阶、楼梯和爬梯的坡度范围

2. 踏步尺寸

楼梯踏步尺寸的大小实质上决定了楼梯的坡度，因此，踏步尺寸是否合适就显得非常重要。其影响因素有使用性质、人流行走的舒适度、安全感等。

一般认为踏步宽度应大于成年男子的脚长，而踏步高度则取决于踏步的宽度，通常可按以下经验公式计算：

$$2h+b=600～620 \text{ mm（人的平均步距）}$$

$$或 h+b=450 \text{ mm}$$

式中　b——踏步宽度（相邻两踏步前缘线之间的水平距离）；

h——踏步高度（相邻两踏步面之间的垂面距离）。

楼梯踏步尺寸一般应根据建筑的使用性质及楼梯的通行状况综合确定，楼梯踏步的高宽比应符合表6-1的规定。

表6-1　楼梯踏步最小宽度和最大高度　　　　　　　　　　　　　　　　　　　m

楼梯类别		最小宽度	最大高度
住宅共用楼梯		0.26	0.175
托儿所、幼儿园、小学校楼梯		0.26	0.15
人员密集且竖向交通繁忙的建筑和大、中学校楼梯		0.28	0.16
宿舍楼梯	小学宿舍楼梯	0.26	0.15
	其他宿舍楼梯	0.27	0.165
老年人建筑楼梯		0.30	0.15
其他建筑或部位及竖向交通不繁忙的高层、超高层建筑楼梯		0.26	0.17
住宅套内楼梯、维修专用楼梯		0.22	0.20
注：螺旋形楼梯和扇形踏步内侧扶手中心0.25 m处的踏步宽度不应小于0.22 m			

同一部楼梯各级踏步尺寸相同。由于踏步的宽度往往受到楼梯间进深的限制，在不改变楼梯坡度的情况下，可以采用图6-4所示的措施来增加踏步宽度，以增加人们上下楼梯时的舒适度。螺旋形楼梯的踏步平面通常是扇形的，对疏散不利，因此，螺旋形楼梯不宜用于疏散。

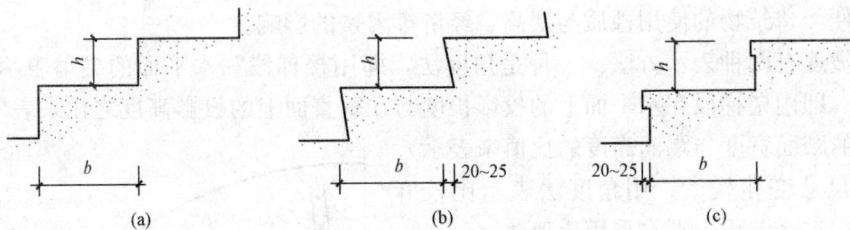

图 6-4　踏步尺寸处理

(a)正常处理的踏步；(b)踏步倾斜；(c)出挑踏步檐

在建筑工程中，踏步宽度一般为 260～300 mm，踏步高度一般为 150～175 mm。常见民用建筑楼梯的适宜踏步尺寸，见表 6-2。

表 6-2　常见民用建筑楼梯的适宜踏步尺寸

名称	住宅	学校、办公楼	剧院、食堂	医院	幼儿园
踏步高 h/mm	150～175	140～160	120～150	150	120～150
踏步宽 b/mm	250～300	280～340	300～350	300	260～300

3. 梯段尺度

楼梯的宽度包括楼梯段的宽度和平台宽度。从保证安全疏散出发，《建筑设计防火规范（2018 年版）》（GB 50016—2014）规定了疏散楼梯的总宽度。学校、商店、办公楼等一般民用建筑疏散楼梯的总宽度，应通过计算确定。

(1)楼梯梯段宽度。楼梯梯段宽度是指墙面至扶手中心线或扶手中心线之间的水平距离。楼梯梯段宽度除应符合《建筑设计防火规范（2018 年版）》（GB 50016—2014）的规定外，供日常主要交通使用楼梯的梯段宽度应根据建筑物使用特征，按每股人流为 0.55 m＋(0～0.15) m 的人流股数确定，并不应少于两股人流。(0～0.15) m 为人流在行进中人体的摆幅，公共建筑人流众多的场所应取上限值。住宅建筑公用楼梯的梯段净宽不应小于 1.10 m。建筑高度不大于 18 m 的住宅，一边设有栏杆的梯段净宽不应小于 1 m。楼梯井净宽大于 0.11 m 时，必须采取防止儿童攀滑的措施。住宅套内楼梯的梯段净宽，当一边临空时，不应小于 0.75 m；当两侧有墙时，不应小于 0.90 m。楼梯梯段宽度见表 6-3。

表 6-3　楼梯梯段宽度　　　　　　　　　　　　　　　　　　　　　　　　　　　mm

计算依据：每股人流宽度为 550＋(0～150)		
类别	梯段宽度	备注
单人通过	＞900(＞750)	单人双墙(单人单墙)
双人通过	1 100～1 400	
三人通过	1 650～2 100	

(2)楼梯平台宽度。梯段改变方向时，扶手转向端处的平台最小宽度不应小于梯段宽度，并不得小于 1.20 m，当有搬运大型物件需要时应适量加宽。平台上设有消火栓时，应扣除它们所占的宽度。即

$$中间平台宽度\ D_1 \geqslant 梯段宽$$

楼层平台宽度 $D_2 \geqslant$ 梯段宽

4. 楼梯净空高度

楼梯各部位的净空高度应保证人流通行和家具搬运，最低要求不小于 2 000 mm，梯段范围内净空高度应大于 2 200 mm(图 6-5)。

当在平行双跑楼梯底层中间平台下需要设置通道时，为保证平台下净高满足通行要求，一般可采用以下方式解决。

(1)在底层变作长短跑梯段。起步第一跑为长跑，以提高中间平台标高[图 6-6(a)]。

(2)局部降低底层中间平台下地坪标高，使其低于底层室内地坪标高±0.000，以满足净空高度要求。但降低后的中间平台下地坪标高仍应高于室外地坪标高，以避免雨水内溢[图 6-6(b)]。这种处理方式可保持等跑梯段，使构件统一。但中间平台下地坪标高的降低，常依靠底层室内地坪±0.000 标高绝对值的提高来实现，可能增加填土方量或将底层地面架空。

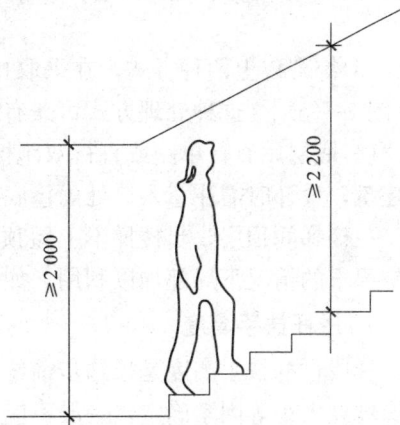

图 6-5　楼梯段净空高度

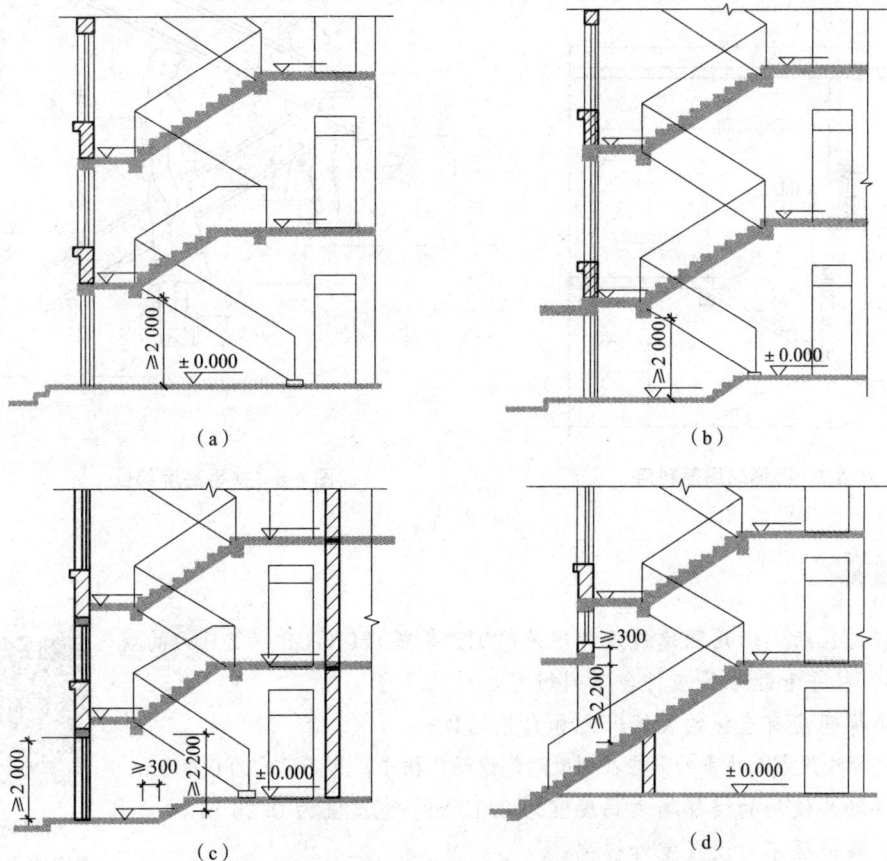

(a)

(b)

(c)

(d)

图 6-6　底层中间平台下入口的处理方式

(a)底层长短跑；(b)局部降低地坪；(c)底层长短跑并局部降低地坪；(d)底层直跑

小提示：这种方式仅在楼梯间进深较大、底层平台宽富裕时适用。

（3）综合以上两种方式，在采取长短跑梯段的同时，又适当降低底层中间平台下地坪标高[图 6-6(c)]。这种处理方式可兼有前两种方式的优点，并弱化其缺点。

（4）底层用直行单跑或直行双跑楼梯直接从室外上二层[图 6-6(d)]。这种方式常用于住宅建筑，设计时需注意入口处雨篷底面标高的位置，保证净空高度在 2.2 m 以上。

在楼梯间顶层，当楼梯不上屋顶时，由于局部净空高度大，空间浪费，可在满足楼梯净空要求的情况下局部加以利用，如做成小储藏间，如图 6-7 所示。

5. 栏杆扶手高度

梯段栏杆扶手高度是指踏步前缘到扶手顶面的垂直距离。其高度根据人体重心高度和楼梯坡度大小等因素确定，一般不应低于 900 mm；靠楼梯井一侧水平扶手超过 500 mm 长度时，其扶手高度不应小于 1 050 mm；供儿童使用的楼梯应在 500～600 mm 高度增设扶手（图 6-8）。托儿所、幼儿园的防护栏杆必须采用防止幼儿攀爬和穿过的构造，当采用垂直杆件做栏杆时，其杆件净距离不应大于 0.09 m。

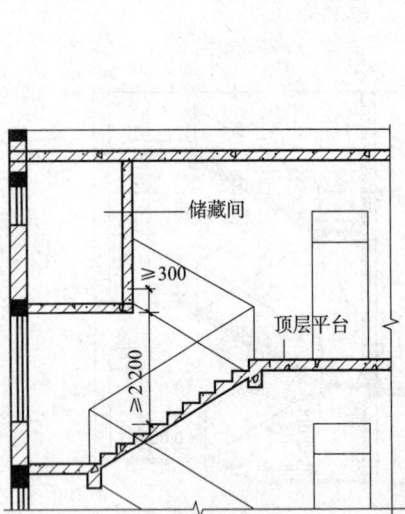

图 6-7　楼梯间局部利用　　　　　　图 6-8　扶手高度部位

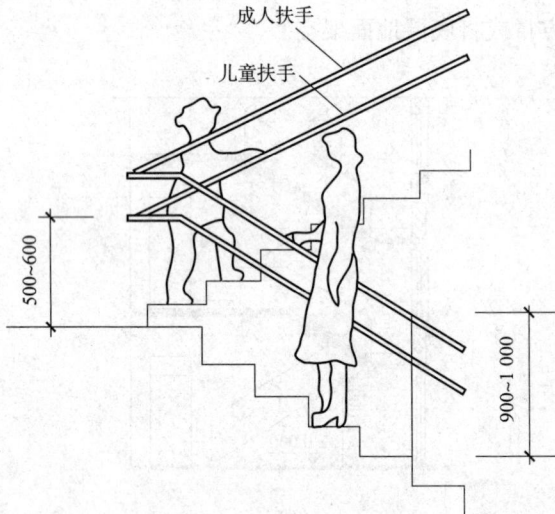

任务解决

根据《托儿所、幼儿园建筑设计规范（2019 年版）》（JGJ 39—2016）的规定，楼梯、扶手和踏步等应符合下列规定：

（1）楼梯间应有直接的天然采光和自然通风；

（2）楼梯除设成人扶手外，应在梯段两侧设幼儿扶手，其高度宜为 0.60 m；

（3）供幼儿使用的楼梯踏步高度宜为 0.13 m，宽度宜为 0.26 m；

（4）严寒地区不应设置室外楼梯；

（5）幼儿使用的楼梯不应采用扇形、螺旋形踏步；

（6）楼梯踏步面应采用防滑材料，踏步踢面不应漏空，踏步面应做明显警示标识；

知识拓展：
楼梯的表达方式

(7)楼梯间在首层应直通室外。

根据《中小学校设计规范》(GB 50099—2011)的规定,中小学校的楼梯扶手的设置应符合下列规定:

(1)楼梯宽度为 2 股人流时,应至少在一侧设置扶手;

(2)楼梯宽度达 3 股人流时,两侧均应设置扶手;

(3)楼梯宽度达 4 股人流时,应加设中间扶手,中间扶手两侧的净宽均应满足《中小学校设计规范》(GB 50099—2011)第 8.7.2 条的规定;

(4)中小学校室内楼梯扶手高度不应低于 0.90 m,室外楼梯扶手高度不应低于 1.10 m;水平扶手高度不应低于 1.10 m;

(5)中小学校的楼梯栏杆不得采用易于攀登的构造和花饰;杆件或花饰的镂空处净距不得大于 0.11 m;

(6)中小学校的楼梯扶手上应加装防止学生溜滑的设施。

根据《住宅设计规范》(GB 50096—2011)的规定:

(1)阳台栏杆设计必须采用防止儿童攀登的构造,栏杆的垂直杆件间净距不应大于 110 mm,放置花盆处必须采用防坠落措施。

(2)阳台栏板或栏杆净高,六层及六层以下不应低于 1 050 mm;七层及七层以上不应低于 1 100 mm。

(3)窗外没有阳台或平台的外窗,窗台距楼面、地面的净高低于 900 mm 时,应设立防护设施。

(4)底层外窗和阳台门、下沿低于 2 000 mm 且紧邻走廊或共用上人屋面上的窗和门,应采用防卫措施。

(5)楼梯间、电梯厅等共用部分的外窗,窗外没有阳台或平台,且窗台距楼面、地面的净高小于 900 mm 时,应设立防护设施。

(6)公共出入口台阶高度超过 700 mm 并侧面临空时,应设立防护设施,防护设施净高不应低于 1 050 mm。

(7)外廊、内天井及上人屋面等临空处的栏杆净高,六层及六层以下不应低于 1 050 mm,七层及七层以上不应低于 1 100 mm。防护栏杆必须采用防止儿童攀登的构造,栏杆的垂直杆件间净距不应大于 110 mm。放置花盆处必须采用防坠落措施。

任务 2　钢筋混凝土楼梯构造

任务描述

某内廊式教学楼的层高为 3.60 m,楼梯间的开间为 3.30 m,进深为 6 m,室内外地面高差为 450 mm,墙厚为 240 mm,轴线居中,试设计该楼梯。

相关内容

2.1　现浇整体式钢筋混凝土楼梯

现浇整体式钢筋混凝土楼梯有梁承式、梁悬臂式、扭板式等类型。

1. 现浇梁承式钢筋混凝土楼梯

现浇梁承式钢筋混凝土楼梯由于其平台梁和梯段连接为一整体，比预制装配梁承式钢筋混凝土楼梯受构件搭接支承关系的制约少。当梯段为梁板式梯段时，梯斜梁可上或下翻形成梯帮，如图 6-9(a)、(b)所示。由于梁板式楼梯踏步板为折线形，支模较困难，常做成板式梯段，如图 6-9(c)所示。

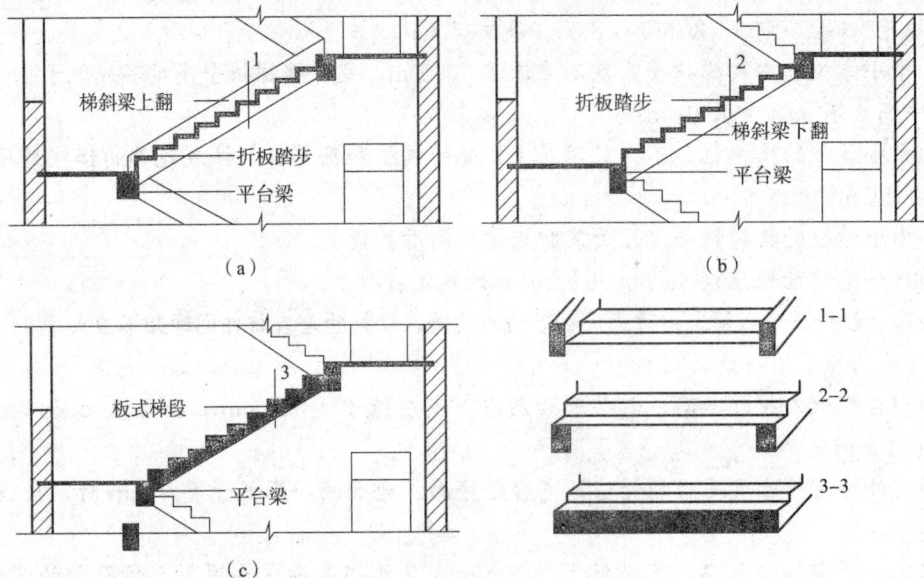

图 6-9 现浇梁承式钢筋混凝土楼梯
(a)梯斜梁上翻；(b)梯斜梁下翻；(c)板式梯段

2. 现浇梁悬臂式钢筋混凝土楼梯

现浇梁悬臂式钢筋混凝土楼梯是指踏步板从梯斜梁两边或一边悬挑的楼梯形式，常用于框架结构建筑中或室外露天楼梯，如图 6-10 所示。

这种楼梯一般为单梁或双梁支承踏步板和平台板。单梁悬臂常用于中小型楼梯或小品景观楼梯，双梁悬臂则用于梯段宽度大、人流量大的大型楼梯。可减小踏步板跨，但双梁底面之间常需另做吊顶。由于踏步板悬挑，造型轻盈美观。踏步板断面形式有平板式、折板式和三角形板式。平板式断面踏步使梯段踢面空透，常用于室外楼梯，为了使梁悬踏步板符合力学规律并增加美观，常将踏步板断面逐渐向悬臂端减薄，如图 6-10(a)所示。折板式断面踏步板由于踢面未漏空，可加强板的刚度并避免尘埃下落，故常用于室内，如图 6-10(b)所示。为了解决折板式断面踏步板底支模困难和不平整的弊病，可采用三角形断面踏步板式楼梯，使其板底平整，支模简单，如图 6-10(c)所示。但这种做法混凝土用量和自重均有所增加。

现浇梁悬臂式钢筋混凝土楼梯通常采用整体现浇方式，但为了减少现场支模，也可以采用梁现浇，踏步板预制装配的施工方式。这时对于斜梁与踏步板和踏步板之间的连接，须慎重处理，以保证其安全可靠。如图 6-11 所示，在现浇梁上预埋钢板与预制踏步板预埋件焊接，并在踏步之间用钢筋插接后用高强度等级水泥砂浆灌浆填实，加强其整体性。

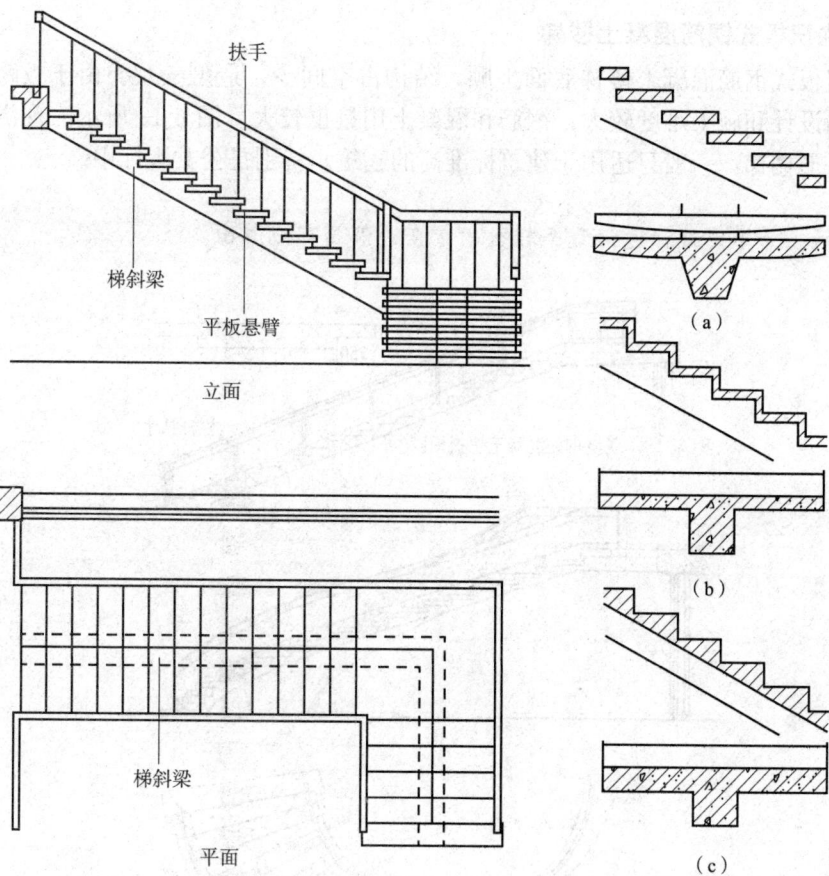

图 6-10　现浇梁悬臂式钢筋混凝土楼梯

(a)平板式；(b)折板式；(c)三角形板式

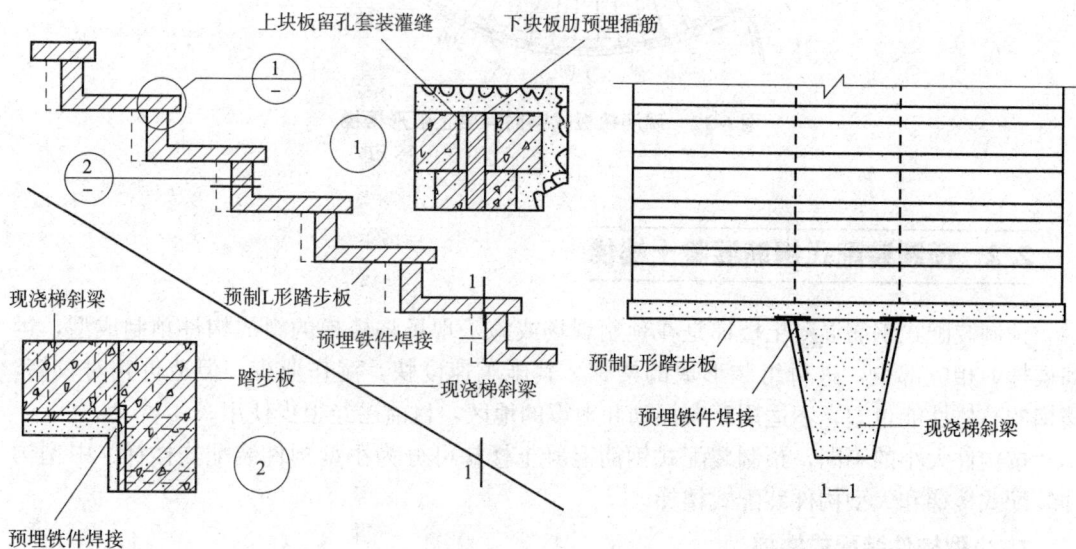

图 6-11　部分现浇梁悬臂式钢筋混凝土楼梯

3. 现浇扭板式钢筋混凝土楼梯

现浇扭板式钢筋混凝土楼梯底面平顺，结构占空间少，造型美观。由于板跨大，受力复杂，结构设计和施工难度较大，钢筋和混凝土用量也较大。图 6-12 所示为现浇扭板式钢筋混凝土弧形楼梯，一般只适用于建筑标准高的建筑，特别是公共大厅中。

小提示： 为了使楼梯边沿线条轻盈，常在边沿局部减薄出挑。

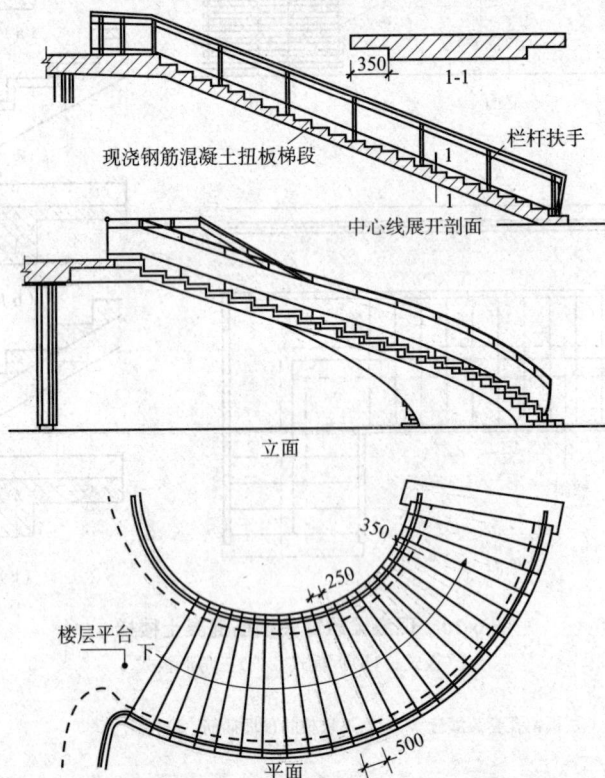

图 6-12　现浇扭板式钢筋混凝土弧形楼梯

2.2　预制装配式钢筋混凝土楼梯

预制装配式钢筋混凝土楼梯是在预制现场或施工现场将楼梯的组成构件预制成型，运到楼梯的相应部位，进行组装形成的楼梯。其施工速度快，湿作业少，但造价相对较高，楼梯的整体性能也差，不适用于有振动和地震的地区，目前已经很少使用。

按构件大小的不同，预制装配式钢筋混凝土楼梯可分为小型构件装配式楼梯、中型构件装配式楼梯和大型构件装配式楼梯。

1. 小型构件装配式楼梯

小型构件装配式楼梯一般由踏步板、梯梁、平台梁、平台板等组成。小型构件装配式楼梯可分为梁承式、墙承式和悬挑式，如图 6-13 所示。

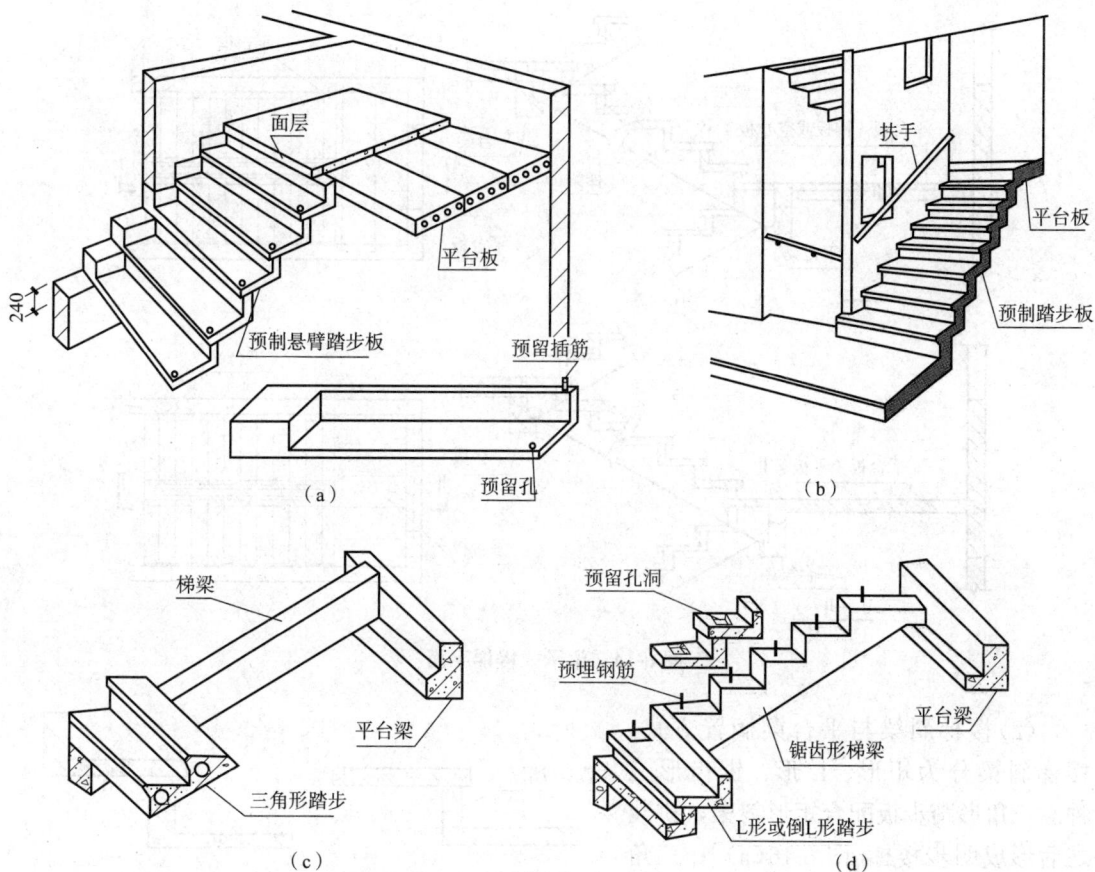

图 6-13 小型构件装配式楼梯
(a)悬挑式楼梯；(b)墙承式楼梯；(c)、(d)梁承式楼梯

> **小提示**：小型构件装配式楼梯的构件尺寸小、质量轻、数量多，一般把踏步板作为基本构件，具有构件生产、运输、安装方便的优点；同时，存在施工较复杂、施工进度慢和湿作业量大的缺点，适用于施工条件较差的地区。

(1)梁承式楼梯。梁承式楼梯由斜梁、踏步板、平台梁和平台预制板装配而成。这些基本构件的传力：踏步板搁置在斜梁上，斜梁搁置在平台梁上，平台梁搁置在两边侧墙上，而平台既可以搁置在两边侧墙上，也可以一边搁在墙上、另一边搁在平台梁上。图 6-14 所示为梁承式楼梯平面。

踏步板截面形式有三角形(正、反)、L 形(正、反)和一字形三种，如图 6-15 所示。一字形断面踏步板制作简单，踢面可漏空或填实，但其受力不太合理，仅用于简支和悬挑式楼梯。L 形断面踏步板用锯齿形斜梁。肋向上者，作为简支时，下面的肋可做上面板的支承，可用于简支和悬挑楼梯；肋向下者，接缝在下面，踏面和踢面上部交接处看上去较完整，类似带肋平板，结构合理。三角形断面踏步板使梯段底面平整、简洁，解决前几种踏步板底面不平整的问题，但踏步尺寸较难调整，一般多用于简支楼梯。

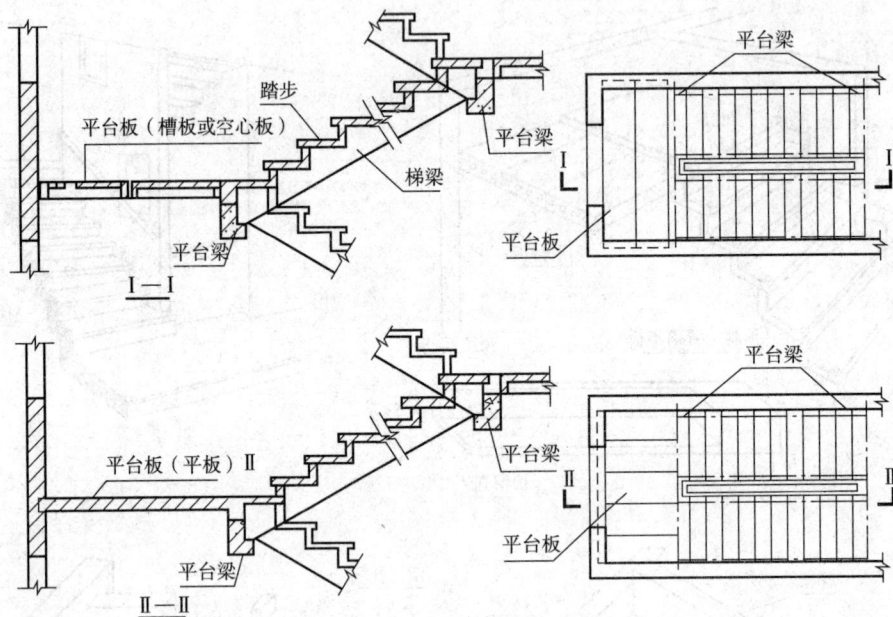

图 6-14　梁承式楼梯平面

（2）楼梯斜梁与平台梁搁置方式。楼梯斜梁分为矩形、L 形、锯齿形三种。三角形踏步板配合矩形斜梁，拼装之后形成明步楼梯［图 6-16（a）］；三角形踏步板配合 L 形斜梁，形成暗步楼梯［图 6-16（b）］。L 形和一字形踏步板应与锯齿形斜梁配合使用。采用一字形踏步板时，一般用侧砌墙作为踏步的踢面［图 6-16（c）］。采用 L 形踏步板时，要求斜梁锯齿的尺寸和踏步板尺寸相互配合、协调，避免出现踏步架空、倾斜的现象。

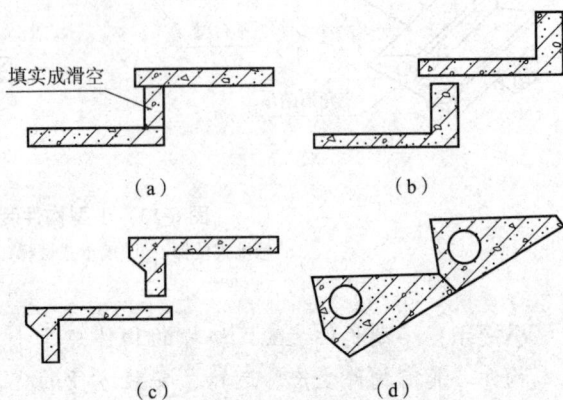

图 6-15　踏步板截面形式
（a）一字形；（b）L 形（正）；（c）L 形（反）；（d）三角形

（3）平台梁位置的选择。为了节省楼梯所占空间，上、下楼梯段最好在同一位置起步和止步。由于现浇钢筋混凝土楼梯是现场施工绑扎钢筋的，因此可以顺利地做到这一点，如图 6-17 所示。预制装配式钢筋混凝土楼梯为了减少楼梯构件类型，往往要求上、下楼梯段在同一高度进入平台梁，这样容易形成上、下楼梯段错开一步或半步起、止步，使楼梯段纵向水平投影长度加大，占用面积增大；若采用平台梁降低的方案对下部净空影响大，还可将斜梁部分做折线形。

2. 中型构件装配式楼梯

中型构件装配式楼梯（图 6-18）一般由楼梯段和带平台梁的平台板两个构件组成。按其结构形式不同，可分为板式梯段和梁式梯段两种。板式梯段为预制整体梯段板，两端搁在平台梁出挑的翼缘上，将梯段荷载直接传递给平台梁，分为实心和空心两种；梁式梯段由踏步板和梯梁共同组成一个构件。

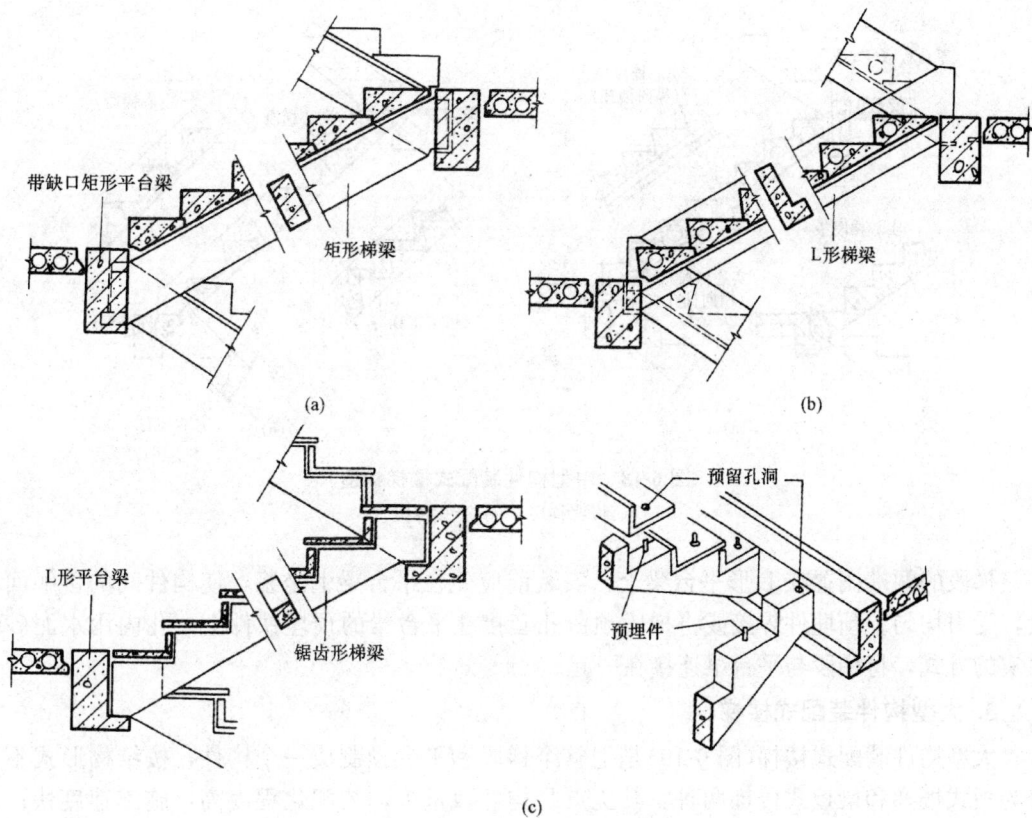

图 6-16 梁承式楼梯的构造

(a)三角形踏步板配合矩形斜梁；(b)三角形踏步板配合 L 形斜梁；(c)L 形和一字形踏步板配合锯齿形斜梁

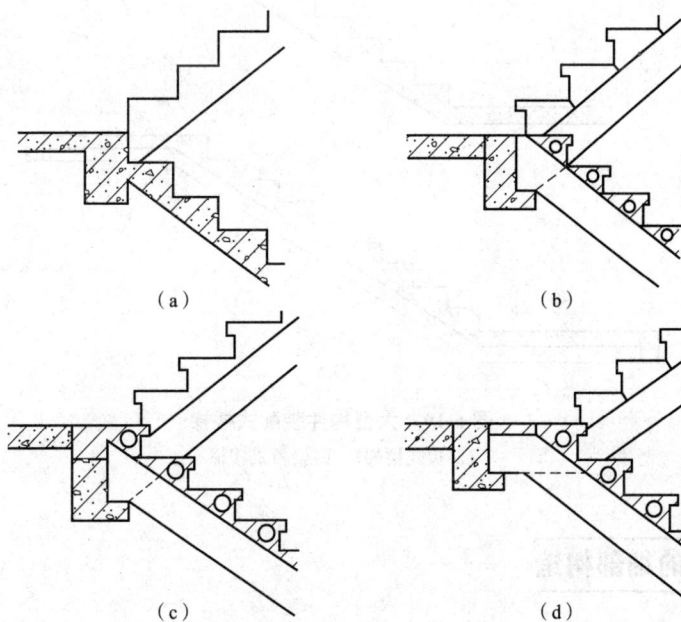

图 6-17 楼梯起、止步的处理

(a)浇楼梯可同时起、止步；(b)踏步错开一步；(c)平台梁位置降低；(d)斜梁做成折线形

图 6-18　中型构件装配式楼梯构造

(a)板式梯段；(b)梁式梯段

梯段的两端搁置在 L 形平台梁上，安装前应先在平台梁上坐浆，使构件间的接触面贴紧，受力均匀。预埋件焊接或将梯段预留孔套接在平台梁的预埋铁件上。孔内用水泥砂浆填实的方式，将梯段与平台梁连接在一起。

3. 大型构件装配式楼梯

大型构件装配式楼梯(图 6-19)是把整个梯段和平台预制成一个构件，按结构形式不同分为板式楼梯和梁板式楼梯两种。其优点是构件数量少，装配化程度高，施工速度快；缺点是施工时需要大型的起重运输设备。

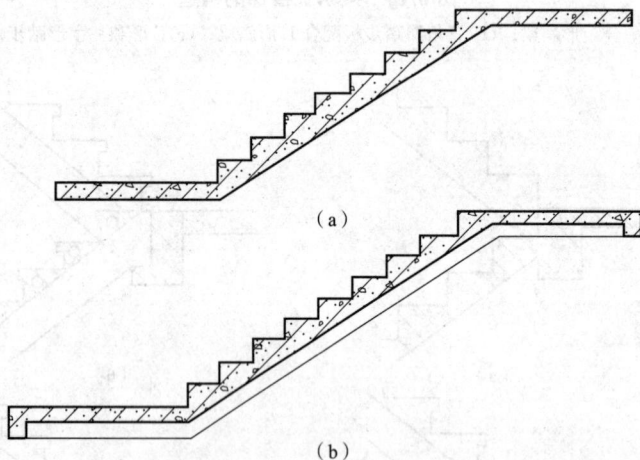

图 6-19　大型构件装配式楼梯

(a)板式楼梯；(b)梁板式楼梯

2.3　楼梯的细部构造

1. 踏步面层及防滑处理

楼梯踏步面层装修做法与楼层面层装修做法基本相同，但由于楼梯是一幢建筑中的主要交通疏散部件，其对人流的导向性要求高，使用频率大，装修用材标准应高于或至少不低于楼地面装修用材标准，使其在建筑中具有明显醒目的地位，引导人流。同时，由于楼梯人流量大，使用率高，在考虑踏步面层装修做法时应选择耐磨、防滑、美观、不起尘的材料。根据造价和装修标准的不同，常用的有水泥豆石面层、普通水磨石面层、彩色水磨石面层、地面砖面层、大理石面层、花岗石面层等。

在踏步上设置防滑条的目的在于避免行人滑倒，并起到保护踏步阳角的作用。在人流量较大的楼梯中均应设置。其设置位置靠近踏步阳角处。常用的防滑条材料有水泥铁屑、金刚砂、金属条(铸铁、铝条、铜条)、陶瓷马赛克及带防滑条地面砖等，如图 6-20 所示。

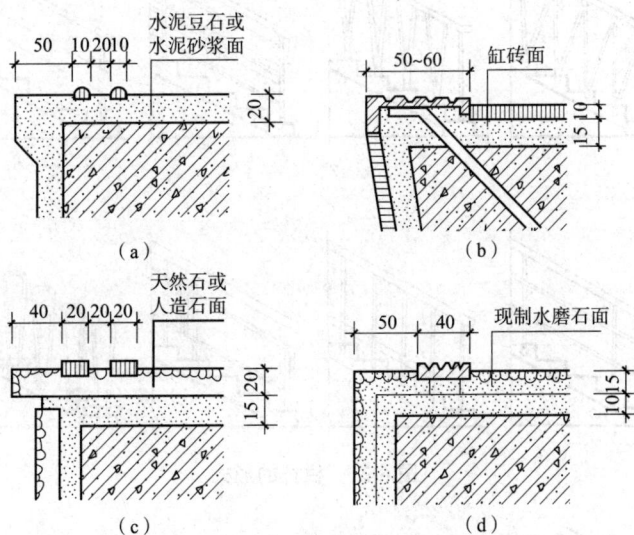

图 6-20　踏步面层及防滑处理

(a)金刚砂防滑条；(b)铸铁防滑条；(c)陶瓷马赛克防滑条；(d)金属防滑条

小提示：需要注意的是，防滑条应凸出踏步面 2～3 mm，但不能太高，实际工程中如做得太高，反而使行走不便。

2. 栏杆与扶手构造

栏杆是布置在楼梯梯段和平台边缘处有一定安全保障度的围护构件，其形式如图 6-21 所示。栏杆或栏板顶部供人们行走倚扶用的连续构件，称为扶手。栏杆、扶手在设计、施工时应考虑坚固、安全、适用、美观。栏杆多采用方钢、圆钢、钢管或扁钢等材料，可焊接或铆接成各种图案，既起防护作用，又起装饰作用。

(1)空花栏杆。空花栏杆多用方钢、圆钢、扁钢等型材焊接或铆接成各种图案，既起到防护作用，又有一定的装饰效果。常用栏杆断面尺寸：圆钢 φ16～φ25 mm、方钢 15 mm×15 mm～25 mm×25 mm、扁钢(30～50)mm×(3～6)mm、钢管 φ20～φ50 mm。

栏杆与踏步的连接方式有锚接、焊接和栓接三种，如图 6-22 所示。锚接是在踏步上预留孔洞，然后将钢条插入孔内，预留孔一般为 50 mm×50 mm，插入洞内至少 80 mm，洞内浇筑水泥砂浆或细石混凝土嵌固；焊接则是在浇筑楼梯踏步时，在需要设置栏杆的部位，沿踏步面预埋钢板或在踏步内埋套管，然后将钢条焊接在预埋钢板或套管上；栓接是指利用螺栓将栏杆固定在踏步上，方式可有多种。

图 6-21 栏杆的形式

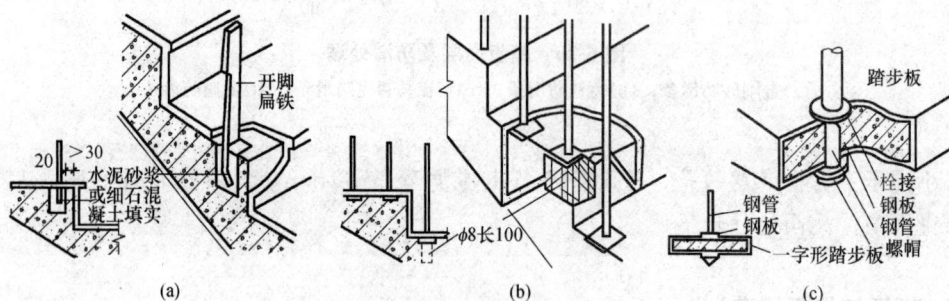

图 6-22 栏杆的固定

(a)锚接；(b)焊接；(c)栓接

（2）砖砌栏板。当栏板厚度为 60 mm（即标准砖侧砌）时，外侧要用钢筋网加固，再用钢筋混凝土扶手与栏板连成整体。

钢筋混凝土楼梯栏板有现浇和预制两种。现浇钢筋混凝土楼梯栏板经支模、扎筋后，与楼梯段整浇；预制钢筋混凝土楼梯栏板则用预埋钢板焊接。

3. 组合式栏板

组合式栏板是将空花栏杆与实体栏板组合而成的一种栏杆形式。空花部分多用金属材料制成，栏板部分可用砖砌栏板、有机玻璃、钢化玻璃等，两者共同组成组合式栏杆，如图 6-23 所示。

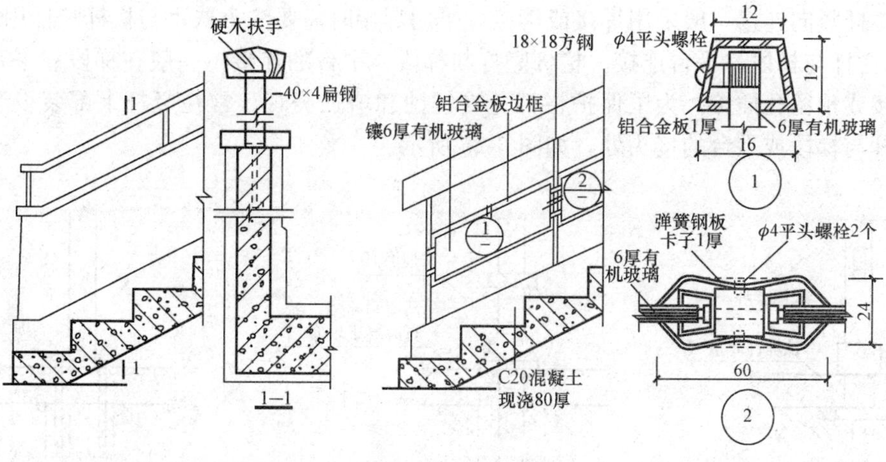

图 6-23　组合式栏板

4. 扶手形式

楼梯扶手形式常用木材、塑料、金属管件（钢筋、铝合金管、铜管和不锈钢管等）制作。木扶手和塑料扶手具有手感舒适、断面形式多样的优点，使用最为广泛。木扶手常采用硬木制作。塑料扶手可选用生产厂家的定型产品，也可另行设计加工制作。金属管材扶手由于其可弯性，常用于螺旋形、弧形楼梯，但其断面形式单一。钢管扶手表面涂层易脱落，铝管、铜管和不锈钢管扶手则造价较高。

扶手断面形式和尺寸的选择既要考虑人体尺度和使用要求，又要考虑与楼梯的尺度关系和加工制作方便。图 6-24 所示为常见扶手断面形式和尺度。

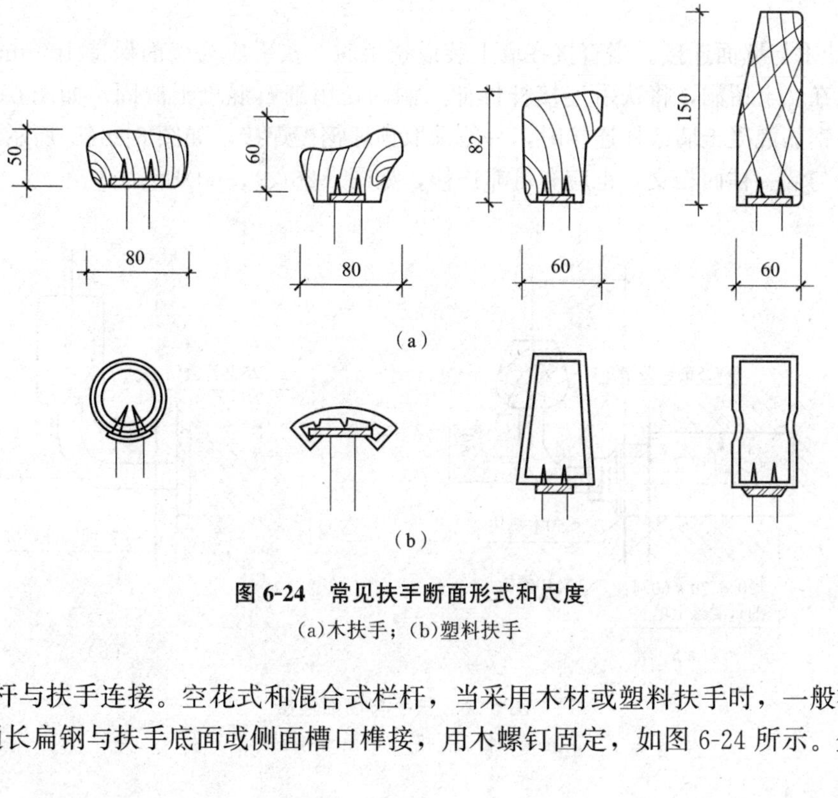

图 6-24　常见扶手断面形式和尺度

（a）木扶手；（b）塑料扶手

(1)栏杆与扶手连接。空花式和混合式栏杆，当采用木材或塑料扶手时，一般在栏杆竖杆顶部设通长扁钢与扶手底面或侧面槽口榫接，用木螺钉固定，如图 6-24 所示。金属管材扶手与栏杆竖向连接一般采用焊接或铆接，采用焊接时需要注意扶手与栏杆竖杆用材一致。

（2）栏杆与梯段、平台连接。栏杆竖杆与梯段、平台的连接，一般在梯段和平台上预埋钢板焊接或预留孔插接。为了保护栏杆免受锈蚀和增强美观，常在竖杆下部装设套环，覆盖住栏杆与梯段或平台的接头处，如图6-25所示。

图 6-25　栏杆与梯段、平台连接

（3）扶手与墙面连接。当直接在墙上装设扶手时，扶手应与墙面保持100 mm左右的距离。一般在墙上留洞，将扶手连接杆件伸入洞内，用细石混凝土嵌固，如图6-26（a）所示。当扶手与钢筋混凝土墙或柱连接时，一般采取预埋钢板焊接，如图6-26（b）所示。在栏杆扶手结束处与墙、柱面相交，也应有可靠连接，如图6-26（c）、（d）所示。

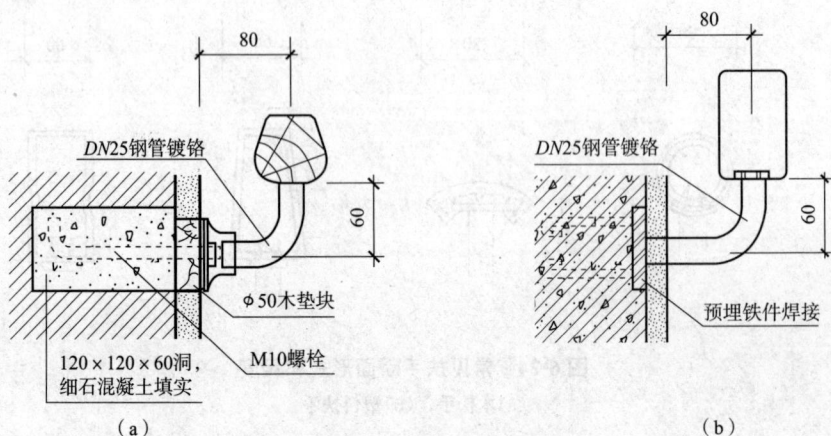

图 6-26　扶手与墙面连接
（a）墙面留洞连接；（b）预埋钢板焊接

木扶手

扁钢伸入洞内
120×120×60洞，
细石混凝土填实

（c）

木扶手

预埋铁件焊接

（d）

图6-26 扶手与墙面连接（续）

（c）、（d）扶手结束处连接

（4）楼梯起步与梯段转折处栏杆扶手处理。在底层第一跑梯段起步处，为增强栏杆刚度和美观，可以结合第一级踏步的形状，对栏杆扶手进行特殊处理，如图6-27所示。

在梯段转折处，由于梯段之间的高差关系，为了保持栏杆高度一致和扶手的连续，需要根据不同情况进行处理。如图6-28所示，当上、下梯段齐步时，上、下扶手在转折处同时向平台延伸半步，使两扶手高度相等，连接自然，但这样做缩小了平台的有效深度，如扶手在转折处不伸入平台，下跑梯段扶手在转折处需上弯形成鹤颈扶手；因鹤颈扶手制作较麻烦，也可改用直线转折的硬接方式。当上、下梯段错一步时，扶手在转折处不需向平台延伸即可自然连接。当长、短跑梯段错开几步时，将出现一段水平栏杆。

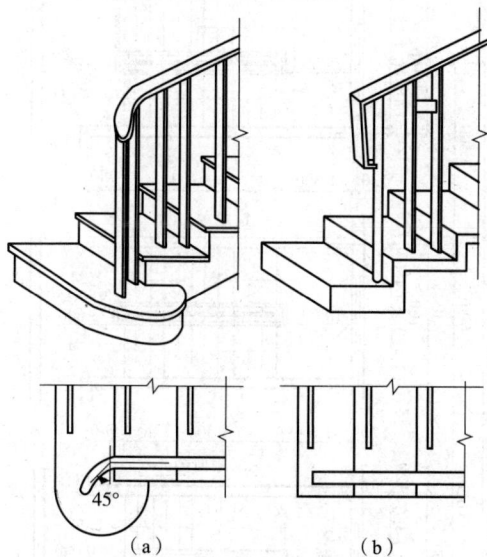

图6-27 楼梯起步处理

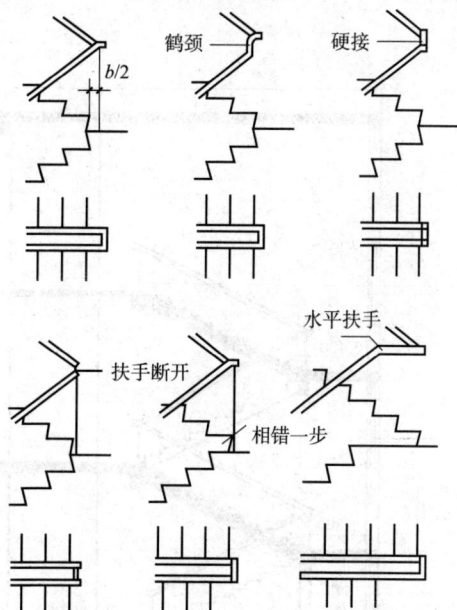

图6-28 梯段转折处栏杆扶手处理

任务解决

（1）选择楼梯形式。对于开间为3.30 m，进深为6 m的楼梯间，适合选用双跑平行楼梯。

（2）确定踏步尺寸和踏步数量。作为公共建筑的楼梯，初步选取踏步宽度 $b = 300$ mm，由经验公式 $2h + b = 600$ mm 求得踏步高度 $h = 150$ mm，初步取 $h = 150$ m。

$$N = \frac{层高(H)}{踏步高(h)} = \frac{3\ 600}{150} = 24(级)$$

(3)确定梯段宽度。取梯井宽为 160 mm，楼梯间净宽为 $3\,300-2\times120=3\,060(\text{mm})$，则梯段宽度为

$$B=\frac{3\,060-160}{2}=1\,450(\text{mm})$$

(4)确定各梯段的踏步数量。各层两梯段采用等跑，则各层两个梯段踏步数量为

$$n_1=n_2=\frac{N}{2}=\frac{24}{2}=12(\text{级})$$

(5)确定梯段长度和梯段高度。

梯段长度 $L_1=L_2=(n-1)b=(12-1)\times300=3\,300(\text{mm})$

梯段高度 $H_1=H_2=n\cdot h=12\times150=1\,800(\text{mm})$

(6)确定平台深度。中间平台深度 B_1 不小于 1 450 mm(梯段宽度)，取 1 600 mm，楼梯平台深度 B_2 暂取 600 mm。

(7)校核。

$L_1+B_1+B_2+120=3\,300+1\,600+600+120=5\,620(\text{mm})<6\,000\ \text{mm}(\text{进深})$

将楼层平台深度加大至 $600+(6\,000-5\,620)=980(\text{mm})$。

(8)绘制楼梯各层平面图和楼梯剖面图，按照三层教学楼绘制(图 6-29)。设计时按照实际层数绘图。

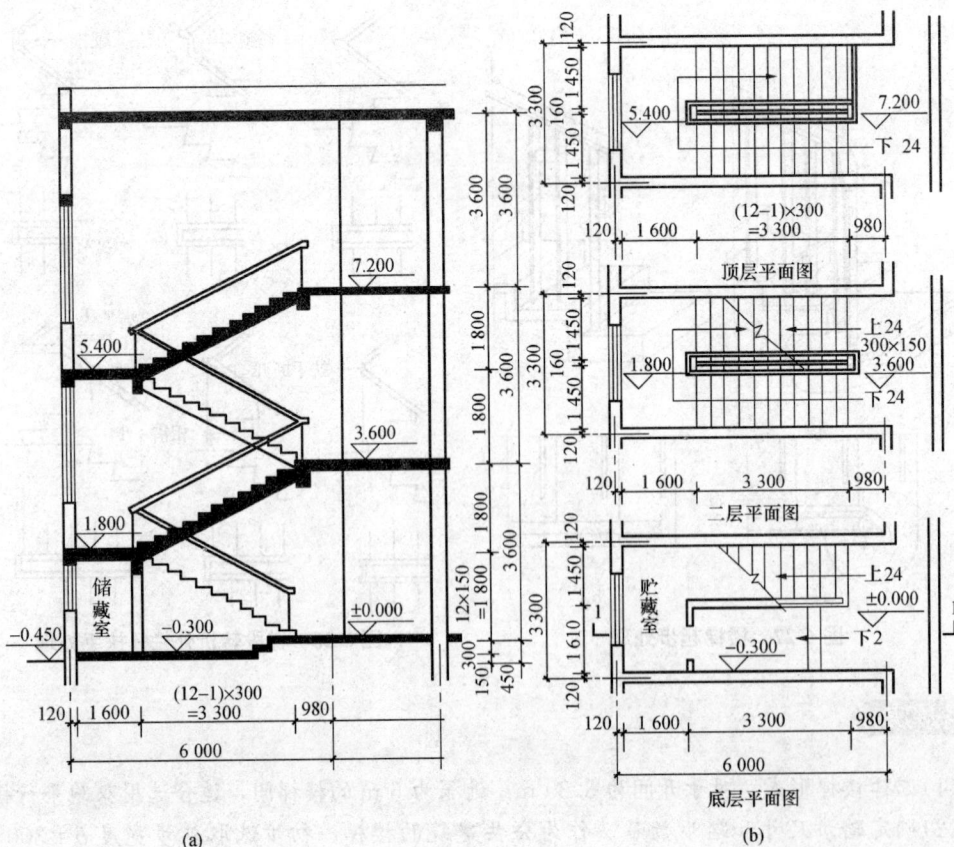

图 6-29　楼梯设计图

(a)楼梯剖面图；(b)楼梯平面图

任务 3　室外台阶与坡道构造

任务描述

与室内楼梯相比，室外楼梯和台阶的宽度通常会更大一些，行走也更加舒适(图 6-30)。那么，室外台阶和室外楼梯有什么区别？

图 6-30　室外楼梯和室外台阶

相关内容

室外台阶与坡道是建筑出入口处室内外高差之间的交通联系部件。由于其位置明显，人流量大，并需考虑无障碍设计，又处于半露天位置，特别是当室内外高差较大或基层土质较差时，须谨慎处理。

3.1　室外台阶

1. 台阶的形式和尺寸

台阶的平面形式种类较多，应当与建筑的级别、功能及基地周围的环境相适宜。较常见的台阶形式有单面踏步、两面踏步、三面踏步、单面踏步带花池(花台)等(图 6-31)。

台阶由踏步与平台组成。为了满足起码的使用要求，台阶顶部平台的宽度应大于所连通的门洞宽度，一般至少每边凸出 500 mm。室外台阶顶部平台的深度不应小于 1.5 m。由于室外受雨、雪影响大，为确保人身安全，台阶的坡度宜平缓。通常台阶的踏步踏面宽度不应小于 300 mm，通常取 300～400 mm，踢面高度不应大于 150 mm，通常取 100～150 mm。高宽比不应大于 1∶2.5。踏步数室内不应少于 2 级，室外不应少于 3 级。平台地面比室内地面低 20～60 mm，向外做 1％～3％的坡度。

2. 台阶的构造

(1)台阶的面层。由于台阶位于易受雨水侵蚀的环境之中，需慎重考虑防滑和抗风化的问题。其面层材料应选择防滑和耐久的材料，如水泥石屑、斩假石(剁斧石)、天然石材、防滑地面砖等。对于人流量大的建筑台阶，还宜在台阶平台处设刮泥槽，需要注意刮泥槽的刮齿应垂直于人流方向。

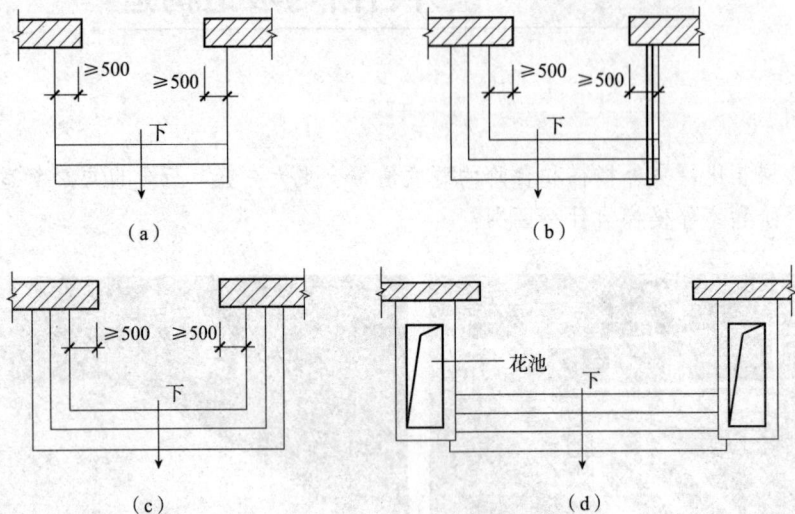

图 6-31　常见的台阶形式

(a)单面踏步；(b)两面踏步；(c)三面踏步；(d)单面踏步带花池

（2）台阶的垫层。步数较少的台阶，其垫层做法与地面垫层做法类似。一般采用素土夯实后按台阶形状尺寸做 C10 混凝土垫层或砖、石垫层，标准较高的或地基土质较差的还可在垫层下加铺一层碎砖或碎石层。

小提示： 对于步数较多或地基土质太差的台阶，可根据情况架空成钢筋混凝土台阶，以避免过多填土或产生不均匀沉降。

当台阶尺寸较大或土壤冻胀严重时，为保证台阶不开裂，往往选用架空台阶。架空台阶的平台板和踏步板均为预制混凝土板，分别搁置在梁上或砖砌地垄墙上。架空台阶构造如图 6-32 所示。

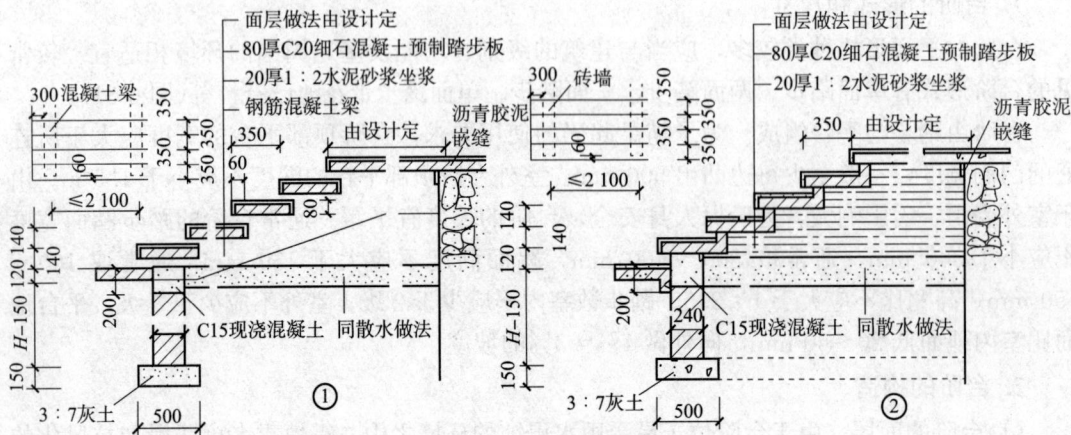

图 6-32　架空台阶构造

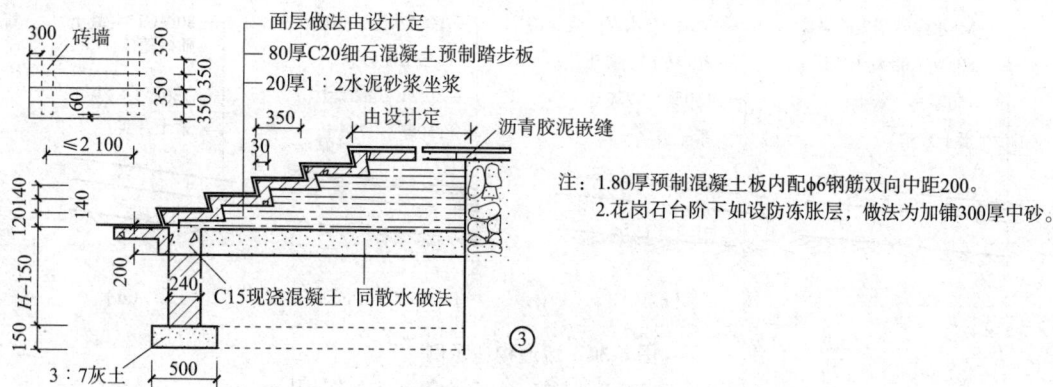

图 6-32 架空台阶构造(续)

3.2 坡道

1. 坡道的分类及尺寸

坡道按照其用途的不同，可以分为行车坡道和轮椅坡道两类。

行车坡道又可分为普通行车坡道和回车坡道两种，如图 6-33 所示。普通行车坡道布置在有车辆进出的建筑入口处，如车库、库房等。回车坡道与台阶踏步组合在一起，布置在某些大型公共建筑的入口处，如办公楼、旅馆、医院等。

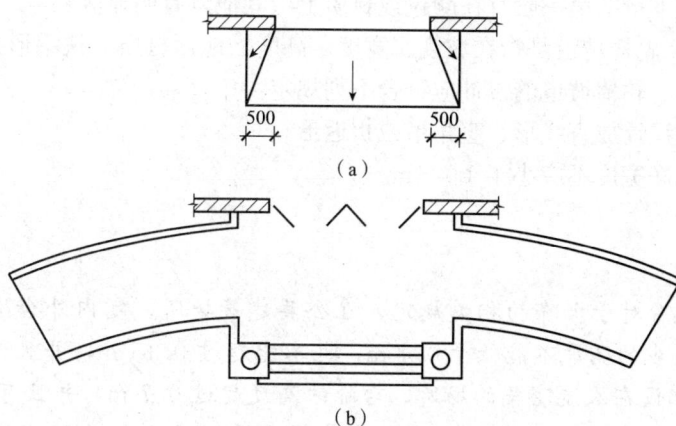

图 6-33 行车坡道

(a)普通行车坡道；(b)回车坡道

普通行车坡道的宽度应大于所连通的门洞口宽度，一般每边大于或等于 500 mm。坡道的坡度与建筑的室内外高差及坡道的面层处理方法有关。室内坡道坡度不宜大于 1∶8，并应设置防滑措施，室外坡道坡度不宜大于 1∶10，为残疾人设置的坡道坡度不应大于 1∶12。

2. 坡道的构造

坡道一般采用实铺，构造要求与台阶基本相同，如图 6-34 所示。垫层的强度和厚度应根据坡道长度及上部荷载的大小进行选择，严寒地区的坡道同样需要在垫层下部设置砂石垫层。

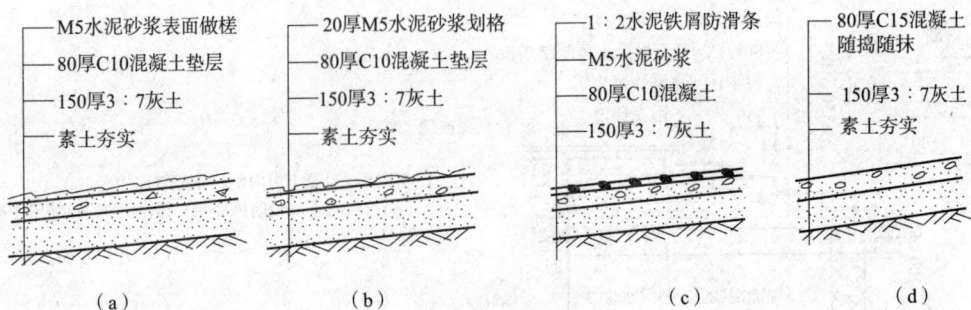

M5水泥砂浆表面做槎	20厚M5水泥砂浆划格	1：2水泥铁屑防滑条	80厚C15混凝土随捣随抹
80厚C10混凝土垫层	80厚C10混凝土垫层	M5水泥砂浆	
150厚3：7灰土	150厚3：7灰土	80厚C10混凝土	150厚3：7灰土
素土夯实	素土夯实	150厚3：7灰土	素土夯实
（a）	（b）	（c）	（d）

图 6-34　坡道构造示例

(a)表面做槎；(b)表面砂浆划格；(c)防滑条；(d)混凝土抹面

3. 无障碍设计构造

无障碍设施是指方便残疾人、老年人等行动不便或有视力障碍者使用的安全设施。加强无障碍设施的建设，是物质文明和精神文明的体现，是社会进步的重要标志。台阶和坡道的无障碍设计构造应符合《无障碍设计规范》(GB 50763—2012)的相关规定。

（1）台阶的无障碍设计规定。

1）公共建筑的室内外台阶踏步宽度不宜小于 300 mm，踏步高度不宜大于 150 mm，并不应小于 100 mm。

2）踏步应设置防滑条。

3）三级及三级以上的台阶应在两侧设置扶手。

4）台阶上行或下行的第一阶宜在颜色或材质上与其他阶有明显区别。

（2）轮椅坡道。轮椅坡道是指在坡度、宽度、高度、地面材质、扶手形式等方面方便乘轮椅者通行的坡道。轮椅坡道的设计应符合下列规定：

1）轮椅坡道宜设计成直线形、直角形或折返形。

2）轮椅坡道的净宽度不应小于 1.00 m。

任务解决

根据民用建筑中对于台阶的相关规定，在公共建筑场所，室内外台阶的踏步宽度不能低于 0.3 m，踏步的高度不能低于 0.1 m，也不能超过 0.15 m，并且台阶需要做好防滑处理。如果楼梯设在人流密集的场所，台阶的高度超过 0.7 m，并且有一侧临空的话，需要做好相应的防护措施。楼梯的数量、宽度等需要满足人们使用方便和安全疏散的要求。

一般情况下，室外的台阶踏步宽度应更大一些，台阶的坡度要更平缓，这样可以提高人们行走的舒适程度。通常情况下，室外台阶踏步的宽度为 300～400 mm，高度为 100～150 mm。人们还会在室外台阶和建筑出入口设置缓冲平台，缓冲平台需要有 3% 左右的排水坡度，并且其深度不能低于 1 000 mm。

楼梯不仅是建筑交通设施之一，还承担着安全疏散、美观装修等作用。进行室外台阶设计时，要考虑到楼梯的坡度、材料、位置等因素。比如，台阶面层材料需要选择防滑效果好、经久耐用的类型，如防滑地面砖、天然石材等。

任务 4   电梯与自动扶梯

任务描述

某交通中心综合体工程低区核心筒尺寸为 22.4 m×22.4 m，中区核心筒尺寸为 21.8 m×21.8 m，高区核心筒尺寸为 21.6 m×21.6 m。办公标准层建筑面积约为 1 800 m²，核心筒建筑面积为 456～481 m²，整个核心筒位于平面中部，周边形成采光良好、视野开阔的办公空间，办公进深为 9～11 m，含公共走道面积的办公使用率达到 74.41%，不含公共走道面积的办公使用率约为 64.41%。

该超高层建筑核心筒内各项服务配套功能的指标包括办公标准层最多的电梯井道有 18 个，含办公分区客用电梯 16 台（共 3 组）；从首层直接到 40 层空中大堂的穿梭电梯 4 台，内部办公及餐饮 40～51 层穿梭电梯 4 台；消防电梯兼服务电梯 2 台；从地下 4 层直接到首层公共大堂的服务电梯 2 台；从地下层直接到 40 层空中大堂的服务电梯 2 台。

通常办公建筑的有效使用面积为总建筑面积的 70% 左右，当超高层办公建筑标准层面积约在 2 000 m² 时，核心筒各项服务功能的参考指标如下：两部防烟楼梯间及两台消防电梯（兼服务电梯），前室可合用；办公建筑内公共卫生间按办公人数每 25 人设一个大便器及洗手盆；空调机房：一般 500～800 m² 办公面积设计一个空调机房，机房面积一般为 20～30 m²，每标准层空调机房面积为 40～60 m²；强、弱电间面积为 13～15 m²；给水排水管井面积为 4～5 m²；分区客用电梯群组及前室。

相关内容

4.1 电梯

电梯是现代多层、高层建筑中常用的垂直交通设施。在高层建筑中，电梯是解决垂直交通的主要设备，主要是为了解决人们在上下楼时的体力及时间的消耗问题。有的建筑虽然层数不高，但是由于建筑级别较高或是使用的特殊需要，往往也设置电梯，如高级宾馆、多层仓库等。部分高层和超高层建筑为了满足疏散和防火要求，还要设置消防电梯。

1. 电梯的类型

按用途的不同，电梯可分为乘客电梯、住宅电梯、病床电梯、客货电梯、载货电梯、杂物电梯等；按拖动方式的不同，电梯可分为分交流拖动（包括单速、双速、调速）电梯、直流拖动电梯、液压电梯等；按消防要求的不同，电梯可分为普通乘客电梯和消防电梯。

当住宅的层数较多（7 层及 7 层以上）或建筑从室外设计地面至最高楼面的高度超过 16 m 时，应设置电梯；4 层及 4 层以上的门诊楼或病房楼、高级宾馆（建筑级别较高）、多层仓库及商店（使用有特殊需要）等，也应设置电梯；当高层及超高层建筑达到规定要求时，还要设置消防电梯。

2. 电梯的组成及构造

(1)电梯井道。不同性质的电梯，其井道根据需要有各种不同尺寸，以配合不同的电梯轿厢。井道壁多为钢筋混凝土剪力墙或框架填充墙井壁。

　　每个电梯井道平面净空尺寸需根据选用的电梯型号要求决定，一般为(1 800～2 500)mm×(2 100～2 600) mm。在医院和住宅中有无障碍设计要求时，需满足容纳担架的电梯井道和轿厢的尺寸。电梯安装导轨支架分为预留孔插入式和预埋铁件焊接式。井道壁为钢筋混凝土时，应预留150 mm×150 mm×150 mm孔洞，垂直中距2 m，以便安装支架。井道壁为框架填充墙时，框架(圈梁)上应预埋铁件，并与梁中钢筋焊牢。当电梯为两台并列时，中间可不用隔墙而按一定的间隔放置钢筋混凝土梁或型钢过梁，以便安装支架。电梯构造组成如图6-35所示。

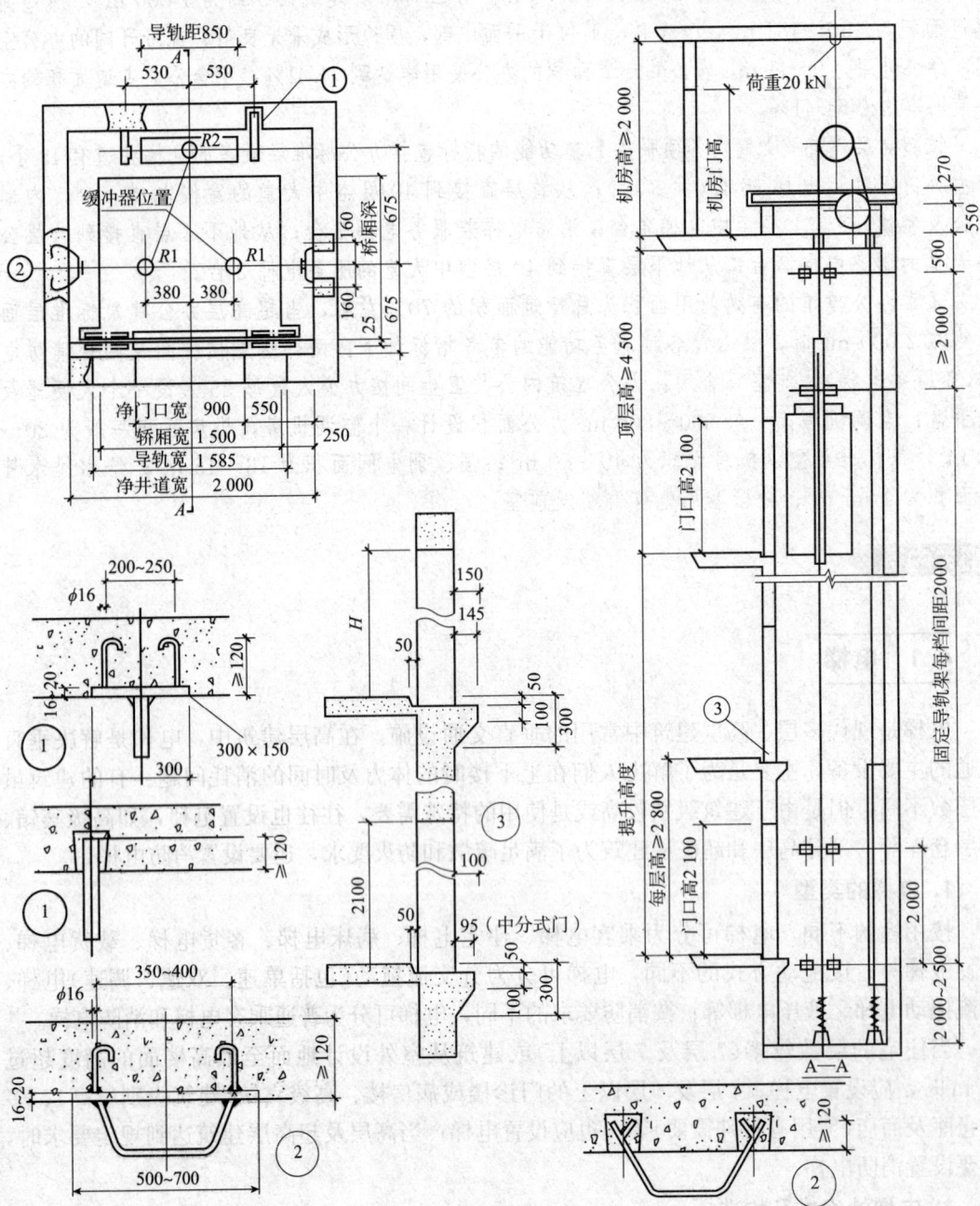

图6-35　电梯构造组成

（2）电梯机房。机房和井道的平面相对位置允许机房任意向一个或两个相邻方向伸出，并满足机房有关设备安装的要求。

电梯机房除因特殊需要设在井道下部外，一般均设在井道顶板之上。机房平面净空尺寸变化幅度较大，为(1 600～6 000) mm×(3 200～5 200) mm，需根据选用的电梯型号要求决定。电梯机房中电梯井道的顶板面需要根据电梯型号的不同，高于电梯使用顶层楼面 4 000～4 800 mm。这一高度一般与顶层层高不吻合，故通常需使井道顶板部分高于顶层屋面或整个机房地面高于顶层屋面。井道顶板上空至机房顶棚尚需留不低于 2 000 mm 的空间高度。通向机房的通道和楼梯宽度不小于 1.2 m，楼梯坡度不大于 45°。机房楼板应平坦整洁，机房楼板和机房顶板应满足电梯所需要的荷载。

> **小提示：**机房需要良好的通风、隔热、防寒、防尘、减噪措施。

（3）井道底坑。井道底坑深度一般在电梯最底层平面标高下 1 300～2 000 mm，作为轿厢下降到最底层时所需的缓冲器空间。井道底坑需要注意防潮防水，消防电梯的井道底坑还需要设置排水装置。

（4）组成电梯的有关部件。

1）轿厢，是直接载人或运货的厢体。

2）井壁导轨和导轨支架，是支承、固定轿厢上下升降的轨道。

3）牵引轮及其钢支架、钢丝绳、平衡锤、轿厢开关门、检修起重吊钩等。

4）有关电器部件：交流、直流电动机，控制柜、继电器、选层器、动力照明、电源开关、厅外层数指示灯和厅外上下召唤盒开关等。

💡 拓展阅读

1887 年，美国奥的斯电梯公司制造出世界上第一台电梯，这是一台以直流电动机传动的电梯，它被装设在 1889 年纽约德玛利斯大厦。这台古老的电梯，每分钟只能走 10 m 左右，当初设计的电梯纯粹是为了省力。1900 年，以交流电动机传动的电梯问世，1902 年，瑞士迅达公司研制成功了世界上第一台按钮式自动电梯，采用全自动控制方式，提高了电梯的输送能力和安全性。随着超高层建筑的出现，电梯的设计、安装工艺不断得到提高，电梯的品种也逐渐增多。1900 年，美国奥的斯电梯公司研制成功了世界上第一台电动扶梯，1950 年又研制成功了安装在高层建筑外面的观光电梯，使乘客能在电梯运行中清楚地眺望四周的景色。

中国最早的一台电梯出现在上海，是由美国奥的斯电梯公司于 1901 年安装的。20 世纪 80 年代后，随着高层、超高层建筑的广泛建设，在中国任何一座城市，电梯都在被广泛应用着。电梯给人们的生活带来了便利，也为中国现代化建设的加速发展提供了强大的保障。

4.2 自动扶梯

自动扶梯是公共建筑物楼层间连续运输效率最高的垂直交通设施，适用于人流量大的公共场所，如超市、商场、车站、飞机场、地下通道等。

自动扶梯由电动机驱动，牵引踏步或踏板连同栏杆扶手同步运行。自动扶梯可正、逆两个方向运行，可做竖向提升及下降使用；机器停转时可做普通楼梯使用。一般采用坡度为 30°，运行速度为 0.5～0.7 m/s，宽度为 600 mm、800 mm、1 000 mm、1 200 mm。自动扶梯的基本尺寸如图 6-36 所示。

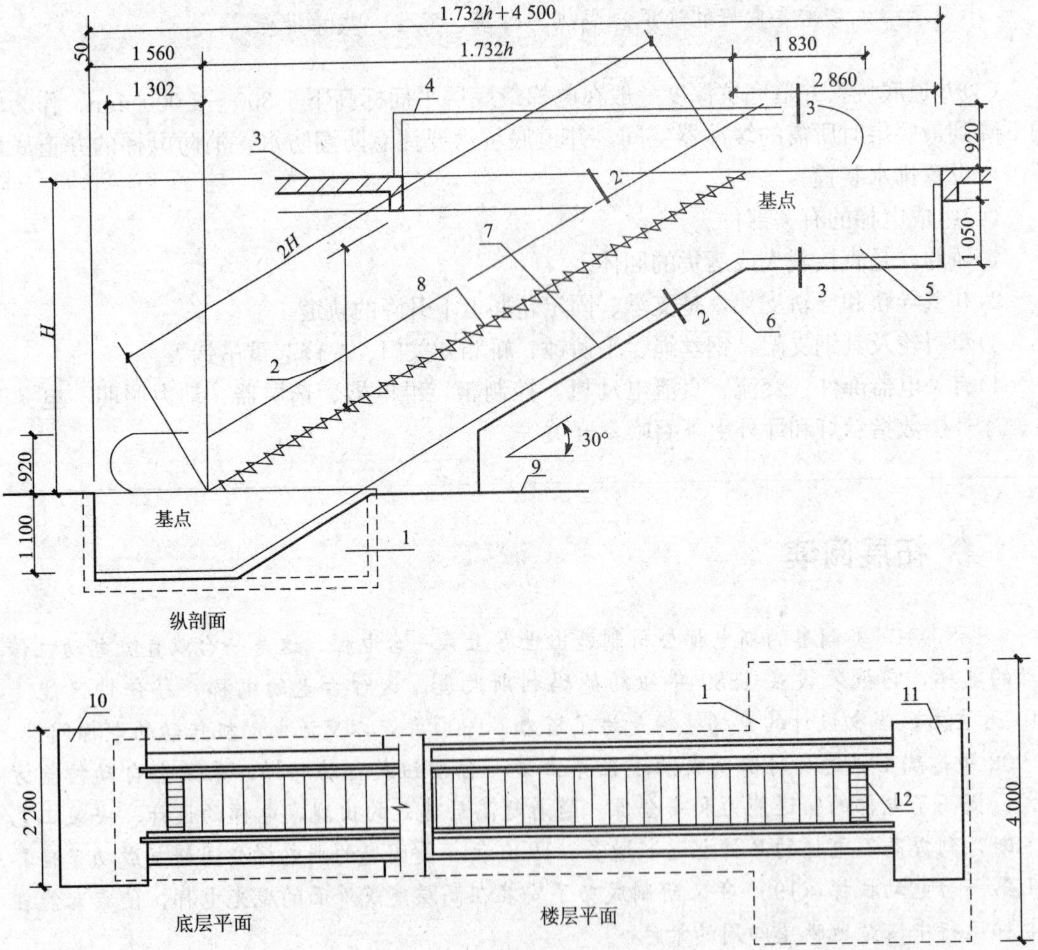

图 6-36　自动扶梯的基本尺寸

1—机房地坪位置；2—扶手带；3—楼层；4—上层栏杆；5—机房；6—外壳；
7—栏板；8—活动梯级；9—底层；10—活动地板；11—活动梯板；12—横板

自动扶梯的布置方式主要有并联排列式、平行排列式、串联排列式和交叉排列式，如图 6-37 所示。

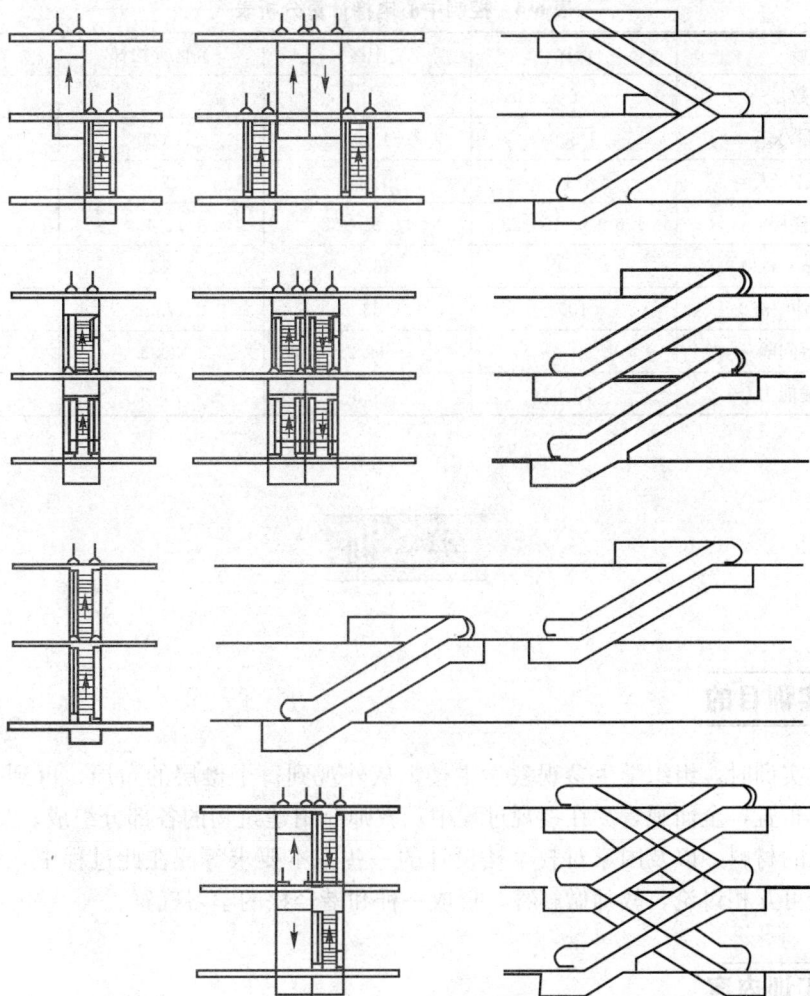

图 6-37　自动扶梯的布置方式

任务解决

　　电梯设计是超高层建筑核心筒设计的重要环节。电梯的性能主要取决于建筑物内人口密度、电梯的数量和类型，以及电梯所服务的楼层数等因素。办公楼主要的交通模式时段是在早上上班时段(8：00—9：00)及晚上下班时段(17：30—18：30)。这两段时间为主要的客流高峰。

　　交通中心大厦电梯系统设计采用国际甲级办公室的客梯计算标准：5 min 输送能力在上行高峰期＞12%；平均运行间隔＜30 s；人员密度 12 m²/人，实际人员占总人数的比例为85%，电梯负载率＜80%(表 6-4)。

　　分析：总体上看，中区和低区的电梯运输效率均可，可满足中区和低区的客流运输需求。但低区的 6 台电梯中，左侧的两台电梯由于位置的关系，在使用时估计会非常不方便。

低区的运行能力与标准稍微偏离，建议使用目的层配梯系统，整体运行效率提高 20%，解决不足问题。总体上高区穿梭梯和高区层间梯的 5 分钟运输能力很好，满足高区运输需求。

表 6-4　控制中心电梯计算分析表

区域	低区	中区	高区穿梭梯	高区
台数	6	6	4	4
载重量/kg	1 600	1 600	1 600	1 350
定额人数/人	21	21	21	18
停止楼层	1.6~8、10~23	1、25~38	1、40	40~51
速度/(m·s^{-1})	4.0	6.0	6.0	2.0
提升高度/m	100	163.9	173.2	47.1
平均运行间隔/s	30.9	41.2	30.3	43.5
5 min 运输能力/%	10.6	9.8	21.3	14.0

实　训

一、实训目的

在随堂实训时，组织学生参观教学主楼，从外观到每个楼层的布局，再到一个教室的组成、具体布置，全面观看。在参观过程中，教师介绍建筑物的各部分组成、功能、作用、构造、使用的材料，以及国家对教学楼设计的一些基本要求等。在此过程中，学生可以积极提问，也可互相讨论，教师做解答，形成一种和谐轻松的学习气氛。

二、实训内容

1. 提出实训要求，明确实训目的

将学生分成 4 个小组，明确各个小组的任务。虽然每个小组的任务不同，但实训都是通过两个部分完成的，第一部分是测绘实训，目的是掌握施工图的图示方法和图示内容；第二部分是根据建筑构造和施工图的知识，绘制施工图。

2. 互相讨论分析任务，总结完成任务所面临的问题

在给出任务后，教师应与学生共同讨论分析任务，总结完成任务所面临的问题。比如，在测绘"建筑总平面图"任务中，学生要知道建筑总平面图是怎样形成的，要知道绘制建筑总平面图需要测量哪些数据，应该如何利用建筑总平面图上的内容去完成一些实际工作等。这些问题的提出，可以引导学生结合已经学过的知识，寻找解决问题的方法和思路。

3. 在帮助学生解决问题的过程中，教师引导学生形成解决问题的正确思路

针对发现的问题，教师不要急于回答，而是不断引导学生提出解决问题的方法，形成解决问题的正确思路和计划。例如，在"绘制建筑平面图"任务中，当学生提出问题"建筑底层平面图是怎样形成的"，教师可结合建筑制图课程的相关知识讲解，用现有的底层平面图纸及现场的实际情况来引导学生，使其自行总结底层平面图里应包含的内容。

4. 学生互相协作、共同探索完成实训任务，展示任务完成的成果

这一环节是学生自主学习、探索问题、组合协作完成任务的过程。在这个环节，教师可根据每一组的实际情况，及时给予鼓励和肯定，不断引导学生通过合作、讨论、交流等方式，互帮互学，共同完成任务。

5. 成果评价

先进行小组评价，然后小组之间互评，最后教师对成果进行总评，对知识点进行梳理。学生每完成一个任务，教师要及时根据事先设计好的评价体系对学生完成的任务做出反馈和评定，帮助他们找出在完成任务时存在的问题和改进方法，不断发现学生的闪光点并及时给予评价指点。与此同时，要对在完成任务过程中所使用的知识点进行系统梳理，使学生获得相对完整、扎实的专业应用知识。通过这一环节，可以有效地调动学生自主学习的兴趣，不断增强学生的自信心，从而为以后的学习奠定良好的基础。

三、实训总结

实训以任务为载体，学生必须实际参与任务，从信息的收集、任务的实施到最终的评价都由学生自己负责，教师只是引导者。在每个阶段完成的过程中，学生必须团结协作，共同完成学习，逐步提高他们的学习兴趣与参与成就感。在实际操作过程中，学生能够把理论与实践很好地结合，既熟悉相关的建筑制图规范，提高绘图能力和识图能力，又加深对建筑构造一般知识的理解，增强感性认识。

项目小结

建筑物上下楼层及不同标高地面之间的竖向交通，需要通过楼梯、电梯、自动扶梯或坡道、台阶等设施实现。其中，楼梯使用最为普遍。本项目主要介绍了楼梯概述、钢筋混凝土楼梯构造、室外台阶与坡道构造、电梯与自动扶梯。

思考与练习

一、填空题

1. 楼梯一般由_____、_____及_____三部分组成。

2. 楼梯坡度是指楼梯梯段沿_____倾斜的角度。

3. 梯段栏杆扶手高度是指踏步前缘到扶手顶面的_____。

4. 梁承式楼梯由_____、_____、_____和_____装配而成。

5. 较常见的台阶形式有_____、_____、_____、_____等。

6. 坡道按照其用途的不同，可以分为_____和_____两类。

7. 当住宅的层数_____或建筑从室外设计地面至最高楼面的高度超过_____时，应设置电梯。

二、选择题

1. 下列选项中(   )不可以作为疏散楼梯。
   A. 直跑楼梯　　　　B. 剪刀楼梯　　　　C. 螺旋形楼梯　　　　D. 多跑楼梯

2. 每个梯段的踏步数以(   )级为宜。
   A. 2～10　　　　B. 3～10　　　　C. 3～15　　　　D. 3～18

3. 楼梯栏杆扶手的高度一般为(   )mm，供儿童使用的楼梯应在(   )mm 高度增设扶手。
   A. 1 000，400
   B. 900，500～600
   C. 900，500～600
   D. 900，400

4. 楼梯下要通行一般其净高度不小于(   )mm。
   A. 2 100　　　　B. 1900　　　　C. 2 000　　　　D. 2 400

5. 梁板式梯段由(   )组成。
   A. 平台、栏杆　　　　B. 栏杆、梯斜梁　　　　C. 梯斜梁、踏步板　　　　D. 踏步板、栏杆

6. 室外台阶的踏步高一般为(   )mm。
   A. 150　　　　B. 180　　　　C. 120　　　　D. 100～150

7. 室外台阶踏步宽(   )mm。
   A. 300～400　　　　B. 250　　　　C. 250～300　　　　D. 220

8. 台阶与建筑出入口之间的平台一般深度不应(   )mm 且平台需做(   )%的排水坡度。
   A. 小于800，5
   B. 小于1 500，2
   C. 小于2 500，5
   D. 小于1 000，2

三、简答题

1. 楼梯坡度的表示方法有哪两种？

2. 现浇整体式钢筋混凝土楼梯类型有哪些？

3. 按构件大小的不同，预制装配式钢筋混凝土楼梯可分为哪几种类型？

4. 简述楼梯踏步面层及防滑处理。

项目 7　门　窗

任务 1　门窗概述

任务描述

针对不同的地域气候特点，门窗的生产制造及设计也会有所不同。由于南、北方门窗产品具有较大的差异性，各大门窗企业都积极完善门窗产品的结构和设计，以求满足全国各个地区更多的个性化需求，打破销售地域的局限。试分析南、北方门窗如何选择？

相关内容

1.1　门窗的作用与要求

1. 门窗的作用

门在房屋建筑中的作用主要是交通联系，并兼采光和通风；窗的作用主要是采光、通风及眺望。在不同情况下，对门窗还有分隔、保温、隔声、防火、防辐射、防风沙等要求。

门窗在建筑立面构图中的影响也较大，它的尺寸、比例、形状、组合、透光材料的类型等，都影响着建筑的艺术效果。

2. 门窗的要求

（1）安全疏散。由于门主要供出入、联系室内外之用，它具有紧急疏散的功能。因此在设计中，门的数量、位置、大小及开启的方向要根据设计规范和人流数量来考虑，以便能通行流畅、符合安全的要求。大型民用建筑或使用人数特别多时，外门必须向外开。

（2）采光通风。按照建筑物的照度标准，建筑门窗应当选择适当的形式及面积。

国家相关规范对于各种类型建筑的采光标准值、窗地面积比和采光有效进深都有明确规定。在进行建筑方案设计时，窗地面积比可以用来初步估计采光效果，如在常规侧面采光方式下符合要求的窗地面积比，对于住宅的起居室、卧室、厨房不小于 1/7，办公室、教室不小于 1/5，绘图室不小于 1/4 等。一般民用建筑中距楼地面高度低于 0.75 m、住宅中距楼地面高度低于 0.50 m 的窗洞口不应计入有效采光面积。窗地面积比只能在采光设计初步估计时用，最终采光窗尺寸仍需由采光计算确定。

建筑物内各类用房均有通风需求，以引入新风，驱除室内污染物，改善空气质量，保证人员健康。在过渡季节，建筑通风还可以带走室内余热，起到降温作用。为满足通风要求，设计中首先考虑设置与室外空气直接流通的窗口（或洞口），生活、工作房间的通风开口有效面积不应小于该房间地面面积的 1/20，厨房的通风开口有效面积不应小于该房间地板面积的 1/10，并不得小于 0.6 m²。同时，门窗洞口的相对位置对通风也有明显影响（图 7-1），为获得良好的空气对流，设计时需注意空间组合方式及门窗位置的合理性。

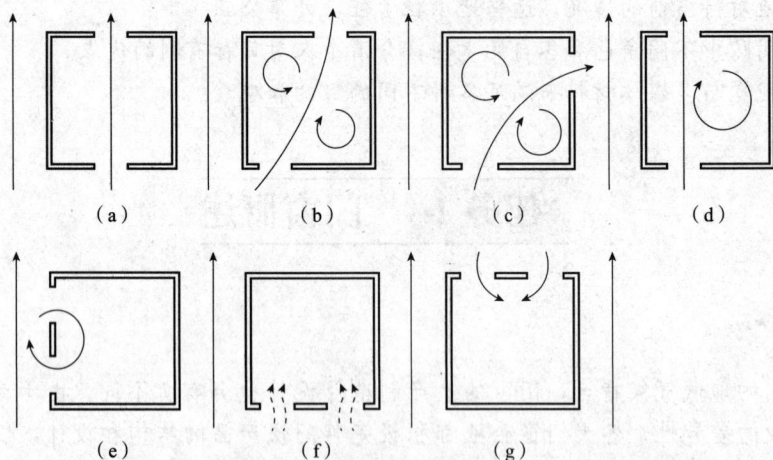

图 7-1 门窗位置影响通风效果
(a)穿堂式；(b)错位式；(c)垂直式；(d)侧穿式；(e)侧过式；(f)正排式；(g)逆排式

（3）围护作用的要求。建筑的外门窗作为外围护墙的开口部分，必须考虑防风沙、防水、防盗、保温、隔热、隔声等要求，以保证室内舒适的环境，这就对门窗的构造提出了要求。如在门窗的设计中设置空腔防风缝、披水板和滴水槽，采用双层玻璃、百叶窗和纱窗等。窗框和窗扇的接缝，既不宜过宽，也不宜过窄，过窄时即使风压不大，也会产生毛细管作用，从而使雨水吸入室内。

（4）建筑设计方面的要求。门窗是建筑立面造型中的主要部分，应在满足交通、采光、通风等主要功能的前提下，适当考虑美观要求和经济问题。木门窗质量轻、构造简单、容易加工，但不及钢门窗坚固、防火性能好、采光面积大。窗户容易积尘，减弱光线，影响亮度，所以，要求线脚简单，不易积尘。对于高层或大面积窗户的擦窗应注意安全问题。

（5）随着国民经济的发展和人民生活的改善，人们的要求也越来越高，门窗的材料从最初以木门窗和钢门窗为主，发展到现在大量使用铝合金、PVC塑料、塑钢门窗，这对建筑设计和装修提出了更高的要求。

💡 拓展阅读

门窗的发展历程

门窗，古时也称为牖，在中国建筑文化中显得相当活跃，是一种独具文化意蕴与审美魅力的重要建筑构件。

建筑门窗在我国有着悠久的历史，可以追溯到3 000多年前的商、周。建筑门窗作为我国古代灿烂建筑文明的组成部分，堪称中华文化宝库中一颗璀璨的明珠。我国境内已知的最早人类的住所是天然岩洞。"上古穴居而野处"，无数奇异深幽的洞穴为人类提供了最原始的家，洞穴口的草盖大约便是最早的门。

进入奴隶社会后，我国出现了最早的规模较大的木架夯土建筑和庭院，从而出现了具体定义的门窗。门的主要形式为版门，在商代青铜器中可以见到版门的记载。它是用于城门或宫殿、衙署、庙宇、住宅的大门，一般都是两扇。在汉代记载中强调皇帝的尊贵，九道壮丽的门才足以显其威：①关门；②远郊门；③近郊门；④城门；⑤宫门；⑥库门；⑦雉门；⑧应门；⑨骆门。这种门的形式一直延续，在汉代徐州画像石和北魏宁懋石室中都可见到，唐宋以后的资料更多。一般做建筑的外门与内部隔断，每间可用4、6、8扇，每扇宽与高之比为1：3～1：4。宋代《营造法式》规定每扇门的宽与高之比为1：2，最小不得少于2：5。版门又分为两种：一种是棋盘版门，先以边梃与上、下冒头组成边框，框内置穿带若干条，后在框的一面钉板，四面平齐不起线脚，高级的再加门钉和铺首；另一种是镜面版门，门扇不用门框，完全用厚木板拼合，背面再用横木联系。宋、金一般用4冒头，明、清则以5、6冒头为常见。唐代花心常用直棂或方格，宋代又增加了柳条框、毬纹等，明、清的纹式更多。框格间可糊纸或薄纱，或嵌以磨平的贝壳。汉唐时期是窗饰艺术的发展期，出现了横披窗及直棂窗等新式类型，网纹、琐纹及球纹等窗棂纹样的窗饰；宋、辽、金时期是窗饰艺术发展的成熟期，出现了栏槛钩窗、落地长罩及隔扇窗等多种类型；明清时期是我国传统窗饰艺术的发展期，出现支摘窗、码三箭漏明窗等多种造型丰富的窗饰类型。此后，随着我国古代工艺技术的发展，窗饰的内容与形式也不断增添着新的内容。

我国现代建筑门窗是在20世纪发展起来的。1911年，钢门窗传入中国，主要是来自英国、比利时、日本的产品，集中在上海、广州、天津、大连等沿海口岸城市的"租借地"。1925年，我国上海民族工业开始小批量生产钢门窗，到中华人民共和国成立前，也只有20多间作坊式手工业小厂。中华人民共和国成立后，上海、北京、西安等地钢门窗企业建起了较大的钢门窗生产基地，在工业建筑和部分民用工程中得到了广泛的应用。20世纪70年代后期，国家大力实施"以钢代木"的资源配置政策，全国掀起了推广钢门窗、钢脚手、钢模板（简称"三钢代木"）的高潮，大大推进了钢门窗的发展。20世纪80年代是传统钢门窗的全盛时期，市场占有率一度（1989年）达到70%。

铝合金门窗在20世纪70年代传入我国，但是仅在外国驻华使馆及少数涉外工程中使用。而随着国民经济治理整顿深入发展并取得成效，铝门窗系列也由20世纪80年代初的4个品种、8个系列，发展到40多个品种、200多个系列，形成较为发达的铝门窗产品体系。

塑料门窗是20世纪50年代末，首先由联邦德国研制开发的，于1959年开始生产。最初的塑料门窗均采用单胶结构，比较简单、粗糙，伴随着1972年世界性的能源危机，在20世纪70年代初，节能效果较好的塑料门窗得到了大量使用，性能日臻完善，由原来的单腔型材发展到三腔、四腔型材，也带动了欧洲乃至亚洲塑料门窗的发展。我国塑料门窗生产是从1983年由引进设备开始的，当时的技术不是很先进，均采用单腔或二腔结构型材。今天塑料门窗以其优良的性能正被广大用户所接受。

1.2　门窗的开启方式及尺度

1. 门

(1)门的开启方式。门按其开启方式通常有平开门、弹簧门、推拉门、折叠门、旋转门、上翻门、升降门、卷帘门等，如图7-2所示。

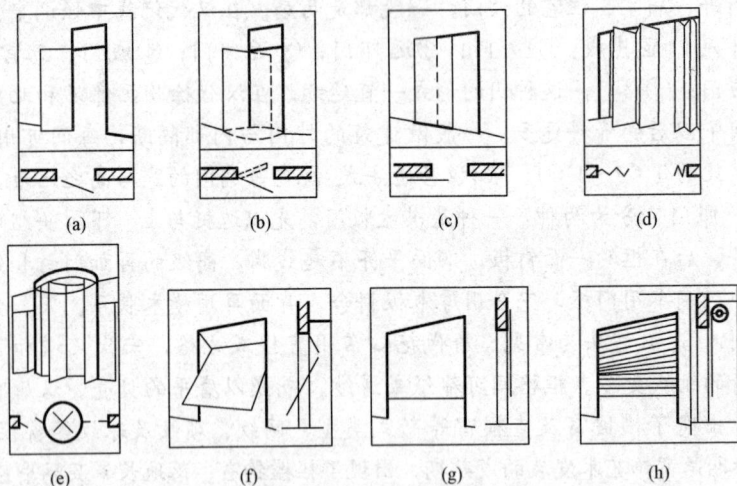

图7-2　门的开启形式

(a)平开门；(b)弹簧门；(c)推拉门；(d)折叠门；(e)旋转门；(f)上翻门；(g)升降门；(h)卷帘门

1)平开门。平开门可分为内开门和外开门及单扇门和双扇门。其构造简单，开启灵活，密封性能好，制作和安装较方便，但开启时占用空间较大。此种门在居住建筑及学校、医院、办公楼等公共建筑的内门中应用比较多。

2)弹簧门。弹簧门多用于公共建筑人流多的出入口。开启后可自动关闭，密封性能差。

3)推拉门。推拉门可分为单扇门和双扇门，能左右推拉且不占空间，但密封性能较差，可手动和自动。自动推拉门多用于办公、商业等公共建筑，门的开启多采用光控。手动推拉门多用于房间的隔断和卫生间等处。

4)折叠门。折叠门多用于尺寸较大的洞口。开启后门折叠门扇相互折叠,占用空间较少。

5)旋转门。旋转门是由四扇门相互垂直组成的十字形,绕中竖轴旋转的门。其密封性能及保温隔热性能比较好,且卫生、方便,多用于宾馆、饭店、公寓等大型公共建筑的正门。

6)翻板门。翻板门外表平整,不占用空间,多用于仓库、车库等。

7)卷帘门。卷帘门有手动和自动、正卷和反卷之分。开启时不占用空间。

另外,门按所在位置不同,又可分为内门(在内墙上的门)和外门(在外墙上的门)。

(2)门的尺度。门的尺度通常是指门洞的高宽尺寸。门作为交通疏散通道,其尺度取决于人的通行要求、家具器械的搬运及与建筑物的比例关系等,并应符合现行《建筑模数协调标准》(GB/T 50002—2013)的规定。

1)门的高度不宜小于 1 200 mm。如门设有亮子时,亮子高度一般为 300~600 mm,则门洞高度为 2 400~3 000 mm。公共建筑大门高度可视需要适当提高。

2)门的宽度:单扇门为 700~1 000 mm,双扇门为 1 200~1 800 mm。宽度在 2 100 mm 以上时,则做成三扇门、四扇门或双扇带固定扇的门,因为门扇过宽易产生翘曲变形,同时也不利于开启。辅助房间(如卫生间、储藏室等)门的宽度可窄一些,一般为 700~800 mm。

2. 窗

(1)窗的开启方式。窗的形式一般按开启方式定,而窗的开启方式主要取决于窗扇铰链安装的位置和转动方式。窗的开启方式如图 7-3 所示。

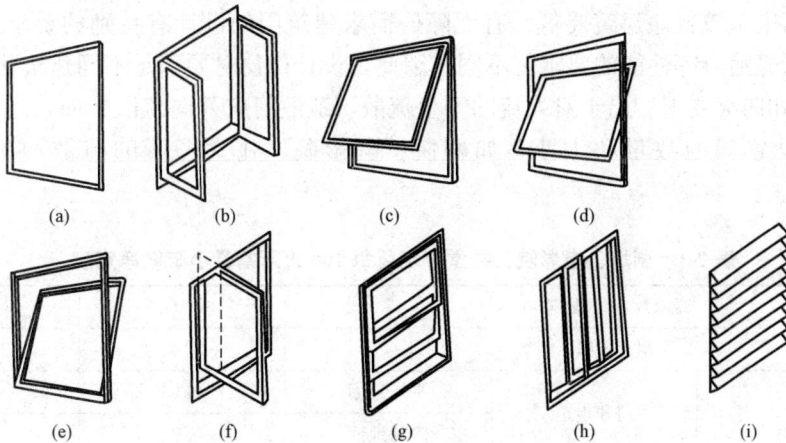

图 7-3 窗的开启方式
(a)固定窗;(b)平开窗;(c)上悬窗;(d)中悬窗;(e)下悬窗;(f)立转窗;
(g)垂直推拉窗;(h)水平推拉窗;(i)百叶窗

1)固定窗。无窗扇、不能开启的窗称为固定窗。固定窗的玻璃直接嵌固在窗框上,可供采光和眺望之用。

2)平开窗。平开窗的铰链安装在窗扇一侧与窗框相连,向外或向内水平开启,有单扇、双扇、多扇及向内开与向外开之分。其构造简单,开启灵活,制作与维修均方便,是民用建筑中采用最广泛的窗。

3)悬窗。悬窗因铰链和转轴的位置不同,可分为上悬窗、中悬窗和下悬窗。

4)立转窗。立转窗引导风进入室内效果较好,防雨及密封性较差,多用于单层厂房的低侧窗。因密闭性较差,不宜用于寒冷和多风沙的地区。

5)推拉窗。推拉窗分为垂直推拉窗和水平推拉窗两种。它们不多占使用空间,窗扇受力状态较好,适宜安装较大玻璃,但通风面积受到限制。

6)百叶窗。百叶窗主要用于遮阳、防雨及通风,但采光差。百叶窗可用金属、木材、钢筋混凝土等制作,有固定式和活动式两种。

(2)窗的尺度。窗的尺度主要取决于房间的采光、通风、构造做法和建筑造型等要求,并应符合现行《建筑模数协调标准》(GB/T 50002—2013)的规定。为使窗坚固耐久,一般平开木窗的窗扇高度为 800～1 200 mm,宽度不宜大于 500 mm;上、下悬窗的窗扇高度为 300～600 mm;中悬窗的窗扇高度不宜大于 1 200 mm,宽度不宜大于 1 000 mm;推拉窗的高宽均不宜大于 1 500 mm。

> **小提示**:对一般民用建筑用窗,各地均有通用图,各类窗的高度与宽度尺寸通常采用扩大模数 3 M 数列作为洞口的标志尺寸,需要时只要按所需类型及尺度大小直接选用。

1.3 门窗的设计要求

(1)功能要求。不同的建筑功能,建筑门窗的设置位置、大小、数量都各不相同,如幼儿园的开窗高度就较普通建筑要低,有无障碍需求建筑门的设计有特别的要求,不同房间功能对外窗采光通风等性能的要求也不同,因此,设计门窗时要满足不同建筑功能的需求。

(2)疏散和防火要求。出于对人流的安全疏散,疏散门应开向疏散方向,还应通过计算疏散宽度来设置门的数量和大小,如剧院、电影院、礼堂场所的疏散门的总净宽度见表 7-1。

表 7-1 剧场、电影院、礼堂等场所每 100 人所需最小疏散净宽度　　　　　　　m/百人

观众厅座位数/座			≤2 500	≤1 200
耐火等级			一、二级	三级
疏散部位	门和走道	平坡地面	0.65	0.85
		阶梯地面	0.75	1.00
	楼梯		0.75	1.00

另外,建筑内有些部位的门窗还应满足隔热防火要求。隔热防火门窗是指在规定时间内,能同时满足耐火完整性和隔热性能两个要求的防火门窗。其有隔热防火门、部分隔热防火门、非隔热防火门;隔热防火窗、非隔热防火窗。当满足耐火隔热性和完整性 1.5 h以上的称为甲级,1.0 h 的称为乙级,0.5 h 的称为丙级,见表 7-2、表 7-3。设计时应根据建筑的不同功能部位选择防火门窗等级。如通风、空气调节机房和变配电室开向建筑内的门应采用甲级防火门;消防控制室和其他设备房开向建筑内的门、防火通道的楼梯间出入口等部位应采用乙级防火门;设备管道井、通风道的门应为丙级防火门。

表 7-2　防火门按照耐火性能分类表

名称	耐火性能		代号
隔热防火门 （A类）	耐火隔热性≥0.5 h 耐火完整性≥0.5 h		A0.5(丙级)
	耐火隔热性≥1.00 h 耐火完整性≥0.5 h		A1.0(乙级)
	耐火隔热性≥1.50 h 耐火完整性≥1.50 h		A1.2(甲级)
	耐火隔热性≥2.00 h 耐火完整性≥2.00 h		A2.0
	耐火隔热性≥3.00 h 耐火完整性≥3.00 h		A3.0
部分隔热防火门 （B类）	耐火隔热性≥0.5 h	耐火完整性≥1.00 h	B1.0
		耐火完整性≥1.50 h	B1.5
		耐火完整性≥2.00 h	B2.0
		耐火完整性≥3.00 h	B3.0
非隔热防火门 （C类）	耐火完整性≥1.00 h		C1.0
	耐火完整性≥1.50 h		C1.5
	耐火完整性≥2.00 h		C2.0
	耐火完整性≥3.00 h		C3.0

表 7-3　防火窗按照耐火性能分类表

名称	耐火性能	代号
隔热防火窗 （A类）	耐火隔热性≥0.5 h 耐火完整性≥0.5 h	A0.5(丙级)
	耐火隔热性≥1.00 h 耐火完整性≥0.5 h	A1.0(乙级)
	耐火隔热性≥1.50 h 耐火完整性≥1.50 h	A1.5(甲级)
	耐火隔热性≥2.00 h 耐火完整性≥2.00 h	A2.0
	耐火隔热性≥3.00 h 耐火完整性≥3.00 h	A3.0
非隔热防火窗 （C类）	耐火完整性≥0.50 h	C0.5
	耐火完整性≥1.00 h	C1.0
	耐火完整性≥1.50 h	C1.5
	耐火完整性≥2.00 h	C2.0
	耐火完整性≥3.00 h	C3.0

(3)窗户采光和通风要求。为获取良好的天然采光，保证房间足够的照度，不同功能房间对采光系数有不同的要求，见表7-4。但房间的采光还与外窗的高、宽比例，窗外有无固定遮阳设施和外窗本身的采光性能有关。根据外窗安装后，在室内表面测得的透过外窗的照度与外窗安装前的照度之比，即透光折减系数 T_r 来划分，外窗自身的采光性能分为5级，见表7-5。

小提示：自然通风是保证室内空气质量的最重要因素，在设计时，应保证外窗可开启面积，尽可能使房间空气对流。

表7-4　不同建筑类型房间的采光要求

建筑类别	采光等级	房间名称	侧面采光		顶部采光	
			采光系数标准值/%	室内天然光照度标准值/lx	果光系数标准值 C_{min}/%	室内天然光照度标准值/lx
住宅建筑	IV	厨房	2.0	300		
	V	卫生间、过道、楼梯间、餐厅	1.0	150		
办公建筑	II	设计室、绘图室	4.0	600		
	III	办公室、会议室	3.0	450		
	IV	复印室、档案室	2.0	300		
	V	走道、楼梯间、卫生间	1.0	150		
教育建筑	III	专用教室、阶梯教室、实验室、教师办公室	3.0	450		
	V	走道、楼梯间、卫生间	1.0	150		
图书馆建筑	III	阅览室、开架书库	3.0	450	2.0	300
	IV	目录室	2.0	300	1.0	150
	V	书库、走道、楼梯间、卫生间	1.0	150	0.5	75
医疗建筑	III	诊室、药房、治疗室、化验室	3.0	450	2.0	300
	IV	候诊室、挂号处、综合大厅、医生办公室(护士室)	2.0	300	1.0	150
	V	走道、楼梯间、卫生间	1.0	150	0.5	75

表7-5　建筑外窗采光性能分级表

分级	采光性能分级指标值
1	$0.20 \leqslant T_r < 0.30$
2	$0.30 \leqslant T_r < 0.40$
3	$0.40 \leqslant T_r < 0.50$
4	$0.50 \leqslant T_r$
5	$T_r \geqslant 0.60$

拓展阅读

门的选用与布置

1. 门的选用

(1)公共建筑的出入口常用平开门、弹簧门、自动推拉门及旋转门等。旋转门(除可平开的旋转门外)、电动门、卷帘门和大型门的附近应另设平开的疏散门。疏散门的宽度应满足安全疏散及残疾人通行的要求。

(2)公共出入口的外门应为外开或双向开启的弹簧门。位于疏散通道上的门应向疏散方向开启。托儿所、幼儿园、小学或其他儿童集中活动的场所不得使用弹簧门。

(3)环境湿度大的场所不宜选用纤维板门或胶合板门。

(4)大型餐厅至备餐间的门宜做成双扇、分上下行的单面弹簧门,要镶嵌玻璃。

(5)体育馆内运动员经常出入的门,门扇净高不得小于 2.2 m。

(6)双扇开启的门洞宽度不应小于 1.2 m,当门洞宽度为 1.2 m 时,宜采用大小扇的形式。

(7)所有的门若无隔声要求,不得设门槛。

2. 门的布置

(1)两个相邻并经常开启的门,应避免开启时相互碰撞。

(2)向外开启的平开外门,应有防止风吹碰撞的措施,如采取将门退进墙洞,或设置门挡风钩等固定措施,以避免门与墙垛腰线等凸出物碰撞。

(3)门的开向不宜朝西或朝北。

(4)凡无间接采光通风要求的套间内门,不需设上亮子,也不需设置纱扇。

(5)经常出入的外门宜设雨篷,楼梯间外门雨篷下如设吸顶灯时应防止被门碰碎。

(6)变形处不得利用门框盖缝,门扇开启时不得跨缝。

(7)住宅内门的位置和开启方向应结合家具布置考虑。

任务解决

北方温差较大,夏天闷热、冬天严寒,还伴有较为严重的沙尘、雾霾气候,整体较为干燥。针对北方的气候特征,门窗应该具备抗风压性、气密性、水密性、保温隔热性、隔声性和采光性等特点。因此,应选用平开窗,打造更为舒适的居住空间。

(1)平开窗密封性好,适用于多雨、噪声影响大和多风沙的地区,并且可以在冬季保证室内温度。

(2)窗扇四周布置的联动五金件和执手在室内操作的各种功能,关闭时窗扇的四周都固定在窗框上,因此,安全性和防盗性能极好。

(3)操作简单,可使窗扇外面转到室内,使得清洗窗户的外表面既方便又安全。

(4)实用性:避免了内开窗打开时占用室内空间,不方便挂窗帘和安装升降式挂衣杆。

南方气候比较湿润、潮湿,给人以湿冷的感觉,多伴台风,降雨量大,因此,南方地区的门窗则更加注重抗风压性及水密性,防风、防雨很重要,一般选用推拉窗。

（1）推拉窗视野开阔，采光度好，只要太阳位于窗户正面，无论在哪个角度都有阳光进入室内，适合除湿通风，保持室内干燥。

（2）推拉窗采用装有滑轮的窗扇在窗框上的轨道滑行，这种窗的优点是窗无论在开关状态下均不占用额外的空间，构造也较为简单。

（3）推拉窗一般在两层以上的高楼最为适合，因为开启方式为推拉方式，不会像平开窗那样窗户在外面，为避免发生高空坠物事件，推拉窗最适合于高楼。

任务 2　　门窗构造

任务描述

居住多年的老房子一般都属于砖混结构，住得太久，或多或少都会出现一些问题，如墙面脱皮、电路老化、房子潮湿、卫生间漏水、收纳混乱等。这种老房的窗户多半是塑钢窗或铁窗，年代久远，密封情况不好，漏风又漏雨。若要对老房子的窗户进行改造（图7-4），应选用哪种窗户，如何施工？（老房很多墙都是不能动的，如一些阳台的配重墙、门头梁、柱子等，都是不能拆除的，要特别注意）

图7-4　门窗改造

相关内容

2.1　木门构造

用木材制作门窗是较为传统的方式。木材易于裁切加工，可以和不同材料根据造型设计需要进行组合。由于其耐久性和强度的限制，近年来，木窗的应用已经较少，一般在有特定的装饰性要求时采用，木门在室内仍然得到广泛采用。

知识拓展：
门的选用与布置

1. 平开门的组成

门一般由门框、门扇、亮子、五金零件及其附件组成(图 7-5)。门扇按其构造方式不同,有镶板门、夹板门、拼板门、玻璃门和纱门等类型。亮子又称腰头窗,处于门的上方,有辅助采光和通风之用,分为平开、固定及上、中、下悬几种。门框是门扇、亮子与墙的联系构件。五金零件一般有铰链、插销、门锁、拉手、门碰头等。附件有贴脸板、筒子板等。

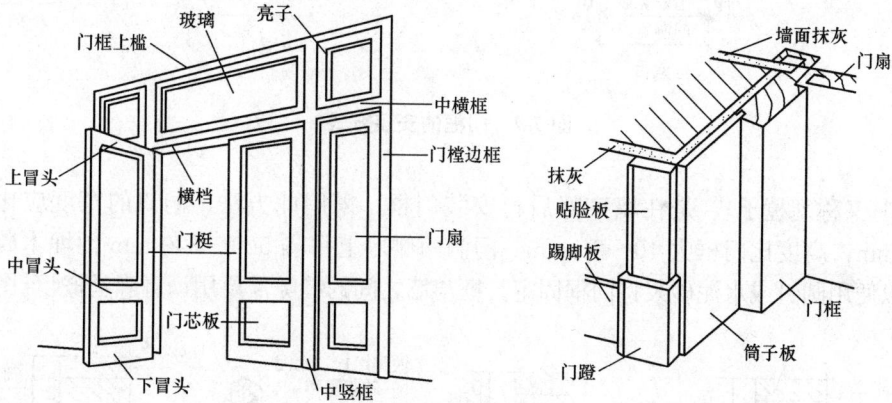

图 7-5 门的组成

2. 门框

门框又称为门樘,一般由两根竖直的边框和上框组成。当门带有亮子时,还有中横框。门框的断面形状与尺寸取决于门扇的开启方式和门扇的层数,由于门框要承受各种撞击荷载和门扇质量的作用,应有足够的强度和刚度,故其断面尺寸较大(图 7-6)。

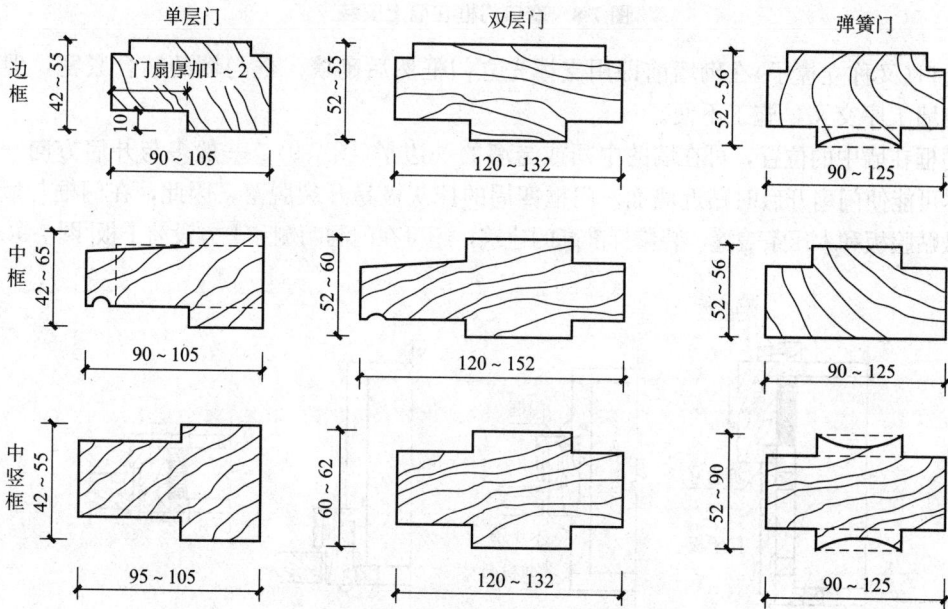

图 7-6 平开木门门框的断面形状与尺寸

门框的安装根据施工方式分为后塞口和先立口两种,如图 7-7 所示。

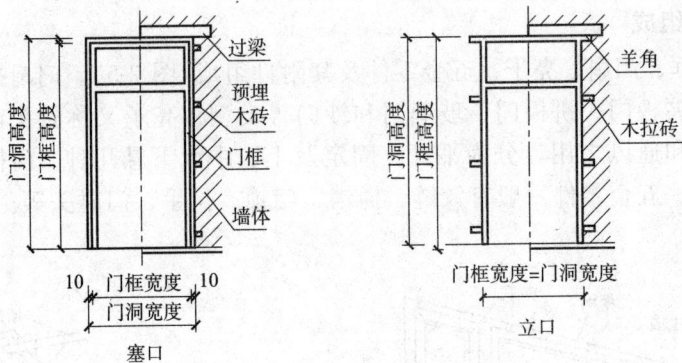

图 7-7　门框的安装方式

塞口（又称塞樘子），是在墙砌好后再安装门框。采用此方法，洞口的宽度应比门框大20～30 mm，高度比门框大10～20 mm。门洞两侧墙上每隔500～600 mm预埋木砖或预留缺口，以便用圆钉或水泥砂浆将门框固定。框与墙之间的缝隙需要用沥青麻丝嵌填（图7-8）。

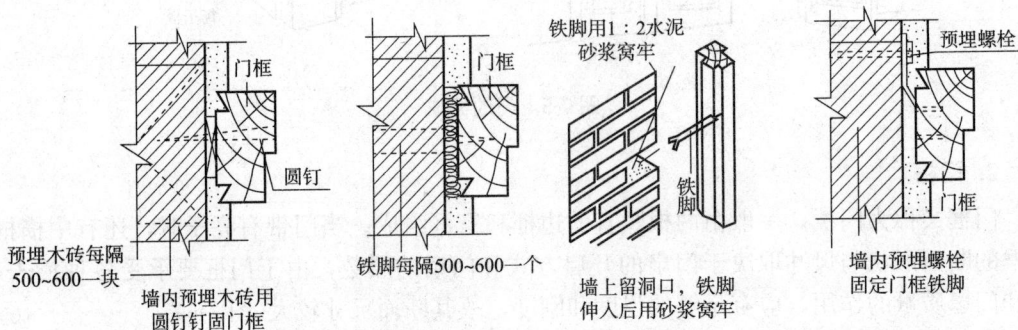

图 7-8　塞口门框在墙上安装

立口（又称立樘子）在砌墙前即用支撑先立门框然后砌墙。框与墙的结合紧密，但是立樘与砌墙工序交叉，施工不便。

门框在墙中的位置，可在墙的中间或与墙的一边平（图7-9）。一般多与开启方向一侧平齐，尽可能使门扇开启时贴近墙面。门框四周的抹灰极易开裂脱落，因此，在门框与墙结合处应做贴脸板和木压条盖缝，装修标准高的建筑，还可在门洞两侧和上方设筒子板[图7-9(a)]。

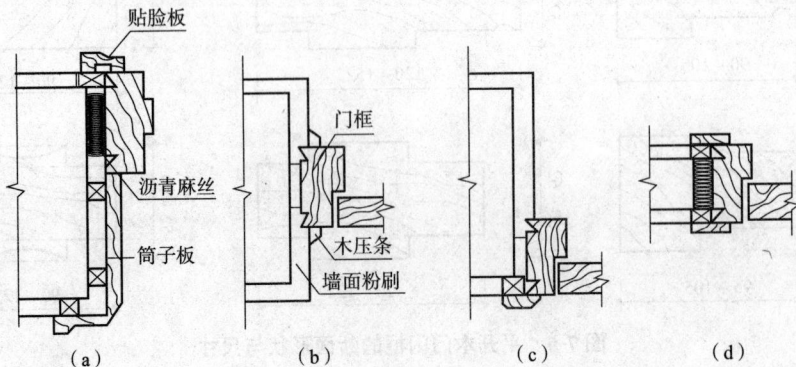

图 7-9　门框位置、门贴脸板及筒子板

3. 门扇

木门门扇的做法很多，常见的有镶板门、夹板门、拼板门、玻璃门和弹簧门等。

（1）镶板门：由上、中、下冒头和边梃组成骨架，中间镶嵌门芯板，门芯板可采用15 mm厚的木板拼接而成，也可采用胶合板、硬质纤维板或玻璃等（图7-10）。

（2）夹板门：用小截面的木条（35 mm×50 mm）组成骨架，在骨架的两面铺钉胶合板或纤维板等（图7-11）。

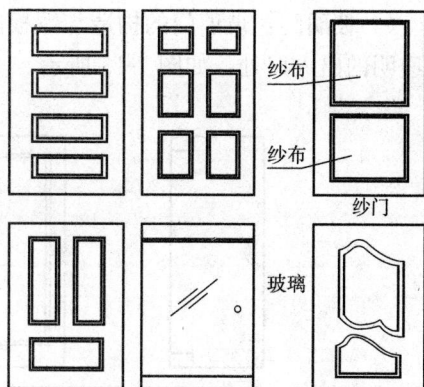

图 7-10　镶板门的构造

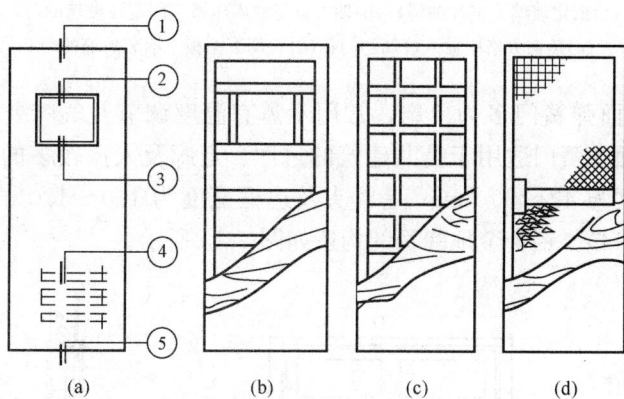

图 7-11　夹板门的构造

（a）门外观；（b）水平骨架；（c）双向骨架；（d）格状骨架

（3）拼板门：拼板门的构造与镶板门相同，由骨架和拼板组成，只是拼板门的拼板用35～45 mm厚的木板拼接而成，因而自重较大，但坚固耐久，多用于库房、车间的外门（图7-12）。

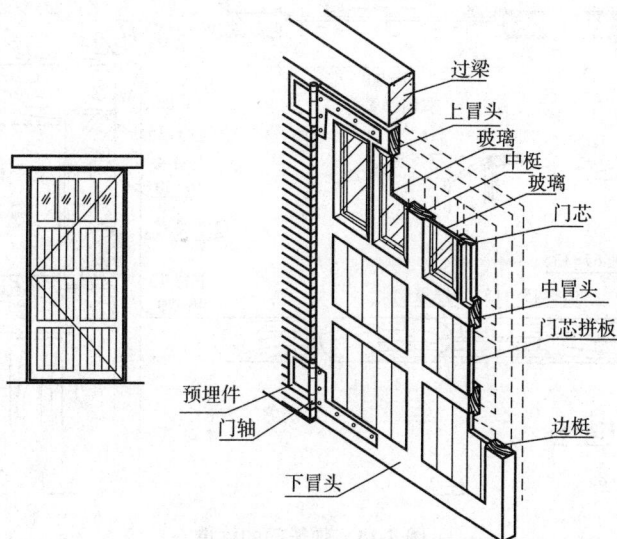

图 7-12　拼板门的构造

（4）玻璃门：玻璃门的构造与镶板门基本相同，只是门芯板用玻璃代替，用在要求采光与透明的出入口处，如图 7-13 所示。

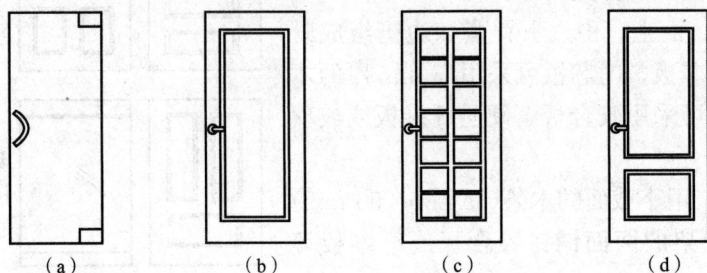

（a）　　　　　（b）　　　　　（c）　　　　　（d）

图 7-13　玻璃门的构造

(a)钢化玻璃一整片的门；(b)四方框里放入压条，固定住玻璃的门；
(c)装饰方格中放入玻璃的门；(d)腰部下镶板上面装玻璃的门

（5）弹簧门：单面弹簧门多为单扇，常用于需有温度调节及气味要遮挡的房间，如厨房、卫生间等；双面弹簧门适用于公共建筑的过厅、走廊及人流较多的房间。弹簧门须用硬木制作，门扇厚度为 42～50 mm，上冒头及边框宽度为 100～120 mm，下冒头宽度为 200～300 mm(图 7-14)。铝合金地弹簧的构造如图 7-15 所示。

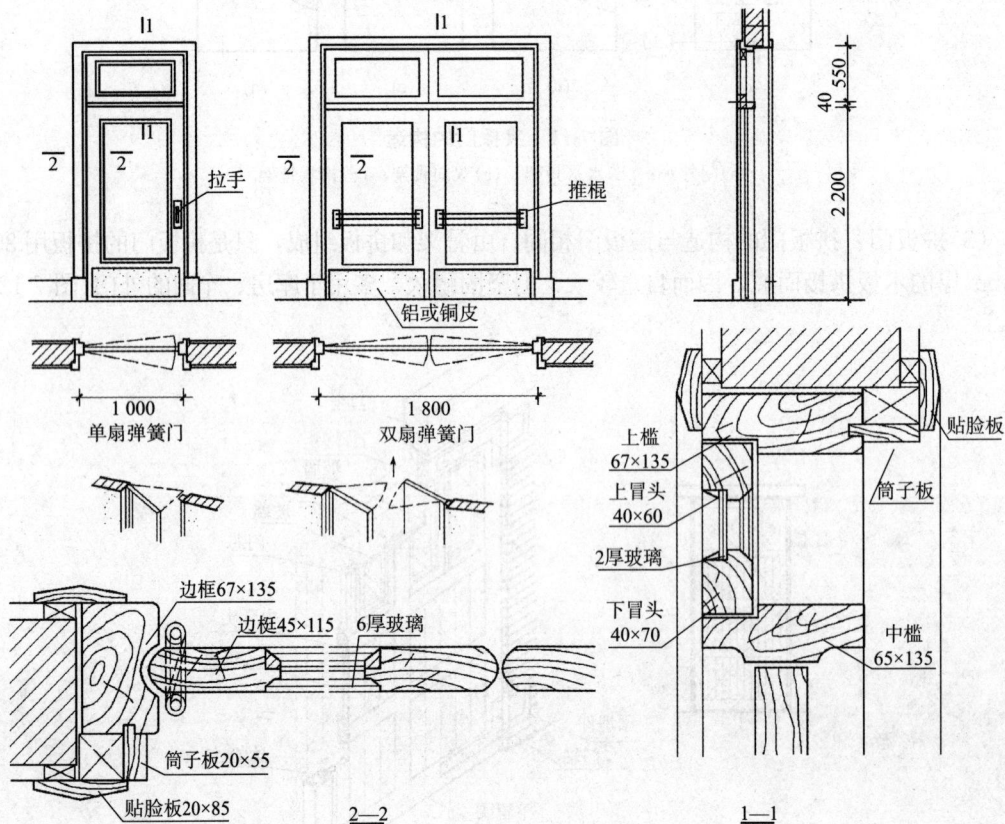

图 7-14　弹簧门的构造

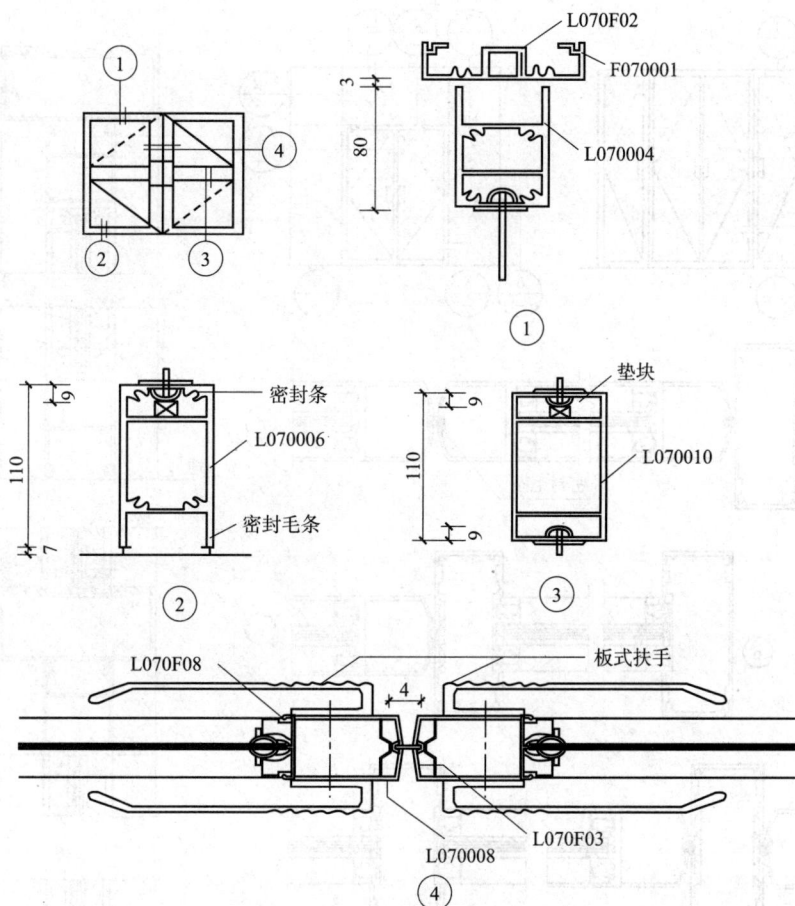

图 7-15　铝合金地弹簧的构造

2.2　铝合金门窗

铝合金是以铝合金为主，加入适量钢、镁等多种元素的合金。其具有质量轻、强度高、耐腐蚀、无磁性、易加工、质感好的特点，特别是其密闭性能好，远比钢、木门窗优越，广泛应用于各种建筑，但造价较高。

1. 铝合金门的构造

铝合金门的形式很多，其构造方法与木门、钢门相似，也由铝合金门框、门扇、腰窗及五金零件组成。按其门芯板的镶嵌材料划分，可分为铝合金条板门、半玻璃门、全玻璃门等形式，主要有平开、弹簧、推拉三种开启方法。其中，铝合金弹簧门、铝合金推拉门是目前最常用的门。图 7-16 所示为铝合金弹簧门的构造示意。

2. 铝合金窗的构造

铝合金窗框料可通过表面着色、涂膜处理等获得多种色彩和花纹，具有良好的装饰效果，是目前建筑中使用较为广泛的基本窗型。不足的是，其强度较钢窗、塑钢窗低，平面开窗尺寸较大时易变形。平开铝合金窗构造如图 7-17 所示。

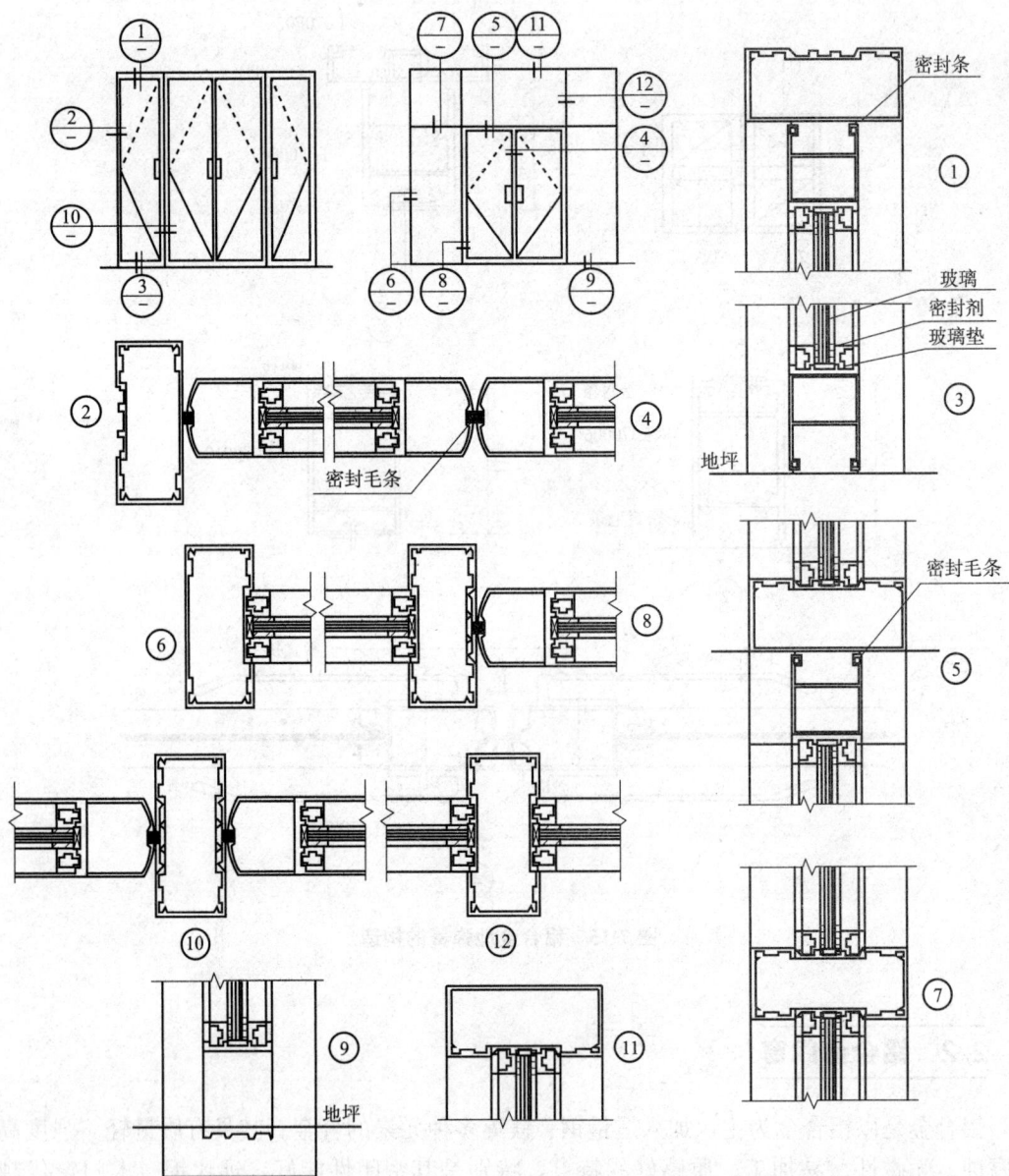

图 7-16　铝合金弹簧门的构造示意

3. 铝合金门窗的安装

(1)铝合金门窗的安装主要依靠金属锚固件定位，安装时应保证定位正确、牢固，然后在门窗框与墙体之间分层填以矿棉毡、玻璃棉毡或沥青麻刀等保温隔声材料，并于门窗框内外四周各留 5～8 mm 深的槽口后填建筑密封膏。铝合金门窗不宜采用水泥砂浆做门框与墙体间的填塞材料。

(2)门窗框固定铁件，除四周离边角 180 mm 设一点外，一般间距为 400～500 mm，铁件可采用射钉、膨胀螺栓或钢件焊于墙上的预埋件等形式，锚固铁卡两端均须伸出铝框外，然后用射钉固定于墙上，固定铁卡用厚度不小于 1.5 mm 厚的镀锌钢板，如图 7-18所示。

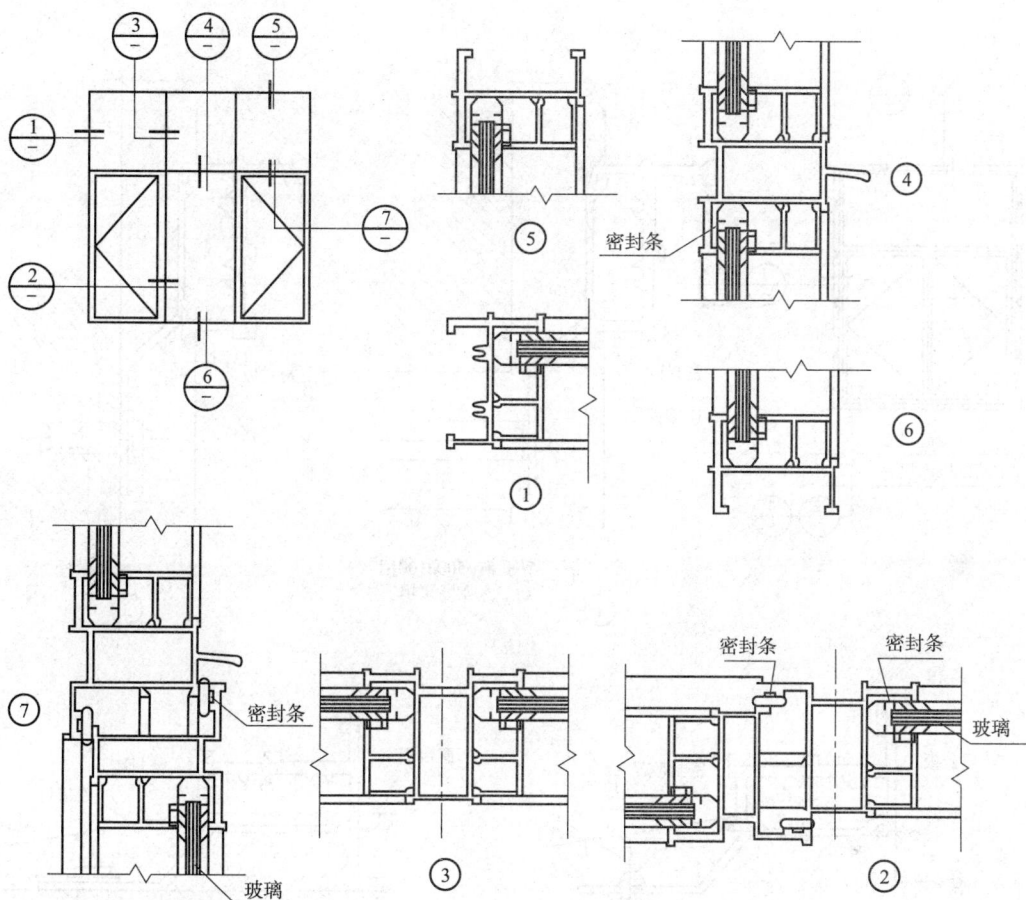

图 7-17　平开铝合金窗构造

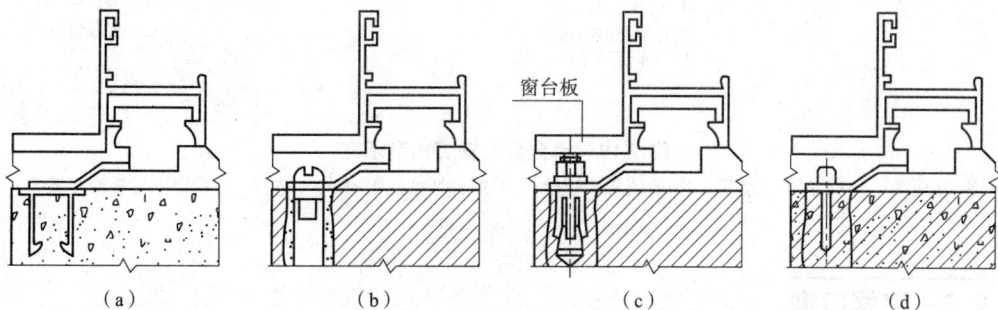

图 7-18　铝合金窗的安装构造

(a)预埋件焊接连接；(b)燕尾铁脚螺栓连接；(c)金属胀锚螺栓连接；(d)射钉连接

　　铝合金门窗框料及组合梃料除不锈钢外，均不能与其他金属直接相接触，以免产生电腐蚀现象，所有铝合金门窗的加强件及紧固件均须做防腐蚀处理，一般可采用沥青防腐漆满涂或镀锌处理，应避免将灰浆直接粘到铝合金型材上，铝合金门门框边框应深入地面面层 20 mm 以上，图 7-19 所示为铝合金窗安装构造示意。

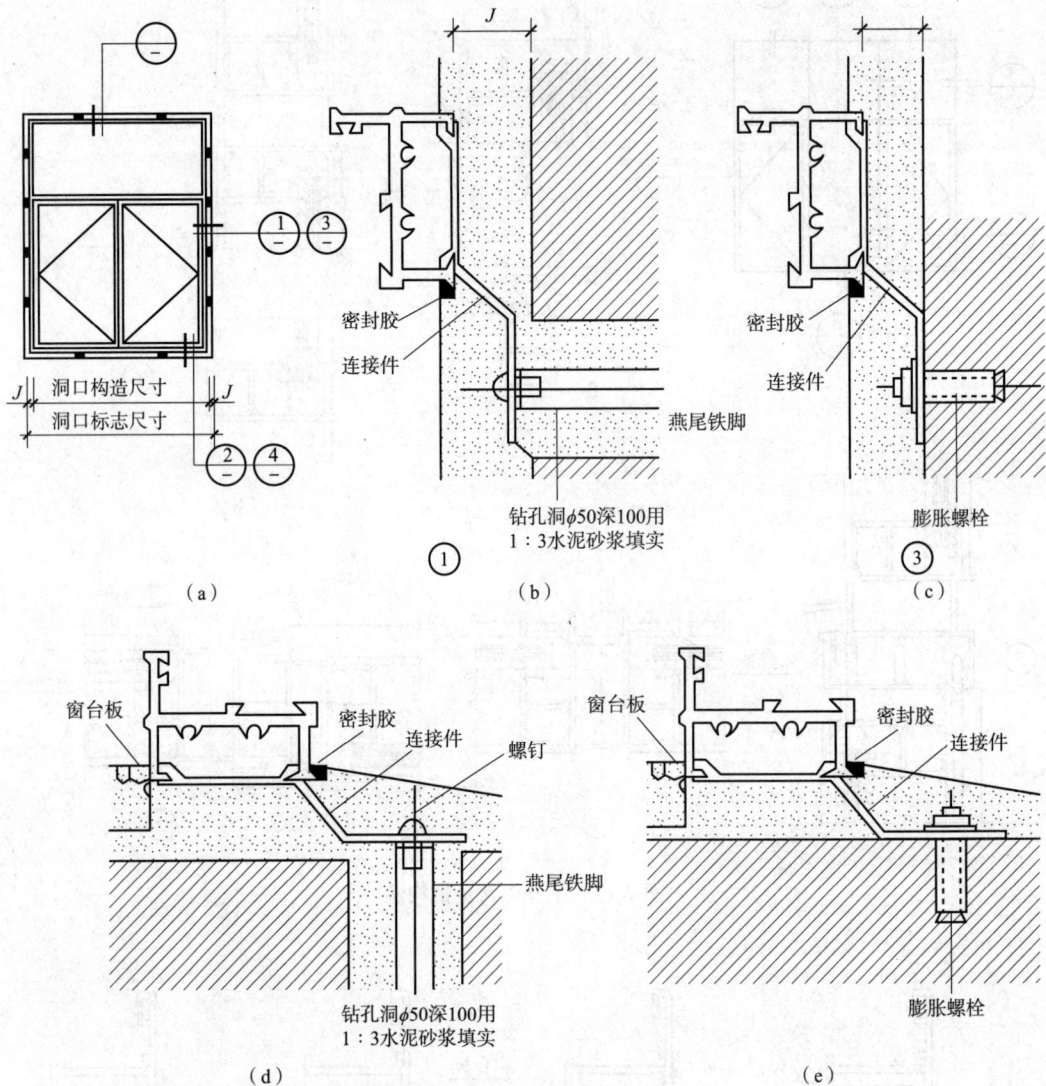

图 7-19 铝合金窗安装构造示意

(a)立面图；(b)水泥砂浆填实；(c)安装膨胀螺栓；(d)窗台处钻孔水泥砂浆填实；(e)窗台上安装膨胀螺栓

2.3 塑钢门窗

塑钢门窗是以改性硬质聚氯乙烯(简称 UPVC)为主要原料,加上一定比例的稳定剂、着色剂、填充剂、紫外线吸收剂等辅助剂,用挤出机挤出成型为各种断面的中空异形材。经切割后,在其内腔衬以型钢加强筋,用热熔焊接机焊接成型为门窗框扇,配上橡胶密封条、压条、五金件等附件而制成的门窗。

图 7-20 所示为塑钢窗框与墙体的连接方式。

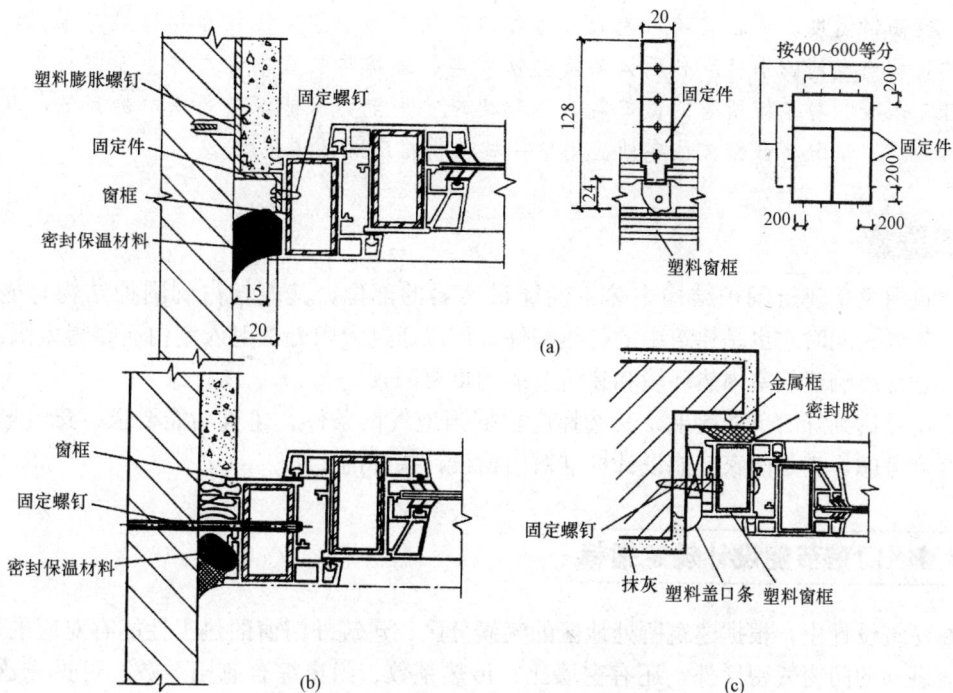

图 7-20 塑钢窗框与墙体的连接方式

(a)连接件法；(b)直接固定法；(c)假框法

任务解决

老房改造时窗户选材可选用断桥铝，推荐使用厚度为 1.4 mm 的铝材，框架为 65 mm，其保温隔热及隔声效果均较好。在更换窗户时应注意窗台的防排水和斜坡，以及对密封胶进行检查，在安装窗框时可先将窗户垫高 2.5 cm，待灌浆后做出斜坡，同时做好防排水构造(图 7-21)。

图 7-21 窗户安装防排水构造

任务 3 门窗保温隔热

任务描述

某项目总占地面积为 200 000 m²。由 4 层带电梯的板式超低密度的公寓、LOFT 空中别墅和沿河独立别墅组成，住户均享有 2 000 m² 的林木覆盖面积。该项目建筑在实现低能耗的基础上，补充太阳能、风能、地热能等可再生能源，达到节能的目的。

该项目室内通过规划布局，创造了良好的自然通风条件。通过运用有流动空气层的干挂幕墙、外窗遮阳设施、隔热铝合金门窗、LOW-E 玻璃等技术，提高建筑物围护结构的保温、隔热性能，从而降低了夏季制冷负荷。通过选择高效节能的采暖制冷系统，降低使用能耗和提高舒适度。通过玻璃采光天井等建筑方法给地下空间提供自然通风与采光，从而减少建筑物对电能的消耗。利用太阳能光伏发电、地源热泵直供等可再生能源技术，为建筑物补充采暖制冷系统所需的微能耗，达到夏季不用电力等能源进行制冷的目的，从而实现"零能耗"。试分析介绍该住宅所应用的一些值得推广的低碳技术。

相关内容

建筑门窗是建筑围护结构中热工性能最薄弱的部位，其能耗占到围护结构总能耗的40%～50%。同时它也是建筑中的得热构件，可以通过太阳光透射入室内而获得太阳热能。因此，它是影响建筑室内热环境和建筑节能的重要因素。

门窗要达到好的节能效果，其选择应根据当地气候条件、建筑功能要求、建筑形式等因素综合考虑，满足国家节能设计标准对门窗设计指标的要求。

3.1 门窗节能设计规定指标

在建筑设计中，根据建筑所处地区的气候分区，建筑外门窗的热工性能有对应的规定。除前面讲到的门窗气密性外，还有窗墙比、传热系数、门窗综合遮阳系数、可见光透射比等要求。设计者应对相关规定有所了解，避免设计中出现较大的节能问题。

1. 窗墙比

窗墙比是窗户面积与窗户所在该墙面积的比值。不同地区、不同朝向的太阳辐射强度和日照率不同，窗户所获得的热也不相同，因此，南向窗墙比应大些，其他朝向窗墙比应小些。

> **小提示：** 各地区节能设计标准对不同建筑功能和各朝向的窗墙比限值都有详细的规定。

2. 传热系数

不同外门窗材料、构造方法及其传热系数也不同，外门窗传热系数应根据计量认证质检机构提供的检测值采用。常用建筑外门窗传热系数见表 7-6。

表 7-6　常用建筑外门窗传热系数和遮阳系数

类型		建筑户门、外窗及阳台门名称	传热系数 K /[W·(m²·k)⁻¹]	遮阳(遮蔽)系数 (SC)
门		多功能户门(具有保温、隔声、防盗等功能)	1.5	
		夹板门或蜂窝夹板门	2.5	
		双层玻璃门	2.5	
窗	铝合金	单层普通玻璃窗	6.0～6.5	0.8～0.9
		单框普通中空玻璃窗	3.6～4.2	0.75～0.85
		单框低辐射中空玻璃	2.7～3.4	0.4～0.44
		双层普通玻璃窗	3.0	0.75～0.85
	断热铝合金	单框普通中空玻璃窗	3.3～3.5	0.75～0.85
		单框低辐射中空玻璃窗	2.3～3.0	0.4～0.55

类型		建筑户门、外窗及阳台门名称	传热系数 K /[W·(m²·k)⁻¹]	遮阳(遮蔽)系数 (SC)
窗	塑料	单层普通玻璃窗	4.5~4.9	0.8~0.9
		单框普通中空玻璃窗	2.7~3.0	0.75~0.85
		单框低辐射中空玻璃窗	2.0~2.4	0.4~0.55
		双层普通或璃窗	2.3	0.75~0.85

3. 门窗综合遮阳系数

对南方炎热地区,在强烈的太阳辐射条件下,阳光直射室内,将严重影响建筑室内热环境,故外窗应采取适当遮阳措施,以降低建筑空调能耗,避免眩光。外窗遮阳效果是外窗本身遮阳和建筑外遮阳的共同作用效果。

外窗的遮阳效果用综合遮阳系数(SC)(表7-6)来衡量,其影响因素有外窗本身的遮阳性能和外遮阳的遮阳性能。

有外遮阳时:

$$综合遮阳系数(SC)=外窗遮阳系数(SC_c)×外遮阳系数(SD)$$

无外遮阳时:

$$综合遮阳系数(SC)=外窗遮阳系数(SC_c)$$

$$外窗本身的遮阳系数(SC_c)=玻璃遮阳系数\ SC_B×(1-窗框面积\ F_K/窗面积\ F_C)$$

> **小提示:** 建筑设计中可以结合立面造型,运用钢筋混凝土构件做固定遮阳处理,也可以结合外立面,根据季节变化设置活动遮阳。

4. 可见光透射比

可见光透射比是指可见光透过透明材质的光通量与投射在其表面的光通量之比。表明透光材质透光性能的好坏,对于公共建筑,当建筑窗墙比小于0.4时,玻璃(或其他透明材质)的可见光透射比不应小于0.4。

5. 门窗气密性

门窗气密性按照分级标准分为8级,其选择应根据当地气候条件,如夏热冬冷地区居住建筑1~6层外窗及阳台门不应低于4级,7层及7层以上的外窗和阳台门不应低于标准规定的6级。

🔆 拓展阅读

门窗的密闭处理

建筑物的外门窗必须满足气密性、水密性和抗风压要求,即在正常关闭状态时,能够阻止空气渗透,遇风雨时能够阻止雨水渗透,并且在风压作用下不发生损坏和五金件松动、开启困难等功能障碍。为达到相应性能标准,应当对门窗的构造形式进行合理设计,提高门窗缝隙空气渗透阻力,并综合采用防水、挡水、排水等措施。

除门窗框与洞口墙体的安装间隙外，型材构件连接缝隙、附件装配缝隙、螺栓、螺钉孔等处都需要采取密封防水措施。减少和避免雨水与门窗接触也是一种好方法，可以在窗楣设置滴水槽、开启扇上檐口安装披水条，带有适当坡度的外窗台也可以排除积水，减少雨水对门窗的浸泡。

铝合金门窗、塑料门窗等型材门窗应在框、扇下横边设置排水孔，并根据等压原理设置气压平衡孔槽；排水孔的位置、数量及开口尺寸应满足排水要求，内、外侧排水槽应横向错开，避免直通；排水孔宜加盖排水孔帽(图7-22)。

门窗密封胶条应采用合成橡胶类的三元乙丙橡胶、氯丁橡胶、硅橡胶等耐久性好的材料，装配后应均匀、牢固、接口严密并用胶粘牢。密封毛条宜选用毛束致密的加片型毛条。使用硅胶密封时胶缝应填充密实、表面光滑平整，无气孔、脱胶、断胶等现象。

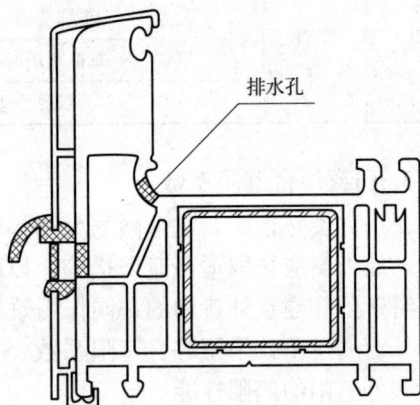

图 7-22　窗框排水孔示意

3.2　门窗保温隔热设计

(1)选择适宜的窗墙比。仅从节约建筑能耗来说，窗墙比越小越好，但窗墙比过小又会影响窗户的正常采光、通风和太阳能利用。因此，应根据建筑所处的气候分区、建筑类型、使用功能、门窗方位等选择适宜的窗墙比，达到既满足建筑造型的需要又能符合建筑节能的要求。

夏热冬冷地区居住建筑不同朝向外窗的窗墙比限值见表7-7。

表 7-7　夏热冬冷地区居住建筑窗墙比限制

朝向	窗墙比	朝向	窗墙比
北	0.40	南	0.45
东、西	0.35	每套房允许一个房间	0.60

(2)加强门窗的保温、隔热性能。改善门窗的保温性能主要是提高热阻，选用导热系数小的门窗框、玻璃材料，从门窗的制作、安装提高其气密性能。

门窗的隔热性能在南方炎热地区尤其重要，提高隔热性能主要依靠两方面的途径：一是采用合理的建筑外遮阳，结合立面造型，运用钢筋混凝土构件作遮阳处理，设计挑檐、遮阳板、活动遮阳等措施；二是选择玻璃时，选用合适的遮蔽系数，也可以采用对太阳红外线反射能力强的热反射材料贴膜。

遮阳的种类很多，按照与建筑物的关系，可以分为水平遮阳、垂直遮阳、综合遮阳、挡板遮阳，如图7-23所示。

1)水平遮阳。当太阳高度角较大时，可以有效遮挡来自窗口上前方的直射阳光。

2)垂直遮阳。当太阳高度角较小时，可以有效遮挡来自窗口侧面的斜射阳光。

3)综合遮阳。综合遮阳可以有效遮挡从窗口前、侧向斜射下来的阳光。它兼有水平遮阳和垂直遮阳的优点，对于遮挡各个朝向及高度角低的太阳光都比较有效。

4)挡板遮阳。挡板遮阳可以有效遮挡从窗口正前方投射下来的阳光。

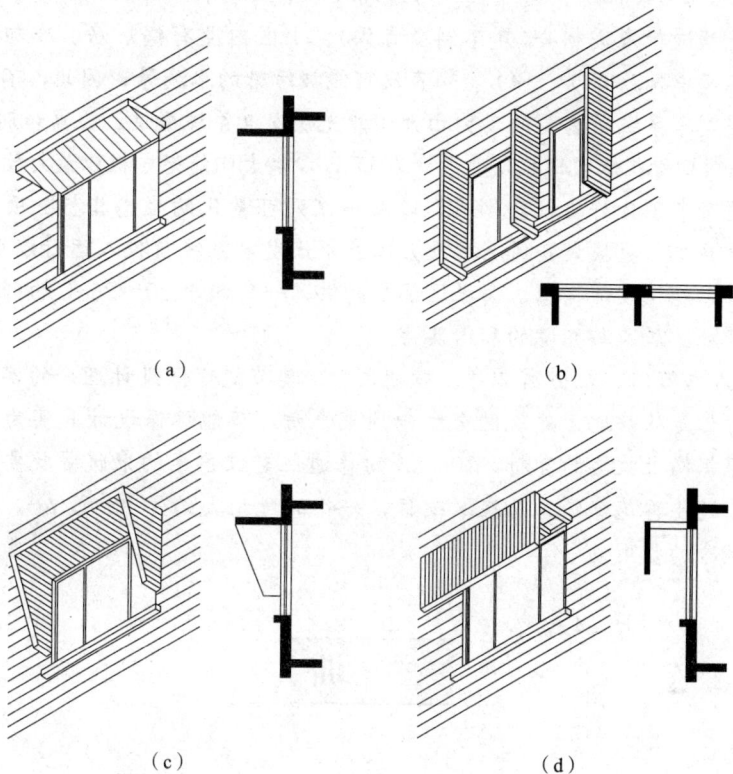

图 7-23 外遮阳类型

(a)水平遮阳；(b)垂直遮阳；(c)综合遮阳；(d)挡板遮阳

建筑物不同朝向的门窗洞口应针对不同的太阳辐射特征选择合理的遮阳形式，南向宜采用水平遮阳，东北、西北及北回归线以南地区的北向宜采用垂直遮阳，东南、西南向宜采用综合遮阳，东、西向宜采用挡板遮阳。

遮阳设计应兼顾通风及冬季日照，宜优先选用活动式遮阳。冬季有采暖需求的房间设置门窗洞口遮阳时，应采用活动式遮阳、活动式中间遮阳，或采用遮阳系数冬季大、夏季小的固定式遮阳。建筑遮阳应与建筑立面、门窗洞口构造一体化设计，新建建筑应做到遮阳装置与建筑同步设计、同步施工、同步验收。

知识拓展：
建筑遮阳的
设计依据

任务解决

(1)项目建筑外墙。项目建筑外墙采用外墙保温开放式干挂石材幕墙，外墙总设计厚度为 360 mm，其中保温层厚度为 100 mm，保温层与外饰面之间设有流动空气间层，幕墙体系具有良好的保温性能、隔热性能。室外门窗选用断桥铝合金型材，玻璃采用 LOW-E 玻璃，能防止室内热量散失和门窗玻璃结露。全部外窗装有铝合金电动遮阳卷帘，遮挡太阳辐射热，防止夏季过多热量射入室内。

（2）房间内采暖制冷。选择毛细管顶板辐射方式进行房间内采暖制冷，这是一种在结构楼板下部敷设毛细管路，以水作为热量的媒介在毛细管中循环给室内带来冷量和热量的采暖制冷方式，室内看不到任何采暖制冷设施的末端。

（3）小区设地源热泵机房。通过打井的方式从地下土壤中取得热（冷）量，经过系统热泵机组提供给建筑物进行采暖制冷（夏季制冷直供）。小区内没有锅炉房、冷却塔、空调室外机等，不会向环境中排放 CO_2、SO_2、噪声及可能被污染的水汽等，因此，不会影响室外的环境质量。采暖制冷系统所需要的动力由太阳能光伏发电系统提供。公寓和别墅的屋面设计为坡屋顶，根据项目所在地区日照角度设计为37°，以供太阳能光电板以最大效率发电。

该项目实施带来了良好的社会影响，以及一系列可量化的生态指标。项目第一期建筑采用的地源热泵系统、置换式新风系统及太阳能光伏发电系统自投入运行以来，运转正常，实现了夏季制冷零能耗设计构想，向社区住户提供了一年四季20～26 ℃的舒适温度和置换式新风，实现了社区居民与环境的和谐共存。

（4）长期的成本节约。就公寓本身，短期来看，其节能环保设计理念的实现和产品品质确实成本较高。但是从房地产建筑的全生命周期来看，节能环保设计其实为购房者减少了成本。例如，根据网上收集的资料，100 m² 的普通住宅仅冬季的采暖费就要3 000 元左右；夏季用空调制冷还要再花电费。而在本项目，一年的费用大约是30 元/m²，这里包含冬季采暖费和夏季制冷的费用。

实 训

一、实训目的

根据国家检验标准观察与检验，通过现场的尺量与观察，对门窗的安装进行深刻了解。

二、实训准备

1. 材料准备

铝合金门窗的规格、型号应符合设计要求，五金配件配套齐全，并具有出厂合格证、材质检验报告书并加盖厂家印章。

铝合金门窗应进行抗风压、空气渗透和雨水渗透三项性能检验，其各项性能应符合设计要求和有关标准的规定。

防腐材料、填缝材料、密封材料等应符合设计要求和有关标准的规定，且应有产品的出厂合格证。

密封条的规格、型号应符合设计要求，胶粘剂应与密封条的材质相匹配，且具有产品的出厂合格证。

进场前应对铝合金门窗进行验收检查，不合格者不准进场。运到现场的铝合金门窗应分型号、规格堆放整齐，并存放于仓库内。搬运时轻拿轻放，严禁抛掷。

2. 主要机具准备

需要准备的机具包括铝合金切割机、手电钻、冲击钻、圆锉刀、半圆锉刀、十字螺钉旋具、划针、铁脚、圆规、钢尺、钢直尺、钢板尺、錾子等。

3. 施工作业条件

(1)主体结构经有关质量部门验收合格，工种之间已办好交接手续。

(2)检查门窗洞口尺寸及标高是否符合设计要求。有预埋件的门窗口还应检查预埋件数量、位置及埋设方法是否符合设计要求。两侧连接固定片位置与墙体预留孔洞位置是否吻合，若不符合应提前剔凿处理，并应及时将孔洞内杂物清理干净。

(3)按图示尺寸弹好门窗中线，并弹好室内+50 cm水平线。外窗安装前应沿建筑物全高吊线或弹出窗口边线，校核门窗洞口位置尺寸及标高是否符合设计图纸要求，如有问题应提前进行剔凿处理。

(4)检查铝合金门窗，按图纸要求核对型号，验收合格后才能安装。

(5)认真检查铝合金门窗的保护膜的完整，如有破损应补粘后再安装。

三、实训方法

1. 工艺流程

弹线找规矩→门窗洞口处理→门窗洞口内埋设连接铁件→铝合金门窗拆包检查→按图纸编号运至安装地点→检查铝合金保护膜→铝合金门窗安装→门窗口四周嵌缝、填保温材料→清理→装五金配件→安装门窗密封毛条→质量检查。

2. 质量验收方法

(1)门窗的检验方法。

质量检查，检查成品门的产品合格证书。

手扳检查，检查隐蔽工程验收记录和施工记录。

开启和关闭检查，手扳检查，木门窗与墙体间隙的填充材料应符合设计要求，填充应饱满，寒冷地区门窗与砌体的空隙应填充保温材料。

轻敲门窗框检查，检查隐蔽工程验收记录和施工记录。

(2)玻璃的检验方法。观察：检查产品合格证书、性能检测报告和进场地验收记录。

1)玻璃的安装方法应符合设计要求。固定玻璃的钉子或钢丝卡的数量、规格应保证玻璃的安装牢固。

2)钉木条接触玻璃的地方，应与拆口边缘平整木条应互相连接并与裁缝平齐。

3)密封条与玻璃、玻璃槽的接触应紧密、平整、密封胶与玻璃、玻璃槽的边缘粘接牢固接缝平齐。

4)带密封条的玻璃压条。气密封条与玻璃全部紧贴压条与型材之间无明显缝隙，压条接缝应不大于0.5 mm。

5)玻璃表面应洁净，不得有腻子、密封条、涂料等污渍。中空玻璃内、外表面应均匀洁净，玻璃中空层内不得有灰尘和水蒸气。

6)门窗玻璃不应直接接触型材。单面镀膜玻璃的镀膜层及磨砂玻璃的磨砂面应朝向室内。

7) 中空玻璃的单面镀膜玻璃应在最外层, 镀膜层应朝向室内。

3. 隐蔽工程

隐蔽工程就是在装修后被隐蔽起来, 表面上无法看到的施工项目。根据装修工序, 这些"隐蔽工程"都会被后一道工序所覆盖, 所以很难检查其材料是否符合规格、施工是否规范。如果发生质量问题, 还得重新覆盖和掩盖, 会造成返工等非常大的损失, 为了避免资源的浪费和当事人双方的损失, 保证工程的质量和工程顺利完成, 就必须把隐蔽工程做到最好。

四、现场施工

在现场之中可以见到未安装之前的隐蔽工程和窗框、五金固定件, 还有预埋木塞, 还量了门窗框与门窗洞的距离, 它们基本符合国家规范, 一扇窗户在横向、竖向上都有 3 个木塞, 在窗洞不长的时候就可以用 2 个木塞。

除此之外, 还有铝合金门窗框允许尺寸偏差及铝合金门窗安装质量要求与检验方法。

项目小结

在建筑物中, 门和窗都是起到围护与分隔作用的非承重构件, 不同材料、形式的门和窗可以分别满足不同的采光、通风、交通、节能等方面的功能要求, 设计时需要根据使用情况和相关规范来选择决定。本项目主要介绍了门窗概述、门窗构造、门窗保温隔热。

思考与练习

一、填空题

1. _____可分为内开门和外开门, 以及单扇门和双扇门。其构造简单, 开启灵活, 密封性能好, 制作和安装较方便, 但开启时占用空间较大。

2. 门的尺度通常是指_____尺寸。

3. 门作为交通疏散通道, 其尺寸取决于_____、_____与_____等。

4. 窗的形式一般按开启方式定, 而窗的开启方式主要取决于_____和_____。

5. 门一般由_____、_____、_____、_____及其附件组成。

6. 门框的安装根据施工方式分为_____和_____两种。

二、选择题

1. 住宅入户门、防烟楼梯间门、寒冷地区公共建筑外门应分别采用(　　)开启方式。

    A. 平开门、平开门、旋转门　　　　B. 推拉门、弹簧门、折叠门

    C. 平开门、弹簧门、旋转门　　　　D. 平开门、旋转门、旋转门

2. 下列陈述正确的是(   )。

    A. 旋转门可作为寒冷地区公共建筑的外门

    B. 推拉门是建筑中最常见、使用最广泛的门

    C. 旋转门可向两个方向旋转，故可作为双向疏散门

    D. 车间大门因其尺寸较大，故不宜采用推拉门

3. 平开木窗的窗扇是由(   )组成。

    A. 上、下冒头、窗芯、玻璃   B. 边框、上下框、玻璃

    C. 边框、五金零件、玻璃   D. 亮子、上冒头、下冒头、玻璃

4. 民用建筑常用门的高度一般应大于(   )mm。

    A. 1 500   B. 1 800   C. 2 100   D. 2 400

三、简答题

1. 门窗的作用和要求有哪些？

2. 门窗的设计要求有哪些？

3. 木门门扇的做法有哪些？

4. 门窗节能设计规定指标有哪些？

5. 门窗的遮阳种类有哪些？

项目 8　变形缝

知识目标

了解变形缝的概念、类型；掌握伸缩缝、沉降缝、防震缝的构造。

能力目标

能够掌握变形缝在墙体、楼地面、屋顶各位置的构造处理方法。

素养目标

1. 准确理解所要解决的问题，确定需要使用哪些方面的信息，制定一整套的活动方案。
2. 通过绘图、记笔记、制作图标、做记号、撰写陈述等方式描述并记录观察结果。

任务 1　变形缝概述

任务描述

在工程实践中，常会遇到不同大小、不同形体、不同层高、建在不同地质条件上的建筑物，对某些建筑物，如果不考虑温度伸缩、沉降和地震的影响，就会产生裂缝甚至破坏。那么，如何区分变形缝，如何处理并保证建筑的使用周期呢？

相关内容

1.1　变形缝的概念

由于温度变化、地基不均匀沉降和地震等外界因素的影响，建筑物结构内部将产生附加应力，造成建筑物的开裂和变形，甚至引起结构破坏，影响建筑物的使用与安全。为了避免上述情况的发生，通常在房屋结构薄弱的部位设置构造缝，把建筑物分成若干个相对独立的部分，以保证各部分能自由变形。这种预留的人工构造缝称为变形缝。

1.2　变形缝的类型

建筑变形缝按其作用分为伸缩缝（温度缝）、沉降缝和防震缝。

知识拓展：
变形缝的设置条件

1. 伸缩缝(温度缝)

房屋在受到温度变化的影响时,将发生热胀冷缩的变形,这种变形与房屋的长度有关,长度越大变形越大。变形受到约束,就会在房屋的某些构件中产生应力,从而导致破坏。在房屋中设置伸缩缝,使缝间房屋的长度不超过某一限值,其变形值较小,所产生的温度应力也较小,这样就不会产生破坏。因此,可沿建筑物长度方向每隔一定距离或在结构变化较大处预留伸缩缝,将建筑物基础以上部分断开。基础因为受到温度变化的影响较小,不需断开。

伸缩缝的间距与结构材料、类型、施工方式、环境因素有关,见表 8-1、表 8-2。

小提示: 伸缩缝宽一般为 20~40 mm,通常采用 30 mm。

表 8-1 砌体房屋伸缩缝的最大间距

屋盖或楼盖类别		间距/m
整体式或装配整体式 钢筋混凝土结构	有保温层或隔热层的屋盖、楼盖	50
	无保温层或隔热层的屋盖	40
装配式有檩体系 钢筋混凝土结构	有保温层或隔热层的屋盖	75
	无保温层或隔热层的屋盖	60
瓦材屋盖、木屋盖或楼盖、轻钢屋盖		100

注:1. 对烧结普通砖、多孔砖、配筋砌块砌体房屋取表中数值;对石砌体、蒸压灰砂砖、蒸压粉煤灰砖和混凝土砌块房屋取表中数值乘以 0.8 的系数。当有实践经验并采取有效措施时,可不遵守本表规定。

2. 在钢筋混凝土屋面上挂瓦的屋盖应按钢筋混凝土屋盖采用。

3. 按本表设置的墙体伸缩缝,一般不能同时防止钢筋混凝土屋盖的温度变形和砌体干缩变形引起的墙体局部裂缝。

4. 层高大于 5 m 的烧结普通砖、多孔砖、配筋砌块砌体结构单层房屋,其伸缩缝间距可取表中数值乘以 1.3。

5. 温差较大且变化频繁地区和严寒地区不采暖的房屋及构筑物墙体的伸缩缝的最大间距,应按表中数值予以适当减小。

6. 墙体的伸缩缝应与结构的其他变形缝相重合,在进行立面处理时,必须保证缝隙的伸缩作用

表 8-2 钢筋混凝土结构房屋伸缩缝的最大间距

结构类型		室内或土中/m	露天/m
排架结构	装配式	100	70
框架结构	装配式	75	50
	现浇式	55	35
剪力墙结构	装配式	65	40
	现浇式	45	30
挡土墙及地下室墙壁等结构	装配式	40	30
	现浇式	30	20

注:1. 装配整体式结构房屋的伸缩缝间距宜按表中现浇式的数值取用。

2. 框架-剪力墙结构或框架-核心筒结构房屋的伸缩缝间距可根据结构的具体布置情况取表中框架结构与剪力墙结构之间的数值。

3. 当屋面无保温或隔热措施时,框架结构、剪力墙结构的伸缩缝间距宜按表中露天栏的数值取用。

4. 现浇挑檐、雨罩等外露结构的伸缩缝间距不宜大于 12 m

2. 沉降缝

上部结构各部分之间，因层数差异较大，或使用荷载相差较大，或因地基压缩性差异较大等原因，可能使地基发生不均匀沉降。房屋因不均匀沉降造成某些薄弱部位产生错动开裂。为了防止房屋不规则的开裂，应设置沉降缝。沉降缝是在房屋适当位置设置的垂直缝隙，将房屋划分为若干个刚度较一致的单元，使其每一部分的沉降比较均匀，相邻单元可以自由沉降，避免在结构中产生额外的应力影响房屋整体。地基越软弱，建筑高度越大，沉降缝宽度越大。沉降缝的宽度与地基情况和建筑高度有关，见表8-3。

小提示：沉降缝可兼伸缩缝的作用，而伸缩缝却不能代替沉降缝。沉降缝的基础需要断开，而伸缩缝的基础不需要断开。

表8-3　沉降缝的宽度

地基情况	建筑高度	沉降缝宽度/mm
一般地基	$H<5$ m	30
	$H=5\sim10$ m	50
	$H=10\sim15$ m	70
软弱地基	2~3层	50~80
	4~5层	80~120
	5层以上	>120
湿陷性黄土地基	—	≥30，<70

3. 防震缝

建造在地震区的房屋，地震时会遭到不同程度的破坏，为了避免破坏，应按照抗震设防要求进行设计。抗震设防烈度6度以下地区发生地震时，对房屋影响轻微可不设防；抗震设防烈度为10度地区发生地震时，对房屋的破坏严重，建筑物抗震设计应按有关规定执行。地震设防烈度为7~9度地区，应按相关规定设防，包括在必要时设置防震缝。设置防震缝的目的是将大型建筑物分隔为较小的部分，形成相对独立的防震单元，避免因地震造成建筑物整体震动不协调，而产生破坏。

拓展阅读

关于变形缝和后浇带的区别

后浇带是为了防止现浇钢筋混凝土结构由于温度收缩不均可能产生有害裂缝，按照设计或施工规范要求，在板（包括基础底板）、墙、梁相应位置留设临时施工缝，将结构暂时划分为若干部分，经过构件内部收缩，在若干时间后再浇捣该施工缝混凝土，将结构连成整体。后浇带是既可解决沉降差又可减少收缩应力的有效措施，故在工程中应用较多。

设置后浇带的位置、距离应通过设计计算确定，其宽度考虑施工简便、避免应力集中，常为800～1 200 mm；在有防水要求的部位设置后浇带，应考虑止水带构造；设置后浇带的部位还应该考虑模板等措施不同的消耗因素；后浇带部位的混凝土应使用微膨胀混凝土，其强度等级须比原结构提高一级。

后浇带有如下作用。

(1)解决沉降差。高层建筑和裙房的结构及基础设计成整体，但在施工时用后浇带把两部分暂时断开，待主体结构施工完毕，已完成大部分沉降量(50％以上)以后再浇灌连接部分的混凝土，将高低层连成整体。设计时基础应考虑两个阶段不同的受力状态，分别进行强度校核。连成整体后的计算应当考虑后期沉降差引起的附加内力。这种做法要求地基土较好，房屋的沉降能在施工期间内基本完成。

(2)减小温度收缩影响。新浇混凝土在硬结过程中会收缩，已建成的结构受热要膨胀，受冷则收缩。混凝土凝结收缩的大部分将在施工后的头1～2个月完成，而温度变化对结构的作用则是经常的。当其变形受到约束时，在结构内部就产生温度应力，严重时就会在构件中出现裂缝。在施工中设后浇带，是在过长的建筑物中，每隔30～40 m设宽度为700～1 000 mm的缝，缝内钢筋采用搭接或直通加弯做法。留出后浇带后，施工过程中混凝土可以自由收缩，从而大大减少了收缩应力。混凝土的抗拉强度可以大部分用来抵抗温度应力，提高结构抵抗温度变化的能力。后浇带保留时间一般不少于一个月，在此期间，收缩变形可完成30％～40％。后浇带的浇筑时间宜选择气温较低(但应为正温度)时，可使用浇筑水泥或水泥中掺微量铝粉的混凝土，其强度等级应比构件强度高一级，防止新、旧混凝土之间出现裂缝，造成薄弱部位。

任务解决

伸缩缝(温度缝)——昼夜、冬夏温差引起的变形(图8-1)；
沉降缝——基础不均匀沉降引起的变形(图8-2)；
防震缝——地震可能引起的变形(图8-3)。

图8-1 伸缩缝(温度缝)

图8-2 沉降缝

图 8-3　防震缝

任务描述

某地区住宅小区工程，在一期施工过程中发现，出现伸缩缝处墙体开裂的现象有很多，不仅影响了建筑物的美观，产生的质量问题也为建筑工程施工企业带来了不必要的麻烦。在建筑物施工过程中伸缩缝处墙体开裂的原因是多方面的，就伸缩缝处墙体开裂的原因进行分析，并提出相应的加固措施，旨在进一步提高建筑工程的施工质量。

相关内容

2.1　伸缩缝构造

伸缩缝可分为墙体伸缩缝、楼地板层伸缩缝及屋面伸缩缝。

1. 墙体伸缩缝构造

墙体在伸缩缝处断开，为了避免风、雨对室内的影响和避免缝隙过多传热，伸缩缝外墙一侧、缝口处应填有弹性而又不渗水的材料，如沥青麻丝填塞等。当伸缩缝较宽时，缝口可采用镀锌薄钢板或铝皮进行盖封调节。伸缩缝可砌成平口缝、错口缝、企口缝等截面形式，如图 8-4 所示。

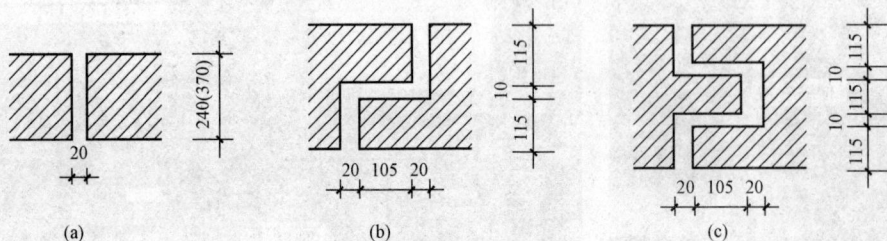

图 8-4　砖墙伸缩缝的截面形式

(a)平口缝；(b)错口缝；(c)企口缝

外墙伸缩缝的构造如图 8-5 所示。

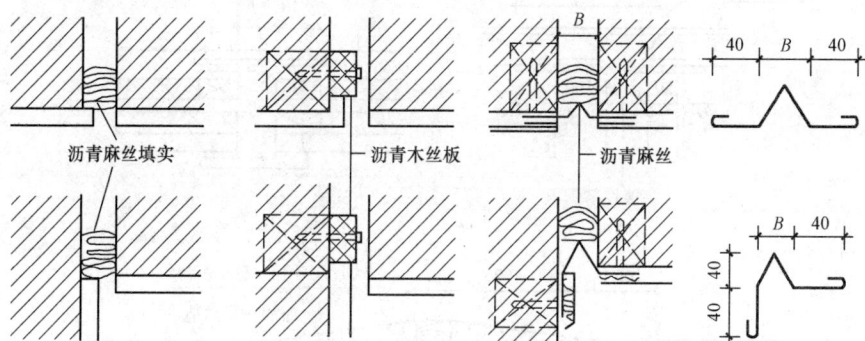

图 8-5　外墙伸缩缝构造

内墙伸缩缝可采用木压条或金属盖缝条，一边固定在一面墙上；另一边允许左右移动，如图 8-6 所示。

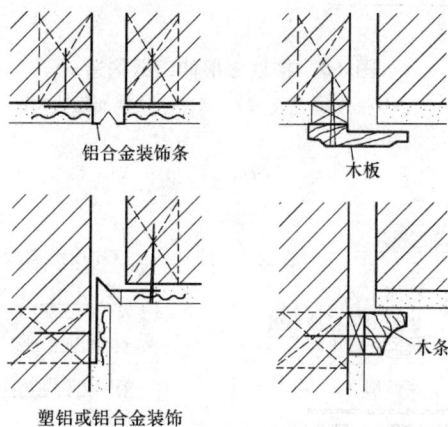

图 8-6　内墙伸缩缝构造

2. 楼地板层伸缩缝构造

楼地板层伸缩缝的位置和宽度应与墙体、屋面变形缝一致。伸缩缝的处理应满足地面平整、光洁、防滑、防水和防尘等要求，可用油膏、沥青麻丝、橡胶、金属等弹性材料进行封缝，然后在上面铺钉活动盖板或橡胶、塑料板等地面材料。顶棚盖缝条只固定一侧，以保证两侧构件能自由伸缩变形。楼地板层伸缩缝的构造如图 8-7 所示。

3. 屋面伸缩缝构造

屋面伸缩缝的处理应考虑屋面的防水构造和使用功能要求。一般不上人屋面，如卷材防水屋面，可在伸缩缝两侧加砌矮墙，并做好泛水处理，但在盖缝处应保证自由伸缩而不漏水，如图 8-8 所示；上人屋面，如刚性防水屋面，可采用油膏嵌缝并做泛水。

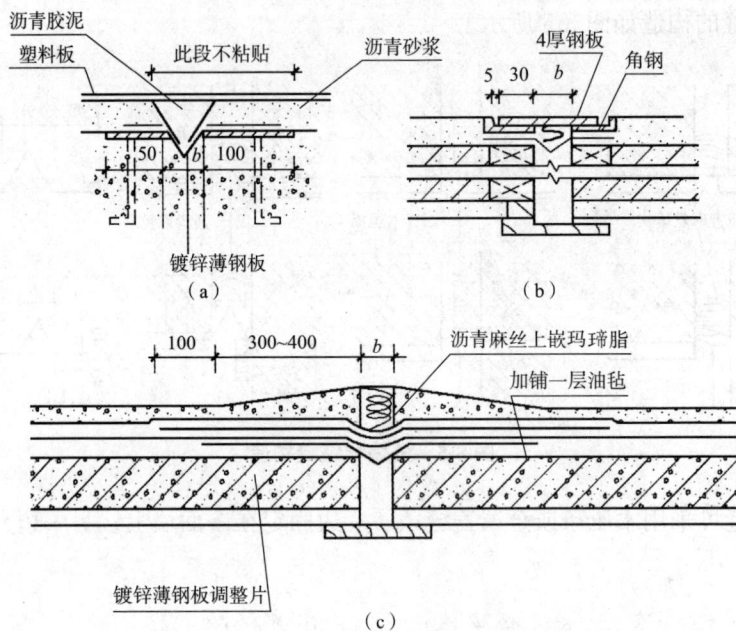

（a）

（b）

（c）

图 8-7　楼地板层伸缩缝构造

（a）、（b）一般做法构造；（c）防水层楼面做法构造

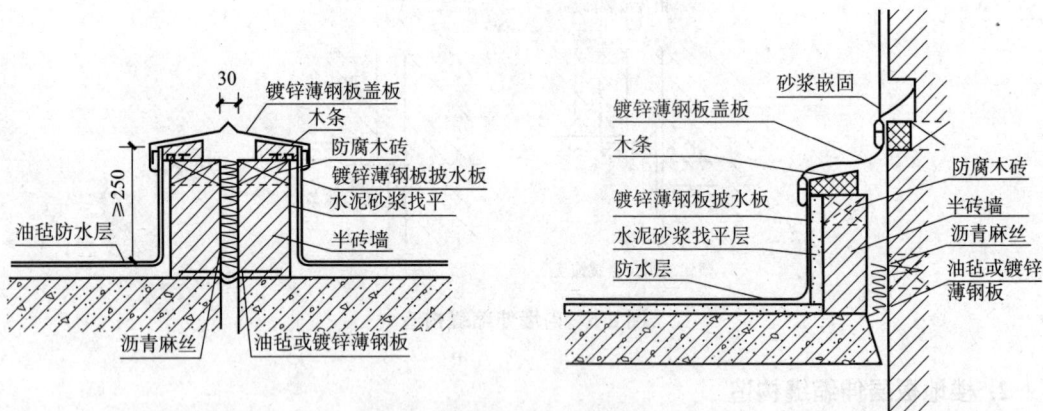

图 8-8　不上人屋面伸缩缝构造

2.2　沉降缝构造

1. 基础沉降缝

为了保证沉降缝两侧的建筑能够各自成独立的单元，应自基础开始在结构及构造上将其完全断开，在构造上需要进行特殊的处理。基础沉降缝的构造如图 8-9 所示。

2. 墙体沉降缝

墙体沉降缝的构造与伸缩缝的构造基本相同，只是调节片或盖缝板在构造上需要保证两侧结构在竖向相对变位不受约束，如图 8-10 所示。

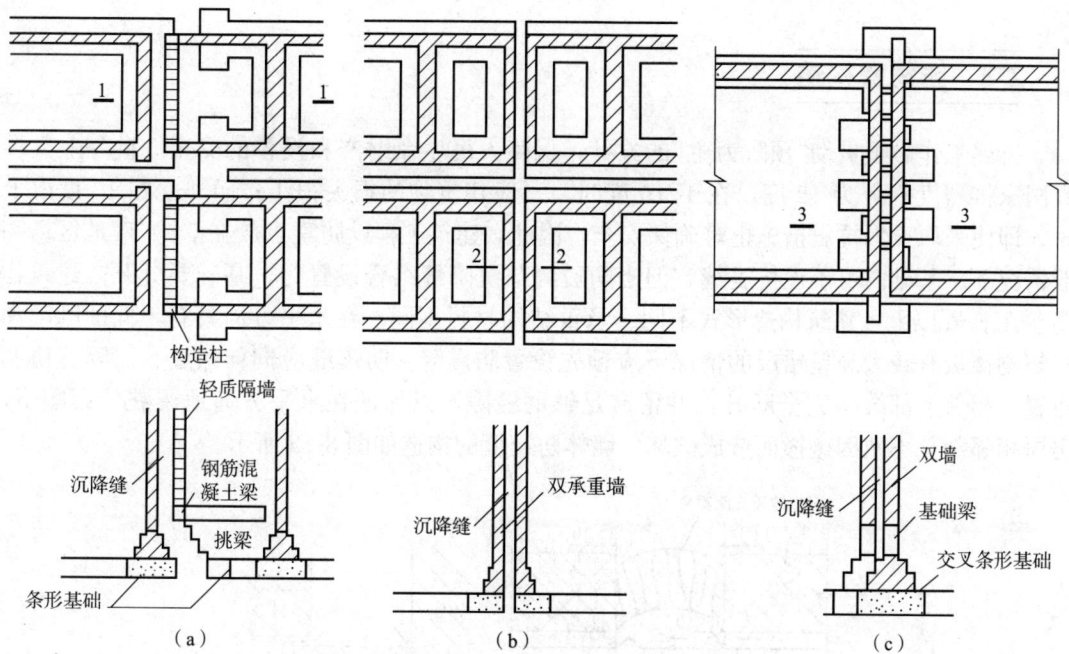

图 8-9　基础沉降缝构造

(a)悬挑式；(b)双墙承重式；(c)跨越式

3. 屋面沉降缝

屋面沉降缝处泛水金属薄板或其他构件应满足沉降变形的要求，并有维修余地，如图 8-11 所示。

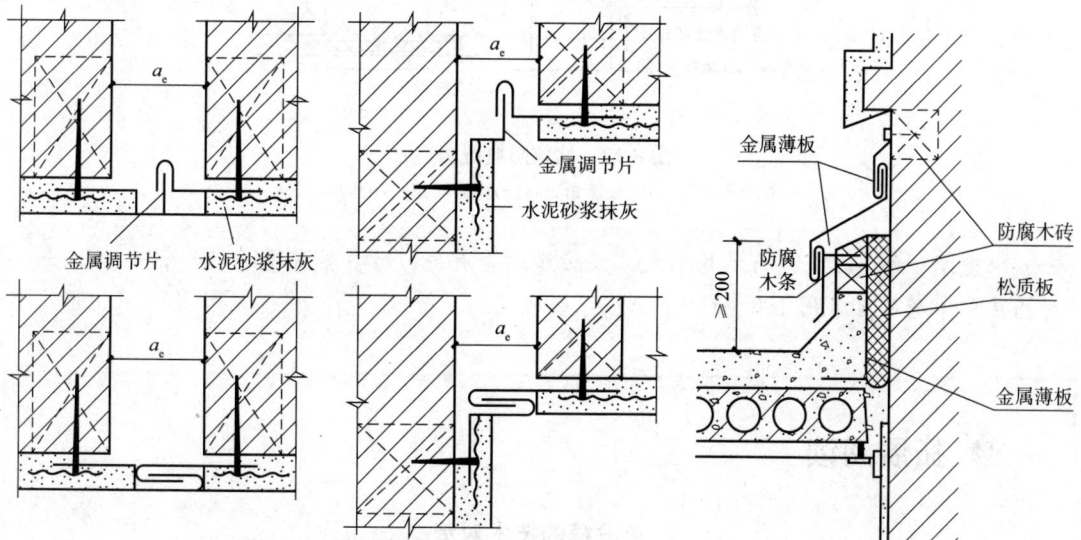

图 8-10　墙体沉降缝构造

a_e—沉降缝宽度

图 8-11　屋面沉降缝构造

2.3　防震缝构造

抗震工作必须贯彻"预防为主"的方针，保障人民生命财产和设备的安全。世界上大多数国家将烈度划分为 12 度，在 1～6 度时，一般建筑物的损失很小；而烈度在 10 度以上时，即使采取重大抗震措施也难确保安全，因此，建筑工程设防重点放在 7～9 度地区。一般情况下，基础内可不设抗震缝，但当防震缝与沉降缝结合设置时，基础要分开。建筑物高差在 6 m 以上、建筑构造形式不同、承重结构材料不同、在水平方向具有不同的刚度和建筑物楼板有较大高差错层的情况下应预先设置防震缝。防震缝应同伸缩缝、沉降缝协调布置，相邻上部结构完全断开，并留有足够的缝隙，以保证在水平方向地震波的影响下，房屋相邻部分不致因碰撞而造成破坏。墙体防震缝的构造如图 8-12 所示。

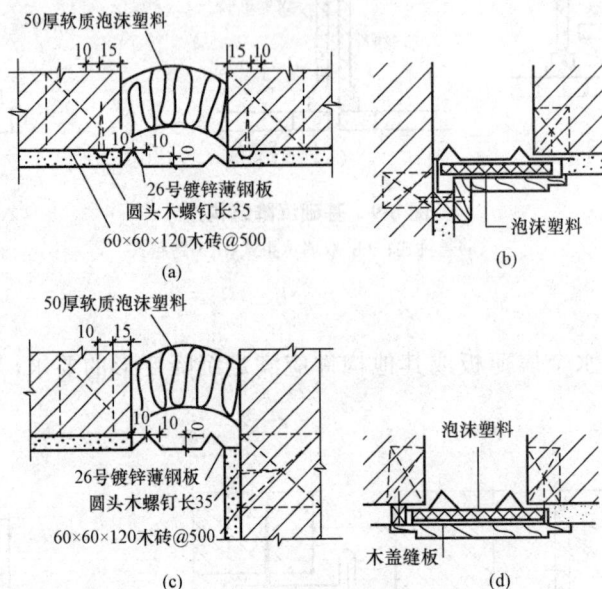

图 8-12　墙体防震缝构造
(a)外墙平缝处；(b)外墙角处；(c)内墙转角；(d)内墙平缝

小提示：防震缝宽度与结构形式、设防烈度等有关，对多层房屋一般为 70～100 mm，对高层砌体房屋可采用 100～150 mm。

拓展阅读

免设缝的技术对策

建筑物中设缝会使得构造更加复杂，给建筑、结构和施工带来一定的不便。而要做到少设缝或不设缝，需要采取有效的技术措施。

配置预应力温度筋或在温度应力大的部位增设温度筋，都是主动抗裂的方法，可以抵抗可能产生的温度应力，使建筑物少设或不设伸缩缝，但必须经过计算确定。

采用后浇带是钢筋混凝土结构建筑中常见的避免设置变形缝的方法。后浇带的位置一般应设在结构受力和变形较小的部位(如梁、板1/3跨度处，或连续梁跨中)，现浇结构每隔30~40 m，间距设置施工后浇带，带宽800~1 000 mm，构造形式可做成平直缝或阶梯缝。通过后浇带的板、墙钢筋宜断开搭接，梁主筋可不断开。后浇带混凝土宜在45 d后浇筑，这时混凝土收缩大约可以完成60%。在高层建筑与裙房之间等两侧有不均匀沉降的情况下设置后浇带，其施工必须在沉降实测值与计算确定的后期沉降差满足设计要求后方可进行。

通过加大结构构件断面，加强建筑物的整体性也可以避免设置沉降缝，但可能因对建筑物某些部位的特殊处理而需要较高的投资(图8-13)。

建筑物需要避免设置防震缝时，应采用符合实际的计算模型，分析判明应力集中、变形集中或地震扭转效应等导致的易损部位，再对其采取相应的加强措施。

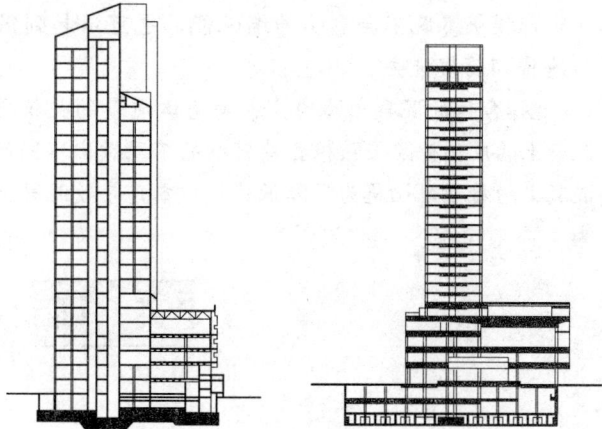

图8-13 加强整体性对抗不均匀沉降

任务解决

1. 伸缩缝处墙体开裂原因探讨

伸缩缝处墙体开裂是建筑工程中较为常见的现象，有的墙体开裂是因为伸缩缝装置本身的不足造成的，有的是由建筑物施工过程中对伸缩缝的处理不当等造成的。

(1)墙体伸缩缝设计不当。墙体伸缩缝的设计需要考虑多个因素的影响，伸缩缝的宽度不可过大，一般来说，伸缩缝的宽度越大越容易产生墙体开裂现象。对于建筑物的伸缩缝，可以通过设计模型，对于伸缩间距反复进行模拟测试，掌握精确的变形量，以达到最佳效果。

(2)伸缩装置内的填充材料选择不当。伸缩装置内的填充物为保温性能较好的材料，这类材料的选择不合适，在后期伸缩缝受到温度变化发挥作用时将不会起到良好的作用，在墙体开裂的同时也会破坏伸缩装置的伸缩性能。

(3)伸缩装置自身的缺陷。有的伸缩装置质量不达标，本身的伸缩性能不佳或强度不够好，承受温度变化的性能较差，在夏冬两季最容易受到破坏。一旦伸缩装置被破坏，伸缩缝处的墙体也很容易被破坏。

(4)施工方式不合理。在建筑物施工中，施工人员的主观随意性过强，私自将伸缩缝的宽度加大或减少，或者人为地调整计算好的伸缩缝之间的间距；有的建筑部门为了降低成本，或者急于缩短工期，细节处理不好，混凝土结构不合理也是导致墙体开裂的一个重要因素。

2. 伸缩缝处墙体加固措施分析

伸缩缝处墙体加固措施也是多方面的，要全面分析，综合考虑。一方面，做好伸缩缝处的工作；另一方面，选择良好的建筑材料，提高墙体的质量。

（1）做好伸缩缝的设计工作。伸缩缝并不适合所有的建筑物，切忌盲目加设伸缩缝，如高层建筑的钢化结构和一些防空地下室的保护单元内部就不适合设置伸缩缝。

（2）混凝土的收缩和膨胀会受到温度变化的影响，所以在设计伸缩缝的间距时也要考虑这个因素。对于设置伸缩缝的建筑物也要依据不同的建筑结构进行间距的设计，如排架结构、框架结构、剪力墙结构等的伸缩缝的间距各不相同。另外，对伸缩缝的内部填充物也要在综合考虑气温变化情况和伸缩缝的状况进行选择。还要合理选择伸缩缝内模板材料，因为伸缩缝内部的模板材料是不可拆卸的，施工完后也是不可拆卸的。所以，可以选择泡沫作为内部模板。既不会影响伸缩性能，也可以起到很好的固定效果，在混凝土浇筑时能够很好地将钢筋挤进去。

（3）选择合适的混凝土结构。影响墙体质量的关键是混凝土的质量。按照相关的建筑标准，混凝土的比例分配应该根据建筑物的不同做出不同的要求。应该严格按照比例进行配置，提高混凝土的质量，切忌为了降低建筑成本，导致混凝土比例不合适，带来更大的经济损失。

实 训

一、实训目的

掌握关于建筑变形缝方面的理论知识，并且将理论与实践相结合，了解到实际操作能力，将理论知识全面的融会于工作时间，在实际工作中得到锻炼。

二、实训内容

1. 动员大会

上午八点，全体土木工程专业的学生都聚集在教室召开动员大会。会上，实习指导教师就实习做了指导性报告，介绍了实习的目的、实习内容、实习具体的工作安排，要求每天写实习日志，实习完后要写实习报告，还简单地介绍了实习要注意的地方，并由优秀毕业生×××介绍了自己的学习历程和在学习中应注意的地方及一些感触。×××建筑安装工程有限公司的总工程师也做了报告，主要介绍了建筑业以后的发展方向、需要什么样的人才、毕业后应具备哪些能力等。可以说这两次报告为学生以后的学习指明方向，使以后的学习能更好地有的放矢。

2. 施工现场

第一天去×××公寓住宅楼，该工程建筑面积达 10 126.7 m²，全高 35.05 m，结构为框架-剪力墙结构，地上为 12 层，地下一层。承重墙为钢筋混凝土墙，隔墙为空心砌块墙。另外一个是××大厦，该楼为办公楼，其结构形式是钢筋混凝土框架结构，地下一层做车库用，采用剪力墙结构，地上 7 层是办公和住宅用。

3. 看录像

在教师的引导下利用多媒体，识读了一个工程的全套图纸及结构详图，使学生对工程语言——图纸有了全面的理解，并具有了一定的识读能力。教师还给大家放了一些施工录像，具体有沉降缝、伸缩缝、防震缝造成的工程质量问题。

三、实训总结

通过这一次实训，学生对相关的专业知识有更进一步的了解，也学到了很多之前未曾接触的东西，受益颇丰。深入工地一线的参观，能够将学生所学理论的知识与实践相结合，系统地巩固所学的理论知识，深化了对所学理论知识的理解，初步体会到建筑工程的设计与施工的工作特点，熟悉了工程设计与施工现场的各种技术和管理工作，在实习中，发觉自己的分析解决问题的能力得到了很好的锻炼和培养，为未来走向工作岗位做好思想准备。此外，通过实习，开阔了学生视野，增加了对建筑施工的理性认识。

项目小结

在气温变化、地基不均匀沉降、地震等外界因素作用下，建筑物结构内部会产生附加变形和应力，为防止建筑物出现开裂、挤压甚至破坏的情况而预留的构造缝就是变形缝。本项目主要介绍了变形缝的概念、变形缝的构造。

思考与练习

一、填空题

1. 伸缩缝的构造可分为_____、_____及_____。

2. 设置伸缩缝时，通常是沿建筑物长度方向每隔一定距离或结构变化较大处在_____预留缝隙。

3. 地基越软弱，建筑高度越_____，沉降缝宽度越_____。

二、选择题

1. 伸缩缝是为了预防（　　）对建筑物的不利影响而设置的。

    A. 温度变化　　　　B. 地基不均匀沉降　C. 地震　　　　　　D. 荷载过大

2. 沉降缝的构造做法中要求基础（　　）。

    A. 断开　　　　　　　　　　　　　　B. 不断开

    C. 可断开，也可不断开　　　　　　　D. 刚性连接

3. 在地震区设置伸缩缝时，必须满足（　　）的设置要求。

    A. 沉降缝　　　　B. 防震缝　　　　C. 分格缝　　　　D. 伸缩缝

三、简答题

1. 什么是变形缝？

2. 简述楼地板层伸缩缝的构造。

3. 防震缝的设置有哪些要求？

参 考 文 献

[1] 中华人民共和国住房和城乡建设部，国家市场监督管理总局. GB 50352—2019 民用建筑设计统一标准[S]. 北京：中国建筑工业出版社，2019.

[2] 中华人民共和国住房和城乡建设部，中华人民共和国国家质量监督检验检疫总局. GB/T 50002—2013 建筑模数协调标准[S]. 北京：中国建筑工业出版社，2014.

[3] 中华人民共和国住房和城乡建设部，中华人民共和国国家质量监督检验检疫总局. GB 50016—2014 建筑设计防火规范(2018 年版)[S]. 北京：中国计划出版社，2018.

[4] 中华人民共和国住房和城乡建设部. JGJ/T 67—2019 办公建筑设计标准[S]. 北京：中国建筑工业出版社，2020.

[5] 孟刚. 建筑构造[M]. 2 版. 上海：同济大学出版社，2021.

[6] 肖芳. 建筑构造[M]. 2 版. 北京：北京大学出版社，2016.

[7] 重庆大学，覃林，魏宏杨，等. 建筑构造(上册)[M]. 6 版. 北京：中国建筑工业出版社，2019.

[8] 曹长礼，孙晓丽. 房屋建筑学[M]. 2 版. 西安：西安交通大学出版社，2014.

[9] 张宏哲，鲍鲲鹏，王卓男. 房屋建筑学[M]. 南京：江苏科学技术出版社，2013.

[10] 王雪松，李必瑜. 房屋建筑学[M]. 6 版. 武汉：武汉理工大学出版社，2021.